化 工 计 算

主 编 杜 军

副主编 彭海龙 黄 宽 陈 扬

U0263891

南昌大学本科教材资助项目

科学出版社

北 京

内 容 简 介

　　本书按照化工工艺设计的基本要求，系统讲述了反应过程和非反应过程的物料衡算、能量衡算等化工工艺计算问题，以及运用 Aspen 模拟软件进行复杂化工过程模拟计算、优化计算和模拟运行。本书共分两部分：第一部分为常规的物料衡算和能量衡算，包括第 1～4 章，分别为绪论、物料衡算、能量衡算、过程的物料及能量衡算；第二部分为 Aspen 模拟软件在化工过程中的模拟计算和优化计算的应用，以 Aspen Plus V8.4 为模拟软件，结合实例介绍了 Aspen 模拟软件的操作步骤与应用技巧，包括第 5～8 章，分别为 Aspen Plus 软件入门、换热器模拟、塔设备模拟和反应器单元模拟。

　　本书可作为高等学校化学工程与工艺专业本科生和研究生的教学用书，也可供从事石油、化学和热能等领域的教师、研究生和工程技术人员参考。

图书在版编目（CIP）数据

化工计算/杜军主编. —北京：科学出版社，2019.8

ISBN 978-7-03-061625-8

Ⅰ．①化… Ⅱ．①杜… Ⅲ．①化工计算-高等学校-教材 Ⅳ．①TQ015

中国版本图书馆 CIP 数据核字（2019）第 115104 号

责任编辑：陈雅娴/责任校对：何艳萍
责任印制：张　伟/封面设计：迷底书装

科 学 出 版 社 出版

北京东黄城根北街 16 号
邮政编码：100717
http://www.sciencep.com

北京中石油彩色印刷有限责任公司 印刷
科学出版社发行　各地新华书店经销
*

2019 年 8 月第 一 版　　开本：720×1000　B5
2023 年 11 月第五次印刷　　印张：16
字数：338 000

定价：59.00 元

（如有印装质量问题，我社负责调换）

前　言

化工计算是高等学校化工类专业所开设的专业课之一，是一门理论联系实际、应用性较强的课程。随着化学工业与计算机技术的快速发展，先进的模拟软件在化工装备与工艺的模拟运行、设计优化的计算过程中得到了广泛应用，化工计算的人工智能化发展也在不断地显现出来。目前结合模拟计算软件学习的化工计算类教材几乎空白，使得化工类专业学生的学习明显落后于时代发展的需要，因此编写面向新时代、适应新发展的化工计算教材显得十分必要。

本书按照化工专业技术人员所必备的技能——化工工艺设计的基本要求，系统讲述了反应过程和非反应过程的物料衡算、能量衡算等化工工艺计算问题，以及运用 Aspen 模拟软件进行复杂化工过程模拟计算、优化计算和模拟运行。通过实例的讲解，把基础知识、解题方法和计算技巧融合在一起，以帮助学生提高解决实际工艺计算问题的能力，为化工类专业学生走上工作岗位后能较快胜任化工设计打下良好的技能基础。这对促进学生的专业学习、适应新时代化学工业的发展有明显的促进作用。

本书共分两部分。第一部分为常规的物料衡算和能量衡算，包括第1~4章，第1章是绪论，第2章和第3章分别介绍了物料衡算和能量衡算的基本方法，这是第4章过程的物料与能量衡算的基础。第二部分为 Aspen 模拟软件在化工过程中的模拟计算和优化计算的应用，包括第5~8章，第5章是 Aspen 模拟软件的使用介绍，第6、7、8章分别介绍了换热器、塔设备和反应器的模拟计算和模拟设计。本书是热力学和传质过程、分离工程、反应工程间的联系纽带。

本书的第1、5章由杜军执笔，第2、3章由黄宽执笔，第4、6章由陈扬执笔，第7、8章由彭海龙执笔。

由于编者水平有限，虽做了一些努力，但书中难免有取材不妥、叙述不清之处。希望读者指正，以便再版时修正，编者先致以深切的谢意。

编　者
2019 年 4 月

目　　录

iv

化 工 计 算

2.3.3   旁路 ……………………………………………………… 40
2.4   复杂过程的物料衡算 ……………………………………… 40
习题 ……………………………………………………………… 45
第3章   能量衡算 ……………………………………………… 48
3.1   基本概念 ……………………………………………… 48
3.1.1   能量守恒定律 …………………………………… 48
3.1.2   能量衡算方程式及其运用 ……………………… 50
3.1.3   热量衡算 ………………………………………… 50
3.1.4   热力学数据及其运用 …………………………… 51
3.1.5   反应热 …………………………………………… 57
3.1.6   混合热 …………………………………………… 59
3.2   能量衡算 ……………………………………………… 60
3.2.1   能量衡算的一般方法 …………………………… 60
3.2.2   无化学反应过程的能量衡算 …………………… 60
3.2.3   反应过程的能量衡算 …………………………… 65
3.3   㶲衡算 ………………………………………………… 71
3.3.1   㶲的定义 ………………………………………… 71
3.3.2   物理㶲E_{Xph}的计算 …………………………… 74
3.3.3   物质的化学㶲E_{XC} …………………………… 78
3.3.4   㶲平衡方程式 …………………………………… 79
3.3.5   两种损失与两种效率 …………………………… 82
习题 ……………………………………………………………… 84
第4章   过程的物料及能量衡算 …………………………… 87
4.1   物料及能量衡算方程式 ……………………………… 87
4.1.1   物料衡算方程式 ………………………………… 87
4.1.2   能量衡算方程式 ………………………………… 87
4.2   简单过程的物料及能量衡算 ………………………… 88
4.3   复杂过程的物料及能量衡算 ………………………… 89
4.3.1   过程分析 ………………………………………… 89
4.3.2   物料及能量衡算方程联解 ……………………… 91
4.3.3   多单元过程的物料及能量衡算 ………………… 97
4.4   非稳态过程 …………………………………………… 101
4.4.1   非稳态过程的物料衡算 ………………………… 101
4.4.2   非稳态过程的能量衡算 ………………………… 105
习题 ……………………………………………………………… 107

第二部分　Aspen 模拟计算

第一部分

物料与能量衡算

第1章 绪 论

对于化学工业的专业技术人员来说，新厂建设和老厂技改的化学工程设计是日常性的本职工作，将这方面的全部工程技术工作统称为工厂设计，而其中为实现工艺过程所进行的各项设备和流程的专业设计则称为工艺设计。工艺设计是决定生产过程中能否顺利实现生产和产量达标，评判技术指标是否先进、经济指标是否合理以及工业生产是否可持续发展的关键步骤。

工艺设计的主要内容包括：确定生产工艺、物料衡算、能量衡算、温度和压力范围、原料和产品规格、反应速率、收率和生产周期、设备设计、对公用工程的要求、厂址选择与平面布置、技术经济评价。

显然，物料衡算和能量衡算是工艺设计中最基础的内容。对任一工艺过程来说，无论是生产、开发和设计，还是生产装置和工艺的评估、优化及技改，化工工艺计算都是必不可少的。掌握其基本原理与计算方法，对于化学工业的专业技术人员来说是必备的技能。

化工计算以实例讲授为主，目的是把基础理论、解题方法和计算技巧融汇在一起，在理论与实践之间架起一座桥梁，以提高学生运用所学的基础知识解决实际工艺计算问题的能力；并通过改进分析方法，提高学生计算技巧，以及提高寻查降耗、增产增值的薄弱环节的能力，最终为较快胜任化工工艺设计工作打下良好的技能基础。

为了能熟练地进行计算，必须牢固掌握基本概念、基本原理和基本公式。本章主要介绍物料衡算、量纲和单位、物料平衡的一般分析。

1.1 物料衡算及其理论依据

1.1.1 质量守恒定律

质量守恒定律即在一孤立体系中，不论物质发生何种变化，它的质量始终保持不变(物质的质量不能被创造，也不能被消灭)。

根据爱因斯坦质能互换关系式：

$$\Delta E = \Delta m \cdot c^2 \tag{1-1}$$

对于碳氢化合物的燃烧，每克碳氢化合物燃烧时放出的能量约为 42 kJ，则

$$\frac{\Delta m}{m} = \frac{\Delta E}{c^2} = \frac{42 \times 10^3}{(3 \times 10^8)^2} \times 10^3 = 0.5 \times 10^{-9}$$

即碳氢化合物因燃烧反应而引起的质量减少小于 10 亿分之一，可忽略不计。

对于分离过程，如吸收、蒸馏等单元操作，其能量变化更小。因此，将质量守恒定律运用于化工过程的物料衡算是可行的。

1.1.2 物料衡算的基本方程式

物料衡算即对于生产过程中各种物料量平衡关系的计算，又称为物料平衡计算。

物料衡算是研究某一系统进出物料量及组成变化的方法。根据质量守恒定律，对于人为指定系统有

$$系统的积累=输入-输出+生成-消耗 \tag{1-2}$$

对于稳态过程，系统的积累为零，则有

$$输入=输出-生成+消耗 \tag{1-3}$$

对于无化学反应的稳态过程，无物质的生成与消耗，则有

$$输入=输出 \tag{1-4}$$

物料衡算有总物料衡算式、组分衡算式及元素原子衡算式。对于无化学反应或有化学反应的稳态过程，其适用性如表 1-1 所示。

表 1-1　物料衡算形式（稳态过程）

分类	物料衡算形式	无化学反应	有化学反应
总物料衡算式	总质量衡算式	是	是
	总摩尔衡算式	是	否*
组分衡算式	组分质量衡算式	是	否*
	组分摩尔衡算式	是	否*
元素原子衡算式	元素原子质量衡算式	是	是
	元素原子摩尔衡算式	是	是

* 有时平衡式可能符合。

1.1.3 物料衡算的基本步骤

为了在物料衡算时不走弯路或少走弯路，做到计算迅速、结果正确，一般采用如下步骤进行物料衡算：

(1) 画流程示意图(用框图)。

(2) 列出已知数据，包括：①实验室或中试提供的数据及生产装置测定的数据；②查阅有关手册及专业书籍获得的数据；③在工程设计计算允许的范围内推算或假定的数据。

(3) 列出需求解的问题。

(4) 决定衡算系统的边界。

(5)写出主、副产品的化学反应方程式。

(6)写出约束条件关系式。

(7)选择合适的计算基准。

(8)列出物料衡算式，与约束条件关系式一起组成方程组，求解未知量。

(9)列出平衡表，并进行核算。

(10)给出结论，并说明题意需求解的问题和计算的误差。

如题目或需求解的问题简单，可从简处理。

1.1.4　基准及其选择

1. 基准

基准为解答某一问题所选择的起始条件。在一般的化工工艺计算中，根据过程特点选择的基准大致有如下几种：

(1)时间基准。①对于连续生产，有 1 s、1 h、1 d、1 a；②对于间歇生产，一般采用一釜或一批料的生产周期作为基准。

(2)质量基准(固、液相)。一般采用 1 kg、1000 kg，有时采用物质的量(摩尔)作为基准更为方便。

(3)体积基准(气体物料)。一般采用 1 m³。

(4)干、湿基准。生产中的物料不算水分为干基；生产中的物料算水分为湿基。

2. 计算基准选择

计算基准选择原则是：计算简便和计算误差小。根据过程特点，进行计算基准选择时还应注意如下几点：

(1)应选择已知变量最多的流股作为计算基准。

(2)对于液、固系统，常选用单位质量作基准。

(3)对于气体系统，如环境条件(p、T)已定，常选用体积作基准。

(4)对于连续流动系统，采用单位时间作基准较为方便；而对于间歇体系常采用一釜或一批料的生产周期作基准。

例 1-1　已知丙烷完全燃烧的反应式为 $C_3H_8 + 5O_2 \longrightarrow 3CO_2 + 4H_2O$。供给所需空气量的 125%的空气，求每 100 kmol 燃烧产物需要的空气量。

解法一　丙烷燃烧过程物料计算示意图见图 1-1。直接设 $F_3 = 100$ kmol，则

$$f = 7 - [2 + (4+1)] = 0$$

C 衡算式　$3F_1 = F_{34}$

H 衡算式　$8F_1 = 2F_{35}$

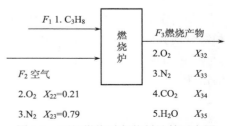

图 1-1　丙烷燃烧过程物料计算示意图

O 衡算式 $0.21F_2=F_{34}+0.5F_{35}+F_{32}$

N 衡算式 $0.79F_2=100-(F_{34}+F_{35}+F_{32})$

解得：$F_1=3.1484$ kmol；$F_2=93.7023$ kmol

　　　　$F_{34}=9.4453$ kmol；$F_{35}=12.5934$ kmol

　　　　$F_{32}=3.9355$ kmol

解法二　设 $F_1=1$ kmol，则

$F_2=5×1.25F_1/0.21=29.76$（kmol）；$F_{34}=3F_1=3$（kmol）；$F_{35}=4F_1=4$（kmol）

$F_{32}=0.25×5=1.25$（kmol）；$F_{33}=0.79F_2=29.76×0.79=23.51$（kmol）

$F_3=3+4+1.25+23.51=31.76$（kmol）

所以 $k=100/F_3=3.1486$（kmol）；$F_2'=kF_2=93.7023$（kmol）

解法三　设 $F_2=1$ kmol，则

$F_1=0.21F_2/(1.25×5)=0.0336$（kmol）；$F_{34}=3F_1=0.1008$（kmol）；$F_{35}=4F_1=0.1344$（kmol）

$F_{32}=0.2×0.21F_2=0.042$（kmol）；$F_{33}=0.79F_2=0.79$（kmol）

$F_3=0.1008+0.1344+0.042+0.79=1.0672$（kmol）

所以 $k=100/F_3=93.7031$；$F_2'=kF_2=93.7031$（kmol）

　　从上述三种解法可以看出，第一种解法虽然避免了换算，但是比第二、三种解法工作量大。如果方程复杂，则解题工作量更大。因此，从解题过程看，第二、三种解法所选的计算基准较恰当。

1.1.5　计量单位

　　（1）量纲是指物理量（如长度、质量、温度、加速度等）的基本属性。

　　（2）单位是计量用的单元，如长度用 m、时间用 s 等。

　　（3）单位运用的原则：属于不同量纲的单位，不能进行加减乘除等数学运算；相同量纲而不同单位要运算时，需先将其转换成相同单位，才能进行加减乘除等数学运算。

　　（4）单位换算常采用"连接单位法"。

1.2　物料平衡的一般分析

　　物料衡算的任务是利用过程中已知的流量和组成，通过建立独立的方程式（物料和组分衡算式及约束式），求解未知的物料流量和组成。物料平衡的一般分析就是对衡算系统的设计变量、方程式及系统变量数值的代数关系进行分析，以了解系统的确定性。

1.2.1　方程式

物料衡算时可建立的方程式有：

(1)物料衡算式，包括总物料衡算式、组分衡算式及元素原子衡算式。

(2)约束式，包括：①每股物料的归一方程($\sum X_i=1$)；②气液或液液平衡方程式($y_i=KX_i$)、溶解度、恒沸组成等；③设备约束式，如两物料流量比、回流比、萃取时的相比等。

注意：物料衡算时可建立的方程式较多，但是在列出的求解方程组中的所有方程都要求是独立的，即求解方程组中的任一方程都不能为其他方程数学运算的结果。例如，某一求解方程组中含有总物料衡算式和全部组分衡算式，则必有一个方程不独立，因为这些方程中的任一方程都为其他衡算方程式数学运算的结果，只有去掉任一方程，其余衡算方程式才是独立方程。

1.2.2　变量、变量数及系统变量总数

(1)变量：物料衡算时，可描述系统平衡关系的物理量都称为变量。显然，这些物理量包括物料流量、组分流量和组成。

(2)变量数：描述系统某一物流状况所需的最少变量的数值(等于其组分数)。

(3)系统变量总数：为设备各变量数之和。

显然，变量数应是相互独立的。

1.2.3　设计变量

设计变量是指在进行物料衡算之前必须由设计者赋值的变量。

如果系统变量总数为 N_v，独立方程数为 N_e，设计变量数为 N_d，若要依题意列出的方程有解，则下式必成立：

$$N_d=N_v-N_e \tag{1-5}$$

否则就会无解或出现矛盾解。将式(1-5)移项变换为

$$N_e=N_v-N_d \tag{1-6}$$

式(1-6)右边为系统未知变量数，其数值应等于系统独立方程数，此时方程组必有唯一解。

1.2.4　自由度

在研究复杂系统时引入自由度(degree of freedom)概念，对于判断系统的性质是很有益的。某个系统的自由度等于该系统独立物流的变量总数(N_v)减去规定的变量数(设计变量数 N_d)，再减去可能建立的独立物料衡算式数与其他约束关系式数之和(N_e)，即

$$f = N_v - [N_d + (N_{e1} + N_{e2})] \tag{1-7}$$

式中，N_v 为系统变量总数；N_d 为设计变量数；N_{e1} 为系统独立物料衡算式数；N_{e2} 为约束关系式数。

自由度分析是指研究一个系统（或问题）中的独立变量、衡算式和约束式数量之间的代数关系，用以说明系统的确定性。

(1) 当 $f > 0$，则表明系统不确定，限制或约束（设计变量数 N_d）少，不可能去解所有的未知变量，有时可能有部分解。

(2) 当 $f < 0$，则系统限制或约束（设计变量数 N_d）过多，各种限制条件之间可能出现矛盾，而使系统出现矛盾解，这时一般在求解前酌情去掉多余的（或误差大的）限制条件。

(3) 只有当 $f = 0$ 时，系统恰好作了正确的规定，系统各未知变量具有唯一解。

1.2.5 求解方法

对一般的线性或非线性方程，可用代数法或图解法求解；对线性方程组可用消去法求解；对复杂的非线性方程可用牛顿（Newton）法求解。

1.3 常用基本公式

1. 原材料的消耗定额

原材料的消耗定额是评价工艺、生产装置经济合理性的重要指标。对于大多数化学反应过程而言，原材料的成本占产品成本的 60%～70%。为了确定原材料的消耗定额，工程师必须对整个工艺有比较全面的了解，尽量减少生产过程中的消耗量，还必须对以下概念有清晰的理解。

(1) 理论消耗定额：工业上按化学反应式的化学计量关系计算所得的消耗定额。

(2) 实际消耗定额：考虑了工艺过程中的生产损耗及化学反应过程中副反应的消耗量的消耗定额。

2. 工业指标和概念

工业上为了评价和计算常采用一些工业指标和概念，具体如下。

(1) 限制反应物：反应物中以最小化学计量存在的反应物。

(2) 过量反应物：化学计量超过与限制反应物反应的反应物。

$$过量百分数 = \frac{实际过量的反应物摩尔数}{与限制反应物完全反应所需的反应物摩尔数} \times 100\% \tag{1-8}$$

(3) 反应完全程度：用于衡量反应是否进行完全。

$$反应完全程度=\frac{限制反应物的反应量}{限制反应物的进料量}\times100\% \tag{1-9}$$

(4)转化率：化学反应进行程度的一种标志，工业生产中有单程转化率和总转化率之分。

$$单程转化率=\frac{输入反应器的反应物的量-从反应器输出的反应物的量}{输入反应器的反应物的量}\times100\%$$
$$\tag{1-10}$$

$$总转化率=\frac{输入过程的反应物的量-从过程中输出的反应物的量}{输入过程的反应物的量}\times100\% \tag{1-11}$$

(5)选择性：原料发生反应的数量中生成目的产物的比例。

$$选择性=\frac{实际所得目的产物量}{理论产物量}\times100\%=\frac{生成目的产物所消耗的反应物的量}{原料的反应量}\times100\%$$
$$\tag{1-12}$$

(6)收率。

$$收率=\frac{生成目的产物的反应物的量}{反应物的进料量}\times100\%=转化率\times选择性 \tag{1-13}$$

(7)产率。对于单一的反应物和产物来说，产率等于最终产物的质量或物质的量除以最初的反应物的质量或物质的量。如果有一种以上的产物或反应物，那么产率就要详细说明是对哪一种反应物的。这种概念的产率在数值上可以大于 1 也可以小于 1。

另外，还有其他的产率概念。例如：

(i) $\rho=\dfrac{实际产物量}{理论产物量}<1$

(ii) $\rho=\dfrac{目的产物的实际产量}{反应了的原料计算目的产物的理论产量}\times100\%$（又称理论产率）

例 1-2 如果离开烟囱的气体中 CO_2 含量达到 15%以上，不仅违反城市法规，有损于人体健康，而且会使烟囱发生腐蚀。假如燃烧成分为 100% CH_4 的天然气，并将输送的空气量调节到过量 130%，烟囱会被腐蚀吗？

解 甲烷燃烧物料计算过程如图 1-2 所示。假如燃烧是完全的，以 1 kmol CH_4 为计算基准，则

$$f=7-[2+(4+1)]=0$$

C 衡算式	$F_{34}=1$	①
H 衡算式	$F_{35}=2$	②
O 衡算式	$0.21F_2=F_{32}+F_{34}+0.5F_{35}$	③
N 衡算式	$F_{33}=0.79F_2$	④

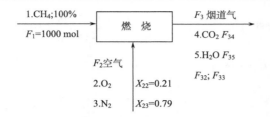

图 1-2 甲烷燃烧物料计算示意图

化学反应方程式为 $CH_4+2O_2 \longrightarrow CO_2+2H_2O$，则

$$0.21F_2=2.3\times2=4.6 \qquad\qquad ⑤$$

联解①～⑤，可得

$F_2=21.9$ kmol；$F_{32}=2.6$ kmol；$F_{33}=17.3$ kmol；$F_{34}=1$ kmol；$F_{35}=2$ kmol（$F_3=22.9$ kmol）则 $X_{34}=1/22.9=0.04367<0.15$，所以烟囱不会被腐蚀。

例 1-3 你的助手跑到你的办公室高兴地报告反应情况（反应式如下所示），他说这一反应从二甲苯生产邻苯二甲酸酐的产率为108%。问你要向他表示祝贺，还是给他的成绩泼冷水？

$$C_6H_4(CH_3)_2+3O_2 \longrightarrow C_6H_4(CO)_2O+3H_2O$$

解 以 100 kg 二甲苯(X)生产出 108 kg 邻苯二甲酸酐(ph)，则

$$X物质的量 = 100\ kg\times\frac{1\ kmol}{106\ kg}=0.944\ kmol$$

$$ph物质的量 = 108\ kg\times\frac{1\ kmol}{148\ kg}=0.730\ kmol$$

$$反应选择性=\frac{0.730}{0.944}\times100\%=77.3\%$$

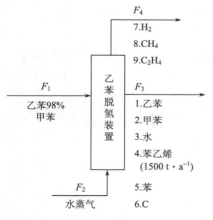

图 1-3 乙苯脱氢物料计算示意图

所以，当产率为108%时，选择性是77.3%，选择性并不太高。如果他说的是选择性为108%，那么这种说法一定是错误的。

例 1-4 乙苯脱氢制取苯乙烯过程如 1-3 图所示。

已知：条件①苯乙烯产量规模为 1500 t·a⁻¹；条件②苯乙烯收率为 40%；条件③苯乙烯产率为 90%；条件④甲苯产率为 5%；条件⑤苯产率为 3%；条件⑥焦炭产率为 2%；条件⑦乙苯进料纯度为 98%（质量分数），其余为甲苯；条件⑧加入水蒸气量为 2.6 kg 水蒸气/kg 乙苯，进入温度为 650℃。

试计算：(1)所需原料乙苯及水蒸气量；(2)产物组成。

解　设年工作日为 300 天，则

$$F_{34} = \frac{1500 \times 10^3 \text{ kg}}{1a} \cdot \frac{1a}{7200 \text{ h}} \cdot \frac{1 \text{ kmol}}{104 \text{ kg}} = 2 \text{ kmol} \cdot \text{h}^{-1} = 208 \text{ kg} \cdot \text{h}^{-1}$$

进料摩尔组成　　　$X_{11} = (98/106)/[(98/106) + (2/92)] = 0.98$

依题意化学反应方程式如下所示：

$$C_6H_5C_2H_5 \longrightarrow C_6H_5CH{=}CH_2 + H_2 \tag{1}$$

$$C_6H_5C_2H_5 + H_2 \longrightarrow C_6H_5CH_3 + CH_4 \tag{2}$$

$$C_6H_5C_2H_5 \longrightarrow C_6H_6 + C_2H_4 \tag{3}$$

$$C_6H_5C_2H_5 \longrightarrow 7C + 3H_2 + CH_4 \tag{4}$$

令 $f = 12 - (2 + N_e) = 0$，则 $N_e = 10$

由条件②　　　$F_{11} = F_{34}/0.4 = 2/0.4 = 5 \,(\text{kmol} \cdot \text{h}^{-1}) = 530 \,(\text{kg} \cdot \text{h}^{-1})$ 　(i)

$$F_{12} = (F_{11}/X_{11}) - F_{11} = (530/0.98) - 530 = 10.8 \,(\text{kg} \cdot \text{h}^{-1}) = 0.1174 \,(\text{kmol} \cdot \text{h}^{-1}) ;$$

$$F_2 = 530 + 10.8 = 540.8 \,(\text{kg} \cdot \text{h}^{-1})$$

由条件⑧　　　$F_2 = 2.6 F_{11} = 2.6 \times 530 = 1378 \,(\text{kg} \cdot \text{h}^{-1}) = 76.556 \,(\text{kmol} \cdot \text{h}^{-1})$ 　(ii)

由条件③

$$F_{31} = F_{11} - F_{34}/0.9 = 5 - 2/0.9 = 5 - 2.222 = 2.778 \,(\text{kmol} \cdot \text{h}^{-1}) = 294.47 \,(\text{kg} \cdot \text{h}^{-1}) \tag{iii}$$

其中，2.222 为反应掉的乙苯摩尔量。

由条件④

$$F_{32} = 2.222 \times 0.05 + F_{12} = 2.222 \times 0.05 + 0.1174 = 0.2285 \,(\text{kmol} \cdot \text{h}^{-1}) = 21.02 \,(\text{kg} \cdot \text{h}^{-1}) \tag{iv}$$

由条件⑤　　　$F_{35} = 2.222 \times 0.03 = 0.0667 \,(\text{kmol} \cdot \text{h}^{-1}) = 5.2 \,(\text{kg} \cdot \text{h}^{-1})$ 　(v)

由条件⑥　　　$F_{36} = 2.222 \times 0.02 \times 7 = 0.311 \,(\text{kmol} \cdot \text{h}^{-1}) = 3.73 \,(\text{kg} \cdot \text{h}^{-1})$ 　(vi)

因为水不参与反应，所以　　　$F_{33} = F_2 = 1378 \text{ kg} \cdot \text{h}^{-1} = 76.556 \text{ kmol} \cdot \text{h}^{-1}$ 　(vii)

由反应(3)　　　$F_{49} = F_{35} = 0.0667 \text{ kmol} \cdot \text{h}^{-1} = 1.87 \text{ kg} \cdot \text{h}^{-1}$ 　(viii)

由反应(2)(4)

$$F_{48} = 2.222 \times 0.05 + 2.222 \times 0.02 = 0.1555 \,(\text{kmol} \cdot \text{h}^{-1}) = 2.49 \,(\text{kg} \cdot \text{h}^{-1}) \tag{ix}$$

由反应(1)(2)(4)

$$F_{47} = F_{34} - 2.222 \times 0.05 + 2.222 \times 0.02 \times 3 = 2.0222 \,(\text{kmol} \cdot \text{h}^{-1}) = 4.04 \,(\text{kg} \cdot \text{h}^{-1}) \tag{x}$$

对 C、H 分别作衡算式代替 (ix)(x) 两式进行联算，同样可求得 F_{47} 和 F_{48}。

例 1-5　苯酚生产过程所涉及的反应为

$$C_6H_6 + CH_2{=}CHCH_3 \longrightarrow C_6H_5CH(CH_3)_2$$

$$C_6H_5CH(CH_3)_2 + O_2 \longrightarrow C_6H_5C(CH_3)_2OOH$$

$$C_6H_5C(CH_3)_2OOH \longrightarrow C_6H_5OH + (CH_3)_2CO$$

已知：①以苯为原料生产异丙苯时，异丙苯产率为理论产率的 90%；②以异丙苯为原料生产苯酚时，苯酚产率为理论产率的 93%；③丙烯-丙烷馏分以体积计，30%为丙烯，70%为丙烷。试计算生产 1 t 苯酚所需要的苯及由丙烯-丙烷馏分所组成的裂解气的消耗量。

解　苯酚生产过程物料计算示意过程如图 1-4 所示。研究体系(问题)只与如下变量有关：

F_1 苯用量；F_2 裂解气耗用量；X_{22} 裂解气丙烯组成(已知)

A 异丙苯收率(苯为原料，已知)；B 苯酚收率(异丙苯为原料，已知)

F_{45} 苯酚产量(已知，$F_{45}=1000\ \text{kg}=10.6383\ \text{kmol}$)

则：
$$f=10-[4+(3+3)]=0 \qquad (N_e=3)$$

$$F_1=F_{45}/A\cdot B=10.6383/(0.93\times0.9)=12.71\,(\text{kmol})=991.38\,(\text{kg})$$

$$F_2=F_{22}/X_{22}=F_1/X_{22}=12.71/0.3=42.37\,(\text{kmol})=949\,(\text{m}^3)$$

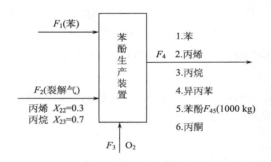

图 1-4　苯酚生产过程物料计算示意图

第 2 章　物　料　衡　算

无反应过程是指在系统中物料没有发生化学反应的过程。反应过程则是在系统中物料发生化学反应的过程。一个完整的化工厂由反应工程、分离工程和共用工程三部分组成。对于任意化工厂，不论其规模多大，实际上只有一个或几个单元设备是进行化学反应的，这些反应设备是化工厂的核心部分。但就整个工厂的单元设备数及投资规模而言，分离工程及共用工程往往占 50%～80%，这部分单元设备的物料衡算对整个化工过程而言也是非常重要的。为了计算书写方便，本章例题的部分计算过程中省略了单位。

2.1　无反应过程的物料衡算

2.1.1　简单无反应过程的物料衡算

简单过程指仅有一个设备或把整个过程简化为一个设备单元的过程。这种过程衡算简单，设备的边界即为系统的边界。

1. 过滤

过滤是指应用过滤设备将液体与固体进行分离的单元操作，属机械分离方法之一。

例 2-1　在过滤机中对固体料浆进行过滤。已知：料浆含 25%固体，料浆进料流量为 2000 kg·h^{-1}，滤饼含固体 90%，而滤液含固体 1%。试计算滤液和滤饼的流量。

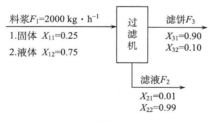

图 2-1　过滤过程物料计算示意图

解　过滤过程物料计算如图 2-1 所示，则

$$f = 6-[4+(2+0)]=0$$

总物料衡算式　　　　　　　　　　　　$2000=F_2+F_3$

固体衡算式　　　　　　　　　　　　$2000\times0.25=0.01F_2+0.90F_3$

联解两式得　　　　　　　　　　　　$F_2=1460.7\ \text{kg·h}^{-1}$；$F_3=539.3\ \text{kg·h}^{-1}$

2. 蒸发

蒸发一般指把不挥发物料的溶液加热到沸腾，使溶剂气化而获得浓缩或析出固体的单元操作，如稀碱和蔗糖溶液的浓缩。

例 2-2　某蒸发过程及已知条件如图 2-2 所示。求：(1)母液量；(2)蒸发水分量；(3)结晶出的 NaCl 量。

解　本题为间歇过程　　　　　　$f=8-[5+(3+0)]=0$

总物料衡算式　　　　　　　　　　　　$1000=F_2+F_3+F_4$

NaOH 衡算式　　　　　　　　　　　　$100=0.5F_4$

NaCl 衡算式　　　　　　　　　　　　$100=0.02F_4+F_3$

联解三式得　　　　　　　　　　　　$F_4=200\ \text{kg}$；$F_2=704\ \text{kg}$；$F_3=96\ \text{kg}$

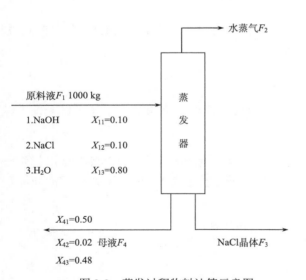

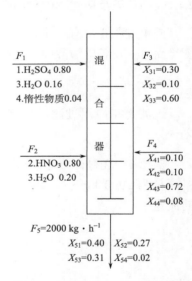

图 2-2　蒸发过程物料计算示意图　　　　图 2-3　混合过程物料计算示意图

3. 混合

混合是使两种或两种以上物料均匀分布的过程。

例 2-3　某一混合操作如图 2-3 所示。若欲获得 2000 kg·h^{-1} 的出口物流，试计算各进口物流的质量流量。

解 $f=16-[12+(4+0)]=0$

总物料衡算式 $F_1+F_2+F_3+F_4=F_5=2000$

H_2SO_4 衡算式 $0.80F_1+0.30F_3+0.10F_4=2000\times0.40=800$

HNO_3 衡算式 $0.80F_2+0.10F_3+0.10F_4=2000\times0.27=540$

H_2O 衡算式 $0.16F_1+0.20F_2+0.60F_3+0.72F_4=2000\times0.31=620$

联解四式得 $F_1=800\ \text{kg}\cdot\text{h}^{-1}$；$F_2=600\ \text{kg}\cdot\text{h}^{-1}$

                         $F_3=500\ \text{kg}\cdot\text{h}^{-1}$；$F_4=100\ \text{kg}\cdot\text{h}^{-1}$

4. 传质分离过程

传质分离过程是利用能量或物质分离剂以及各种物质在系统状态条件下所产生的传递推动力来进行分离的过程，如吸收、蒸馏、萃取、结晶等。

例 2-4　以苯为溶剂，用共沸精馏法分离乙醇-水混合物制取纯乙醇，已知条件如图 2-4 所示。若需要生产的乙醇量为 1000 kg·h^{-1}，求苯量、料液量及馏出液量。

解 $f=7-[4+(3+0)]=0$

苯衡算式 $F_2=0.75F_3$

水衡算式 $0.60F_1=0.24F_3$

乙醇衡算式 $0.40F_1=0.01F_3+1000$

联解三式得 $F_1=2667\ \text{kg}\cdot\text{h}^{-1}$；$F_2=5000\ \text{kg}\cdot\text{h}^{-1}$；$F_3=6667\ \text{kg}\cdot\text{h}^{-1}$

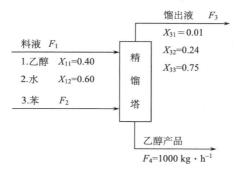

图 2-4　蒸馏过程物料计算示意图

例 2-4 涉及共沸精馏过程，其原理为：在一定压力下，乙醇和水形成活度系数 $\gamma>1$ 的非理想溶液，具有最低恒沸点 T_b'。在 T_b' 时，相对挥发度等于 1，气相和液相的组成相等。如在常压下，恒沸点 T_b' 为 78.15℃，恒沸组成为 0.894（相应的质量分数为 0.9557），即在常压下用普通蒸馏的方法分离乙醇-水溶液，最多只能分离得到质量分数为 0.9557 的乙醇溶液。加入第三组分（夹带剂）苯，在一定压力下与原料形成新的三元恒沸液，把乙醇中的水夹带蒸出。只要苯的加入量合适，原料中的水分几乎全部转移到三元恒沸液中，剩下的几乎是纯乙醇，又称无水乙醇。

例 2-5　以液态 SO_2 为溶剂，从由链烷烃和环烷烃所组成的炼厂废液（含有 70% 苯）中萃取分离回收苯。已知每千克料液所用 SO_2 溶剂量为 3 kg，萃余液中含有 16.67%（质量分数）SO_2，其余为苯；萃取液中含有 SO_2、非苯物质及少量苯，其中每千克非苯物质中溶有约 0.25 kg 苯。试计算苯的回收率。

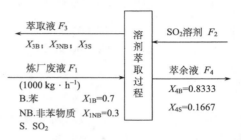

图 2-5　萃取过程物料计算示意图

解　流程示意图如图 2-5 所示。设计算基准为炼厂废液量 $F_1=1000$ kg·h^{-1}，则

$$f=8-[3+(3+2)]=0$$

物料衡算式如下：

苯衡算式　　　　　　　　$700=F_3X_{3B}+0.8333F_4$

非苯物质衡算式　　　　　$300=F_3X_{3NB}$

SO_2 衡算式　　　　　$F_2=F_3(1-X_{3B}-X_{3NB})+0.1667F_4$

约束式　　　　　　　$F_2=3F_1=3\times1000=3000\,(kg)$

$$X_{3B}/X_{3NB}=0.25$$

联解五式可得 $F_2=3000$ kg·h^{-1}；$F_3=3250$ kg·h^{-1}；$F_4=750$ kg·h^{-1}；

$$X_{3B}=0.0231；\quad X_{3NB}=0.0924$$

则苯的回收率为　　　　$F_{4B}/F_{1B}=(750\times0.8333/700)=0.893=89.3\%$

5. 闪蒸

闪蒸是指经预热的流体原料在减压下进入设备后进行部分蒸发，并使液体得到冷却的过程。

闪蒸过程如图 2-6 所示，若气、液两相接触时间足够长，以进行能量和质量的传递而使气液两相达相平衡状态，则每个组分在气相和液相中的分配由相平衡常数 K 确定：

$$K_j = \frac{X_{2j}}{X_{3j}} \tag{2-1}$$

K 值的大小与系统的温度、压力和物料的组成有关。但在下列情况下，K 值的计算可以简化：

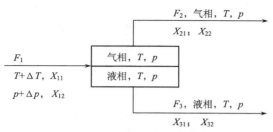

图 2-6 闪蒸过程物料计算示意图

(1)对于不溶性气体，如果某一组分系处于其临界温度以上的气体，而且在液相中的溶解度很小，那么该组分的 $X_{3j}=0$，$K_j=\infty$。例如，氢气、乙醇和水的两相混合物在 30℃下闪蒸，氢气的 K 值非常大。

(2)对于易溶性固体和不挥发性液体，如果进料组分之一为一种具有低蒸气压且易溶性的固体或不挥发性液体，则该组分的 $X_{2j}=0$，$K_j=0$。例如，溶于水中的盐，其 K 值为零。

(3)对于理想溶液，如果混合物由分子结构相似的物质组成，如同系物或异构体，则此溶液称为理想溶液，可用拉乌尔定律来计算 K 值。例如，苯和甲苯混合物，其

$$K_i = \frac{p_i^0}{p}。$$

例 2-6 合成氨过程中，反应器出来的产品为氨、未反应的 N_2、H_2 以及原料物流带入的并通过反应器的少量氩、甲烷等杂质，其在 -33.3℃ 和 13.3 MPa 下进入分凝器中进行冷却和分离。假设进料流量为 100 kmol·h^{-1}，试计算分凝器出来的各物流流量和组成。已知分凝器进料组成和气液平衡常数如表 2-1 所示。

表 2-1 分凝器进料组成和气液平衡常数

组分	编号	进料摩尔分数	气液平衡常数(-33.3℃，13.3 MPa)
N_2	1	0.220	66.67
H_2	2	0.660	50.0
NH_3	3	0.114	0.015
Ar	4	0.002	100.0
CH_4	5	0.004	33.3

解 冷凝分离过程示意图如图 2-7 所示，设

$$F_2/F_1=e \tag{a}$$

则 $F_3/F_1=1-e$，因为

$$F_1 X_{1j}=F_2 X_{2j}+F_3 X_{3j}=F_2 K_j X_{3j}+F_3 X_{3j}=(F_2 K_j+F_3) X_{3j} \qquad (X_{2j}=K_j X_{3j})$$

所以

$$X_{3j}=F_1 X_{1j}/(F_2 K_j+F_3)=(F_1 X_{1j}/F_1)/[(F_2 K_j+F_3)/F_1]$$

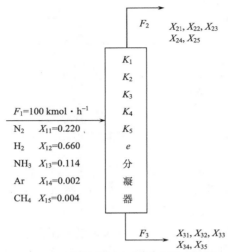

图 2-7　冷凝分离过程物料计算示意图

即
$$X_{3j}=X_{11}/(eK_j+1-e)=X_{1j}/[e(K_j-1)+1] \tag{b}$$

因为 $\sum X_{2j}=1$，$\sum X_{3j}=1$，所以
$$\sum(X_{2j}-X_{3j})=\sum(K_j-1)X_{3j}=0 \tag{c}$$

将(b)代入(c)得
$$\sum[(K_j-1)X_{1j}]/[e(K_j-1)+1]=0 \tag{d}$$

即得到与 e 相关的两个重要等式(a)和(d)。

自由度分析如下：

$$N_v=21(F_i=3；\ X_{ij}=12；\ K_j=5；\ e=1)；\quad N_d=10(F_1；\ X_{1j}=4；\ K_j=5)$$

$$N_{e1}=5(物料衡算式)；\quad N_{e2}=6(①④两式；\ X_{2j}=K_jX_{3j} 四个约束式)$$

则
$$f=21-[10+(5+6)]=0$$

约束式如下：
$$\sum[(K_j-1)X_{1j}]/[e(K_j-1)+1]=0 \tag{①}$$

$$\left.\begin{array}{l}F_2=F_1\cdot e \quad ② \\ X_{21}=K_1X_{31} \quad ③ \\ X_{22}=K_2X_{32} \quad ④ \\ X_{23}=K_3X_{33} \quad ⑤ \\ X_{24}=K_4X_{34} \quad ⑥\end{array}\right\} 相平衡约束式$$

总物料衡算式 $\qquad\qquad F_1=F_2+F_3 \tag{⑦}$

N_2 衡算式 $\qquad\qquad 22=F_2X_{21}+F_3X_{31} \tag{⑧}$

H_2 衡算式 $\qquad\qquad 66=F_2X_{22}+F_3X_{32} \tag{⑨}$

NH_3 衡算式 $\qquad\qquad 11.4=F_2X_{23}+F_3X_{33} \tag{⑩}$

Ar 衡算式　　　　　　　　　　　　$0.2=F_2X_{24}+F_3X_{34}$　　　　　　　⑪

解法一：第 1 步解①可得 e；第 2 步将 e 代入②得 F_2；第 3 步将 F_2 代入总物料衡算式⑦可解得 F_3；第 4 步将 F_2、F_3 分别代入⑧⑨⑩⑪可解得 X_{3j}；第 5 步将 X_{3j} 分别代入③④⑤⑥可解得 X_{2j}。

解法二：第 1 步由约束式①解得 e(牛顿法)；第 2 步由式②解得 F_2；第 3 步由 $F_3=(1-e)F_1$ 解得 F_3；第 4 步由式(b)解得 X_{3j}；第 5 步由 $X_{2j}=K_jX_{3j}$ 解得 X_{2j}。

此类题解题时常用到以下推证公式：

$$F_2/F_1=e \tag{2-2}$$

$$F_3/F_1=1-e \tag{2-3}$$

$$X_{3j}=X_{11}/(eK_j+1-e)=X_{1j}/[e(K_j-1)+1] \tag{2-4}$$

$$\sum[(K_j-1)X_{1j}]/[e(K_j-1)+1]=0 \tag{2-5}$$

6. 固液分离和固固分离

1)固液分离

假定溶液中的溶质在固体颗粒表面无化学变化，则澄清后移出的清液组成应与沉降颗粒所夹带的溶液组成相同。对于组成该溶液的每一组分 j 有如下关系式：

$$\frac{X_{1j}}{1-X_{1j}}=X_{2j} \tag{2-6}$$

倾析法是指使悬浮液中含有的固相粒子或乳浊液中含有的液相粒子下沉而得到澄清液的操作，一般用于从液体中分离密度较大且不溶的固体。

2)固固分离

一般先用洗涤剂将固体混合物中的可溶性组分溶解在洗涤剂中，再进行固液分离，以使产品质量达标。

例 2-7　一个容器中盛有 10 kg 60℃饱和 $NaHCO_3$ 溶液，要从该溶液中结晶出 0.5 kg $NaHCO_3$，该溶液需冷却到多少度？

解　过程如图 2-8 所示，$NaHCO_3$ 的溶解度如表 2-2 所示。

表 2-2　$NaHCO_3$ 的溶解度

温度/℃	溶解度/(g/100 g H₂O)
10	8.15
20	9.6
30	11.1
40	1 .7
50	14.45
60	16.4

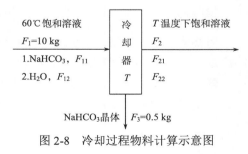

图 2-8　冷却过程物料计算示意图

根据物料衡算求 T 温度下饱和溶液的溶解度。自由度分析

$$f=5-[2+(2+1)]=0 \quad (\text{取变量 } F_1, F_{11}, F_{21}, F_{22}, F_3)$$

总物料衡算式 $\qquad\qquad F_{21}+F_{22}=10-0.5=9.5$

$NaHCO_3$ 衡算式 $\qquad\qquad F_{11}-0.5=F_{21}$

约束式 $\qquad\qquad 100F_{11}/(10-F_{11})=16.4$

解得 $\qquad\qquad F_{11}=1.41 \text{ kg}; \quad F_{21}=0.91 \text{ kg}; \quad F_{22}=8.59 \text{ kg}$

则 T 温度下 $NaHCO_3$ 饱和溶液的溶解度为

$$100F_{21}/F_{22}=100\times0.91/8.59=10.6 \, (\text{g}/100 \text{ g } H_2O)$$

根据 $NaHCO_3$ 的溶解度表 2-2，用内插法计算溶液必须冷却到的温度：

$$T=30-10\times\frac{11.1-10.6}{11.1-9.6}=27 \, (℃)$$

2.1.2 多单元系统物料衡算

对于由数个单元设备所组成的过程，需要计算每个单元设备的流量和组成，把这一系统称为多单元系统。

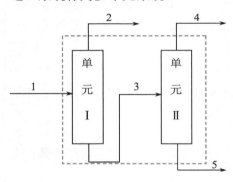

图 2-9 双塔分离过程示意图

图 2-9 为由两个单元所组成的过程。假设每个单元的每一物流的组分数都为 S，则可以知道：

（1）对于单元Ⅰ，可以列出 S 个独立的物料衡算方程。

（2）对于单元Ⅱ，也可列出 S 个独立的物料衡算方程。

（3）若将两个单元作为一个单元处理，系统的边界如图中虚线所示。这时仅考虑物流1、2、4 和 5，也同样可列出 S 个独立的物料平衡方程，而且平衡方程与内部物流 3 的流量和组成无关。

对此，必须了解以下两个概念：

（1）单元衡算方程，即对每一个单元列出的一组衡算方程。

（2）总衡算方程，即对整个系统列出的一组衡算方程。

例 2-8 某回收丙酮装置系统已知条件和操作过程如图 2-10 所示，计算各物流的流量(kg·h^{-1})及蒸馏塔的进料组成。

解 依题意将混合气摩尔分数组成换算成质量分数，得 $X_{22}=0.0297, X_{23}=0.9703$。自由度分析如表 2-3 所示。

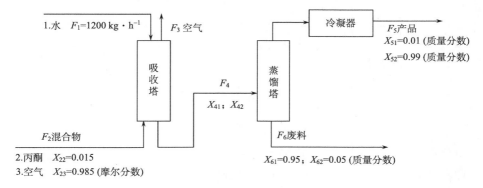

图 2-10　丙酮回收过程物料计算示意图

表 2-3　丙酮回收过程自由度分析

项目	吸收塔	蒸馏冷凝	过程	总平衡
N_v	6	6	10	8
N_d	2	2	4	4
N_e	3	2	5	3
f	1*	2	1*	1*

*表明有流量基准的自由度。

$f_过=1$，说明系统尚缺数据个数为 1。可补充的数据为 F_2、F_3、F_4、F_5 或 F_6；X_{41} 或 X_{42}。

假定 $F_5=a$（为已知变量），则

总物料衡算　　　　　$1200+F_2=F_3+a+F_6$；　$1200=0.01a+0.95F_6$；　$F_3=0.9703F_2$

蒸馏塔物料衡算　　　　　　　$F_4=a+F_6$；　$F_4X_{41}=0.01a+0.95F_6$

则系统由于增加了已知变量 $F_5=a$，此时自由度为 0，可以求出全部未知量。

例 2-9　液体丙酮以 24 $m^3 \cdot h^{-1}$ 的流量进入加热室蒸发，蒸发时与氮气相混。离开加热室的气体被另一流量为 25000 $m^3 \cdot h^{-1}$（STP，standard temperature and pressure）的氮气流稀释，然后混合气在 325℃的温度下压缩至总压 740 kPa，该物流中丙酮的分压为 66.5 kPa。试计算：(1)离开压缩机的物流流量；(2)设进入蒸发器的氮气温度为 27℃，压力为 164.4 kPa，则进入蒸发器的氮气流量为多少？

解　依题意过程示意图如图 2-11 所示。

因为 $y_i=p_i/p$，所以压缩机出口丙酮摩尔分数 $X_{41}=66.5/740=0.0899$。

稀释用氮气流量 $F_3=25000$ $m^3 \cdot h^{-1}$。

因为液体丙酮密度 $\rho=792$ $kg \cdot m^{-3}$，所以液体丙酮流量 $F_2=24 \times 792/58.1=327.16（kmol \cdot h^{-1}）$。

将计算得到的已知变量 X_{41}、F_2 和 F_3 标注于示意图 2-11 中。

$$f=5-[3+(2+0)]=0$$

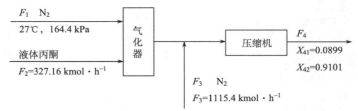

图 2-11　丙酮气化压缩过程物料计算示意图

总物料衡算式　　　　　　　　　　$F_1+327.16+1115.4=F_4$

丙酮衡算式　　　　　　　　　　　$327.16=0.0899F_4$

解得

$$F_1=2196.6 \ kmol\cdot h^{-1}=2196.6×8.314×300.15/164.4 \ m^3\cdot h^{-1}$$
$$=33342 \ m^3\cdot h^{-1}$$
$$F_4=3639.15 \ kmol\cdot h^{-1}$$

2.2　反应过程的物料衡算

　　化学反应过程的物料衡算较无化学反应过程复杂，这是由于化学反应中原子和分子重新形成了完全不同的新物质，每一个化学物质的输入与输出的摩尔或质量流量不平衡。在化学反应过程物料衡算中要注意重视如下概念：化学反应速率、转化率、产物的收率和选择性等。在有燃烧的过程中还要注意重视燃气或烟道气的湿气和干气、理论空气量或理论氧气量等。

2.2.1　直接计算法

　　直接计算法一般是根据化学反应方程式运用化学计量系数进行计算。若系统含有过量反应物，则其过量百分比是指在限制性反应物 100%转化的情况下，反应物过量的量与需要量之比，即

$$过量百分比 = \frac{输入量－需要量}{需要量(与限制性反应物100\%反应)}×100\% \qquad (2-7)$$

　　例 2-10　甲醇制造甲醛的反应过程为 $CH_3OH+1/2O_2 \longrightarrow HCHO+H_2O$，反应物及生成物均为气态。若使用 50%的过量空气，且甲醇的转化率为 75%，试计算反应后气体混合物的摩尔组成。

　　解　设基准为 1 mol CH_3OH，流程图如图 2-12 所示。

$$f=8-[2+(4+2)]=0$$

上式中，变量总数为 8(各物流组分数之和)，设计变量数为 2(F_1、X_{22})，物料平衡式数为 4(C、H、O、N)，约束关系式数为 2(空气过量 50%、甲醇转化率 75%)。

约束式
$$F_{22}=0.5F_1\times1.5=0.75\text{ mol}$$
$$F_{31}=0.25F_1=0.25\text{ mol}$$

由反应计量关系决定的方程式:
$$F_{32}=F_{22}-0.5\times0.75F_1=0.75-0.375=0.375\,(\text{mol})$$
$$F_{33}=F_{23}=0.75\times(0.79/0.21)=2.82\,(\text{mol})$$
$$F_{34}=0.75F_1=0.75\text{ mol}$$
$$F_{35}=F_{34}=0.75\text{ mol}$$

则

$$F_3=\sum F_{3j}=4.945\text{ mol};\quad X_{31}=0.05;\quad X_{32}=0.076;\quad X_{33}=0.570;\quad X_{34}=0.152;\quad X_{35}=0.152$$

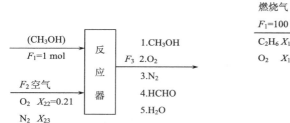

图 2-12 甲醛制备过程物料计算示意图

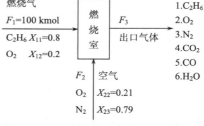

图 2-13 乙烷燃烧过程物料计算示意图

例 2-11 乙烷首先与氧气混合成含 80% C_2H_6 和 20% O_2 的混合物,然后用过量 200%的空气进行燃烧,其中乙烷 80%生成 CO_2、10%生成 CO、10%未燃烧。试计算出口气体的组成。

解 取 100 kmol 燃料气为基准,流程见图 2-13。反应方程式如下:

$$C_2H_6+3.5O_2\longrightarrow 2CO_2+3H_2O$$

$$C_2H_6+2.5O_2\longrightarrow 2CO+3H_2O$$

令 $f=10-[3+(4+3)]=0$,则 $N_e=7$。

约束关系式:
$$F_{22}=3\times(3.5\times0.8F_1-F_{12})=3\times(3.5\times0.8\times100-20)=780\,(\text{kmol})$$
$$F_{31}=0.1F_{11}=0.1\times0.8\times100=8\,(\text{kmol})$$

由反应计量关系决定的方程式:
$$F_{32}=F_{22}+F_{12}-(3.5\times0.8F_{11}+2.5\times0.1F_{11})=780+20-(3.5\times0.8+2.5\times0.1)\times80=556\,(\text{kmol})$$
$$F_{33}=F_{23}=79F_{22}/21=79\times780/21=2930\,(\text{kmol})$$
$$F_{34}=2\times0.8F_{11}=2\times0.8\times80=128\,(\text{kmol});\quad F_{35}=2\times0.1F_{11}=0.2\times80=16\,(\text{kmol})$$
$$F_{36}=1.5\,(F_{34}+F_{35})=1.5\times(128+16)=216\,(\text{kmol})$$

由于出口气体组分流量已求出,则出口气体的组成可通过计算获得。

例 2-12 对 1 t 氯苯的生产过程做物料衡算,已知液态产品组成(质量分数)为苯

65%、氯苯 32%、二氯苯 2.5%、三氯苯 0.5%，商品原料苯的纯度为 97.5%，工业用氯气纯度为 98%。

解　过程如图 2-14 所示，系统主要反应为

$$C_6H_6+Cl_2 \longrightarrow C_6H_5Cl+HCl$$

$$C_6H_6+2Cl_2 \longrightarrow C_6H_4Cl_2+2HCl$$

$$C_6H_6+3Cl_2 \longrightarrow C_6H_3Cl_3+3HCl$$

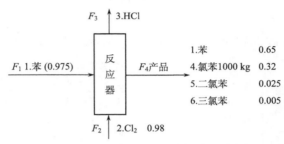

图 2-14　氯苯生产过程物料计算示意图

若忽略杂质，则 $f=7-[4+(3+0)]=0$，$N_e=3$。产品中各组分量为

$$F_{41}=1000×0.65/0.32=2031.3(kg)$$

$$F_{45}=1000×0.025/0.32=78.1(kg)$$

$$F_{46}=1000×0.005/0.32=15.6(kg)$$

产品量　　　　　　　　$F_4=\sum F_{4j}=3125(kg)$

则　　　　　$F_{11}=F_{41}+78F_{44}/112.5+78F_{45}/147+78F_{46}/181.5$

　　　　　　$=2031.3+78×(1000/112.5+78.1/147+15.6/181.5)=2772.8(kg)$

原料苯耗量　　　　　$F_1=2772.8/0.975=2843.9(kg)$

　　$F_{22}=71F_{44}/112.5+2×71F_{45}/147+3×71F_{46}/181.5$

　　　　　$=71×1000/112.5+2×71×78.1/147+3×71×15.6/181.5=724.8(kg)$

工业 Cl_2 耗量　　　　　$F_2=724.8/0.98=739.6(kg)$

　　$F_3=36.5F_{44}/112.5+2×36.5F_{45}/147+3×36.5F_{46}/181.5$

　　　　　$=36.5×1000/112.5+2×36.5×78.1/147+3×36.5×15.6/181.5=372.6(kg)$

　　　　　$F_{11}+F_{22}=2772.8+724.8=3497.6(kg)$

　　　　　$F_3+F_4=372.6+3125=3497.6(kg)$

即反应器输入物料总量等于输出物料总量，物料平衡。

例 2-13　工业上由乙烯水合生产乙醇的反应为 $C_2H_4+H_2O \longrightarrow C_2H_5OH$，部分产物由副反应转化为二乙醚：$2C_2H_5OH \longrightarrow (C_2H_5)_2O+H_2O$，反应器进料（摩尔分数）

含 C_2H_4 53.7%、H_2O 36.7%，其余为惰性气体。已知乙烯转化率为 5%，以消耗的乙烯为基准的产率为 90%，试计算反应器输出物流的摩尔组成。

解　过程如图 2-15 所示。$f=8-[3+(3+2)]=0$，$N_e=5$。

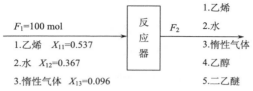

图 2-15　乙醇生产过程物料计算示意图

约束式：　　　　$F_{23}=F_{13}=9.6$ mol；$F_{21}=0.95F_{11}=0.95\times53.7=51.02$（mol）

由反应计量关系决定的方程式：

$$F_{22}=F_{12}+0.5\times0.1\times0.05F_{11}-0.05F_{11}=36.7+0.0025\times53.7-0.05\times53.7=34.15\text{（mol）}$$

$$F_{24}=0.05\times0.9F_{11}=0.045\times53.7=2.42\text{（mol）}$$

$$F_{25}=0.5\times0.1\times0.05F_{11}=0.0025\times53.7=0.134\text{（mol）}$$

$$F_2=51.02+34.15+9.6+2.42+0.134=97.324\text{（mol）}$$

则有

$$X_{21}=51.02/97.324=0.5242；X_{22}=34.15/97.324=0.3509；X_{23}=9.6/97.324=0.0986$$

$$X_{24}=2.42/97.324=0.0249；X_{25}=0.134/97.324=0.0014$$

2.2.2　反应速率法

定义 R_S 为物质 S 的摩尔生成速率，即 $R_S=F_{S,\text{输出}}-F_{S,\text{输入}}$。定义 r 为反应速率，则有 $r=R_S/\sigma_S$ 或 $R_S=\sigma_S \cdot r$。其中 σ_S 为物质 S 的化学计量系数，其对生成物为正，对反应物为负。

物质的摩尔衡算方程式可写为 $F_{S,\text{输出}}=F_{S,\text{输入}}+\sigma_S \cdot r$。

例 2-14　合成氨的化学反应为 $N_2+3H_2 \longrightarrow 2NH_3$，已知数据如图 2-16 所示，试计算其余物质的输出速率。

图 2-16　合成氨过程物料计算示意图

解　$f=6-[3+(3+0)]=0$

N_2 衡算式　　　　　　$F_{21}=F_{11}-r=12-r=8$ mol·h^{-1}

解得　　　　　　　　　　$r=4$ mol·h^{-1}

H₂ 衡算式 $\qquad\qquad$ $F_{22}=F_{12}-3r=40-3r=28\ \text{mol·h}^{-1}$

NH₃ 衡算式 $\qquad\qquad$ $F_{23}=0+2r=8\ \text{mol·h}^{-1}$

显然，系统的摩尔衡算方程式数量等于系统的物质种类数。

例 2-15 反应物 A 和 B 经下列反应生成 C：

$$2A+B \longrightarrow 2D+E \qquad r_1$$

$$A+D \longrightarrow 2C+E \qquad r_2$$

$$C+2B \longrightarrow 2F \qquad r_3$$

反应物 A 的进料速率为 200 mol·h⁻¹，料液中 A 与 B 的摩尔比为 2∶1，A 的转化率为 80%。产品混合物中 A 与 B 的摩尔比为 4∶1，其余 C、D、E、F 生成物的量与未反应的 A 和 B 的量之比（摩尔比）为 6∶1。试计算：（1）三个反应的反应速率及出口各物质的流量；（2）产物 C 的产率。

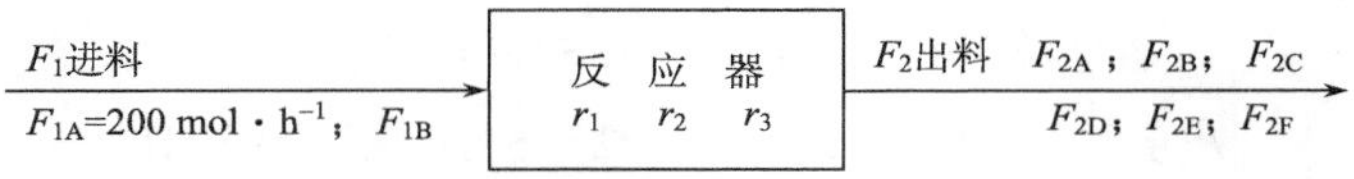

图 2-17 反应速率法物料计算示意图

解 过程如图 2-17 所示。

$$f=11-[1+(6+4)]=0$$

系统的物料衡算式为

A： $200-2r_1-r_2=40$ $\qquad\qquad$ B： $100-r_1-2r_3=10$

C： $F_{2C}=2r_2-r_3$ $\qquad\qquad\qquad\quad$ D： $F_{2D}=2r_1-r_2$

E： $F_{2E}=r_1+r_2$ $\qquad\qquad\qquad\quad\ $ F： $F_{2F}=2r_3$

约束式 $\qquad F_{1B}=0.5F_{1A}=0.5\times200=100\ (\text{mol·h}^{-1})$

$\qquad\qquad\quad F_{2A}=(1-0.8)F_{1A}=0.2\times200=40\ (\text{mol·h}^{-1})$

$\qquad\qquad\quad F_{2B}=F_{2A}/4=40/4=10\ (\text{mol·h}^{-1})$

$F_{2C}+F_{2D}+F_{2E}+F_{2F}=6\times(F_{2A}+F_{2B})=6\times(40+10)=300\ (\text{mol·h}^{-1})$

联立解得 $\quad r_1=43.33\ \text{mol·h}^{-1}$ $\qquad r_2=73.33\ \text{mol·h}^{-1}$ $\qquad r_3=23.33\ \text{mol·h}^{-1}$

$\qquad\qquad F_{2C}=123.33\ \text{mol·h}^{-1}$ $\quad F_{2D}=13.33\ \text{mol·h}^{-1}$ $\quad F_{2E}=116.66\ \text{mol·h}^{-1}$

$\qquad\qquad F_{2F}=46.66\ \text{mol·h}^{-1}$ $\quad F_{2A}=40\ \text{mol·h}^{-1}$ $\qquad F_{2B}=10\ \text{mol·h}^{-1}$

例 2-16 合成氨原料气中的 CO 可通过变换反应器除去，如图 2-18 所示。CO 在反应器Ⅰ中大部分被转化，在反应器Ⅱ中被完全脱去。原料气是由发生炉煤气和水煤气混合而成的半水煤气，在反应器中与水蒸气发生反应：$CO+H_2O \rightleftharpoons CO_2+H_2$，最后得到的物流中 H₂ 与 N₂ 的摩尔比为 3∶1。假定水蒸气流量是原料气总量（干基）的两倍，同时反应器Ⅰ中转化率为 80%。试计算中间物流 F_4 的组成。

解 设 $F_1=100\ \text{mol·h}^{-1}$

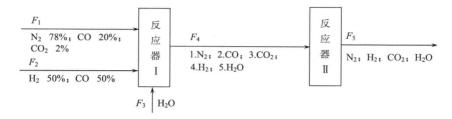

图 2-18 变换过程物料计算示意图

自由度分析：$f_1=12-[4+(5+2)]=1$；$f_2=10-[0+(5+1)]=4$；$f_总=11-[4+(5+2)]=0$

解法一：先对整个系统进行计算，再对反应器 I 进行计算；解法二：先对整个系统进行计算，再对反应器 II 进行计算。在这里采用解法一。

对整个系统，有约束式 $\qquad F_{54}=3F_{51}$ ①

$\qquad\qquad\qquad F_3=2(F_1+F_2)=200+2F_2$ ②

N_2 衡算式 $\qquad F_{51}=F_{11}=78 \text{ mol·h}^{-1}$ ③

CO 衡算式 $\qquad 0=20+0.5F_2-r$ ④

CO_2 衡算式 $\qquad F_{53}=2+r$ ⑤

H_2 衡算式 $\qquad F_{54}=0.5F_2+r=3F_{51}=3\times78=234$ ⑥

H_2O 衡算式 $\qquad F_{55}=F_3-r$ ⑦

④⑥相加消去 r 得 $F_2=214 \text{ mol·h}^{-1}$；将 $F_2=214 \text{ mol·h}^{-1}$ 代入④得 $r=127 \text{ mol·h}^{-1}$；将 $F_{51}=78 \text{ mol·h}^{-1}$ 代入①得 $F_{54}=234 \text{ mol·h}^{-1}$；将 $F_2=214 \text{ mol·h}^{-1}$ 代入②得 $F_3=628 \text{ mol·h}^{-1}$；将 $r=127 \text{ mol·h}^{-1}$ 代入⑤得 $F_{53}=129 \text{ mol·h}^{-1}$；将 F_3、r 代入⑦得 $F_{55}=501 \text{ mol·h}^{-1}$。

对反应器 I 有：$f=12-[6+(5+1)]=0$（对整个系统进行计算后，反应器 I 的自由度发生了变化）

约束式 $\qquad r_1=0.8r=0.8\times127=101.6(\text{mol·h}^{-1})$ $\qquad F_4=942 \text{ mol·h}^{-1}$

N_2 衡算式 $\qquad F_{41}=F_{11}=78 \text{ mol·h}^{-1}$ $\qquad X_{41}=78/942=0.083$

CO 衡算式 $\quad F_{42}=100\times0.2+214\times0.5-r_1=25.4(\text{mol·h}^{-1})$ $\quad X_{42}=25.4/942=0.027$

CO_2 衡算式 $\quad F_{43}=100\times0.02+r_1=103.6(\text{mol·h}^{-1})$ $\quad X_{43}=103.6/942=0.110$

H_2 衡算式 $\qquad F_{44}=214\times0.5+r_1=208.6(\text{mol·h}^{-1})$ $\qquad X_{44}=208.6/942=0.221$

H_2O 衡算式 $\qquad F_{45}=628-r_1=526.4(\text{mol·h}^{-1})$ $\qquad X_{45}=526.4/942=0.559$

例 2-17 乙烯在银催化剂上用过量空气部分氧化而制取环氧乙烷，反应式为 $2C_2H_4+O_2 \longrightarrow 2C_2H_4O$，副反应为 $C_2H_4+3O_2 \longrightarrow 2CO_2+2H_2O$。假设料液中乙烯含量为 10%，乙烯的转化率为 25%，选择性为 80%，试计算反应器输出物流的组成。

解 流程示意图如图 2-19 所示，设进料总量为 1000 mol·h^{-1}。

$$f=11-[2+(6+3)]=0$$

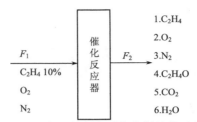

图 2-19　环氧乙烷制备过程物料计算示意图

约束式

$$F_{12}=900\times0.21=189\,(\text{mol}\cdot\text{h}^{-1}) \qquad ①$$

$$F_{11}=1000\times0.1=100\,(\text{mol}\cdot\text{h}^{-1})$$

$$F_{13}=1000-100-189=711\,(\text{mol}\cdot\text{h}^{-1})$$

$$F_{21}=100\times0.75=75\,(\text{mol}\cdot\text{h}^{-1}) \qquad ②$$

$$F_{24}=100\times0.25\times0.8=20\,(\text{mol}\cdot\text{h}^{-1}) \qquad ③$$

C_2H_4 衡算式
$$75=100-2r_1-r_2$$

$$得\ 2r_1+r_2=25 \qquad ④$$

O_2 衡算式
$$F_{22}=189-r_1-3r_2 \qquad ⑤$$

N_2 衡算式
$$F_{23}=F_{13}=711\ \text{mol}\cdot\text{h}^{-1} \qquad ⑥$$

C_2H_4O 衡算式
$$20=2r_1 \qquad ⑦$$

CO_2 衡算式
$$F_{25}=2r_2 \qquad ⑧$$

H_2O 衡算式
$$F_{26}=2r_2 \qquad ⑨$$

由⑦得 $r_1=10\ \text{mol}\cdot\text{h}^{-1}$；由④得 $r_2=5\ \text{mol}\cdot\text{h}^{-1}$；由⑤得 $F_{22}=164\ \text{mol}\cdot\text{h}^{-1}$；由⑧⑨得 $F_{25}=F_{26}=10\ \text{mol}\cdot\text{h}^{-1}$。

$$F_2=\sum F_{2j}=75+164+711+20+10+10=990\,(\text{mol}\cdot\text{h}^{-1})$$

反应器输出物流的各组分流量及组成如表 2-4 所示。

表 2-4　反应器输出物流的各组分流量及组成

组分	C_2H_4	O_2	N_2	C_2H_4O	CO_2	H_2O	Σ
摩尔流量/$(\text{mol}\cdot\text{h}^{-1})$	75	164	711	20	10	10	990
摩尔分数/%	7.58	16.57	71.81	2.02	1.01	1.01	100.0

2.2.3　元素平衡法

在有反应的系统中，参与反应的物质的量会发生变化，因此反应组分的量在系统中是不平衡的。这时，可以利用元素平衡法进行物料衡算，该方法也同样适用于无反应系统。系统中有多少种元素，就有多少个元素平衡式。元素平衡包括摩尔平衡和质量平衡。物质净输出流量可理解为物质(组分)输入与输出流量变化量。

例 2-18　合成气组成(体积分数)为 0.4% CH_4、52.8% H_2、38.3% CO、5.5% CO_2、

0.1% O_2、2.9% N_2。若用过量 10% 的空气燃烧，设燃烧气中不含 CO，试计算燃烧气组成。

解 流程示意图如图 2-20 所示。设合成气流量 $F_1=1000\ mol\cdot h^{-1}$，则 $f=12-[7+(4+1)]=0$。

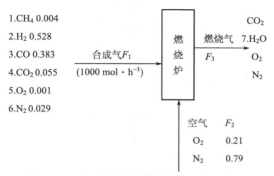

图 2-20 合成气燃烧过程物料计算示意图

C 元素衡算式 $F_{34}=1000\times(0.004+0.383+0.055)=442\ (mol\cdot h^{-1})$

H_2 衡算式 $F_{37}=528+2\times4=536\ (mol\cdot h^{-1})$

系统化学反应式： $CH_4+2O_2\longrightarrow CO_2+2H_2O$

$$H_2+0.5O_2\longrightarrow H_2O$$

$$CO+0.5O_2\longrightarrow CO_2$$

约束式 $F_2=1.1\times(2F_{11}+0.5F_{12}+0.5F_{13}-F_{15})/0.21=1.1\times[2\times4+0.5\times(528+383)-1]/0.21$

$$=508.75/0.21=2422.6\ (mol\cdot h^{-1})$$

O 元素衡算式 $F_{35}=0.5F_{13}+F_{14}+F_{15}+F_{25}-F_{34}-0.5F_{37}$

$$=0.5\times383+55+1+2422.6\times0.21-442-0.5\times536=46.2\ (mol\cdot h^{-1})$$

N_2 衡算式 $F_{36}=F_{16}+F_{26}=29+2422.6\times0.79=1942.9\ (mol\cdot h^{-1})$

计算结果如表 2-5 所示。

表 2-5 合成气燃烧计算结果

组分	CO_2	H_2O	O_2	N_2	Σ
摩尔流量/$(mol\cdot h^{-1})$	442	536	46.2	1942.9	2967.1
摩尔分数	0.1490	0.1806	0.0156	0.6548	1.0000

例 2-19 工业上甲醛 (HCHO) 是由甲醇在催化剂上被空气部分氧化而得的。在最佳反应条件下，原料为含 40% 甲醇的甲醇、空气混合物，其转化率为 55%。除主要产品甲醛外，还有副产品如 CO、CO_2 和少量的甲酸 (HCOOH)。因此，反应器输出物流一般用洗涤法进行分离，得到含有 CO_2、CO、H_2 和 N_2 的气体物流和含有未反应的甲醇、产品甲醛、水及甲酸的液体物流。假设液体物流中含有等量的甲醇和甲醛及 0.5% 的甲酸，而气体物流中含有 7.5% 的 H_2，试计算两股物流的组成。

解 设进料量 $F_1=1000\ mol\cdot d^{-1}$，过程如图 2-21 所示。

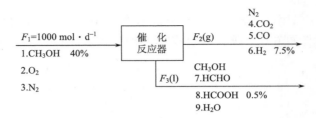

图 2-21　甲醇催化反应过程物料计算示意图

自由度分析　　　　　　　　　　　$f = 11 - [4 + (4+3)] = 0$

约束式　　　　　　　　　　　　　$X_{12} = 0.21 \times (1-0.4) = 0.126$

$$F_{31} = 0.45F_{11} = 0.45 \times 400 = 180 \, (mol \cdot d^{-1}) \qquad \text{（根据转化率计算）}$$

$$F_{37} = F_{31} = 180 \, mol \cdot d^{-1} \qquad \text{（依题意为已知条件）}$$

N_2 衡算式　　　　　　　$F_{23} = F_{13} = 1000 - 400 - 126 = 474 \, (mol \cdot d^{-1})$

C 衡算式　　　　　　　　$F_{24} + F_{25} + 0.005F_3 = 400 - 2 \times 180 = 40$

H_2 衡算式　　　　　　$0.075F_2 + 0.005F_3 + F_{39} = 2 \times (400-180) - 180 = 260$

O 衡算式　　　$2F_{24} + F_{25} + 2 \times 0.005F_3 + F_{39} = 400 + 2 \times 126 - 180 - 180 = 292$

因为　　　　　　　　　　$F_{39} = 0.995F_3 - (F_{31} + F_{37}) = 0.995F_3 - 360$

将上式代入 H_2 衡算式得　　　　　　　$0.075F_2 + F_3 = 620$　　　　　　①

因为　　　　　　　$F_{24} + F_{25} = F_2 - 0.075F_2 - 474 = 0.925F_2 - 474$

将上式代入 C 元素衡算式得　　　　　$0.925F_2 + 0.005F_3 = 514$　　　　　②

联解①②两式得　　　　$F_2 = 552.55 \, mol \cdot d^{-1}$；$F_3 = 578.56 \, mol \cdot d^{-1}$

则　　　　　　　　$F_{39} = 0.995 \times 578.56 - 360 = 215.67 \, (mol \cdot d^{-1})$

$$2F_{24} + F_{25} = 292 - 215.67 - 0.01 \times 578.56 = 70.54 \qquad ③$$

已知　　　　$F_{24} + F_{45} = 0.925F_2 - 474 = 0.925 \times 552.55 - 474 = 37.11$　　④

联解③④两式得　　　　$F_{24} = 33.43 \, mol \cdot d^{-1}$；$F_{25} = 3.68 \, mol \cdot d^{-1}$

计算结果如表 2-6 所示。

表 2-6　甲醇催化反应计算结果

组分	F_2（气相）					F_3（液相）				
	CO_2	CO	H_2	N_2	$\sum$	CH_3OH	HCHO	HCHO	H_2O	$\sum$
摩尔流量/(mol·d⁻¹)	33.43	3.68	41.44	474	552.55	180	180	2.89	215.67	578.56
摩尔分数/%	6.05	0.66	7.50	85.79	100.0	31.11	31.11	0.50	37.28	100.0

2.2.4　化学平衡法

在化学反应中，最终正、逆反应速率相等时，反应达到化学平衡。在定温、定压且反应物的浓度不变时，平衡将保持稳定。对反应 $a\text{A} + b\text{B} \rightleftharpoons c\text{C} + d\text{D}$，平衡时化学反应平衡常数为 $K=[C]^c[D]^d/[A]^a[B]^b$，其中 K 可以表示为 K_c（浓度以 mol·L^{-1} 表示）、K_p（浓度以分压 p 表示）或 K_N（浓度以摩尔分数表示）。

在低压下，温度对平衡常数的影响可用 $\ln K_p=-(\Delta H_{r,T}/RT)+A$ 来表示（仅与温度有关）。对于吸热反应，$\Delta H_r>0$，T 升高时 K_p 增大；对于放热反应，$\Delta H_r<0$，T 升高时 K_p 减小。

在高压下，K 与温度、压力都有关，一般用逸度代替分压用于平衡常数和平衡时组成的计算。

例 2-20   在接触法制造硫酸的生产过程中，二氧化硫被催化氧化为三氧化硫。原料气组成（体积分数）为 SO_2 11%、O_2 10%、N_2 79%，氧化过程是在 570℃、120 kPa 下进行，转化率为 70%，试计算反应气组成及平衡常数 K_p。

图 2-22 二氧化硫催化氧化过程物料计算示意图

解   设原料气总量为 100 mol，过程如图 2-22 所示。

自由度分析 $\qquad\qquad\qquad\qquad f=7-[3+(3+1)]=0$

因为 $\qquad\qquad\qquad\qquad\qquad K_p=K_N p^{\Delta v}$

化学反应方程式 $\qquad\qquad\qquad SO_2+0.5O_2 \longrightarrow SO_3$

则 $\qquad\qquad p^{\Delta v}=(120000\text{Pa})^{-0.5}=0.002886751\text{Pa}^{-0.5}$

反应气中含 SO_3 $\qquad\qquad F_{24}=11\times0.7=7.7\text{(mol)}$

反应气中含 SO_2 $\qquad\qquad F_{21}=11-7.7=3.3\text{(mol)}$

反应气中含 O_2 $\qquad\qquad F_{22}=10-0.5\times11\times0.7=6.15\text{(mol)}$

反应气中含 N_2 $\qquad\qquad F_{23}=F_{13}=79\text{ mol}$

则 $\qquad F_2=96.15\text{ mol}$；$X_{24}=0.080$；$X_{21}=0.034$；$X_{22}=0.064$；$X_{23}=0.822$

$$K_N=0.080/0.034\times0.064^{0.5}=9.300816648$$

则 $\qquad K_p=9.300816648\times0.002886751\text{ Pa}^{-0.5}=0.02685\text{ Pa}^{-0.5}$

例 2-21   试对甲烷蒸气转化制氢过程进行物料衡算。设该过程每小时消耗天然气 4700 m^3，其组成（体积分数）为 CH_4 97.8%、C_2H_6 0.5%、C_3H_8 0.2%、C_4H_{10} 0.1%、N_2 1.4%。在初始混合物中，水蒸气与天然气之比为 2.5，烃的转化率为 67%。此过程包括下列反应：

$$CH_4+H_2O \longrightarrow CO+3H_2 \qquad\qquad K_{p1}=25 \qquad\qquad (1)$$

$$CH_4+CO_2 \longrightarrow 2CO+2H_2 \qquad\qquad K_{p2}=20 \qquad\qquad (2)$$

$$CO+H_2O \longrightarrow CO_2+H_2 \qquad\qquad K_{p3}=1.54 \qquad\qquad (3)$$

在已转化的气体中，CO 与 CO_2 的比例可取为在气体离开转化器的温度（700℃）下反应式（3）呈平衡时的比例，因为这个反应达到平衡要比反应（1）和（2）更加迅速，且该温度下反应（1）和（2）的产物生成有利于反应（3）的化学平衡向生成物方向移动。

解　过程如图 2-23 所示。设 $F_1=100\ m^3$，则 $f=15-[5+(4+6)]=0$。

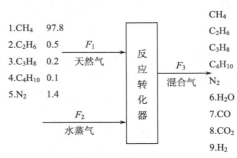

图 2-23　甲烷蒸气转化过程物料计算示意图

约束式
$$F_2=2.5F_1=250\ m^3$$
$$V_{31}=0.33F_{11}=0.33\times97.8=32.274\ (m^3)$$
$$V_{32}=0.33\times0.5=0.165\ (m^3)$$
$$V_{33}=0.33\times0.2=0.066\ (m^3)$$
$$V_{34}=0.33\times0.1=0.033\ (m^3)$$

N 元素衡算式　　　　　$V_{35}=V_{15}=1.4\ m^3$

C 元素衡算式

$$97.8+2\times0.5+3\times0.2+4\times0.1=32.27+2\times0.165+3\times0.066+4\times0.033+V_{37}+V_{38}$$
$$即\quad V_{37}+V_{38}=66.87$$

O 元素衡算式　　　　　$V_{37}+2V_{38}=250-V_{36}$

H 元素衡算式

$$4\times97.8+6\times0.5+8\times0.2+10\times0.1+2\times250=4\times32.27+6\times0.165+8\times0.066+10\times0.033+2V_{36}+2V_{39}$$
$$即\quad V_{39}=382.93-V_{36}$$

联解 C 和 O 元素衡算式得　　$V_{38}=183.13-V_{36}$；$V_{37}=V_{36}-116.26$

由于在产品混合物中，CO 与 CO_2 的比率是根据 700℃下平衡时的反应（3）来确定的，则

$$K_{p3}=p_{38}p_{39}/p_{36}p_{37}=V_{38}V_{39}/V_{36}V_{39}=1.54$$

即　　　　$(183.13-V_{36})(382.93-V_{36})/(V_{36}-116.26)V_{36}=1.54$

则　　　　$V_{36}=149.86\ m^3$；$V_{37}=149.86-116.26=33.6\ (m^3)$

V_{38}=183.13−149.86=33.27（m³）；V_{39}=382.93−149.86=233.07（m³）

计算结果如表 2-7 所示。蒸气转化反应器的输入物料量等于输出物料量，物料平衡。

表 2-7 甲烷蒸气转化计算结果

物料	输入			输出		
	质量/kg	体积/m³	体积分数/%	质量/kg	体积/m³	体积分数/%
CH_4	3283.3	4596.6	97.8	1083.5	1516.880	6.671
C_2H_6	31.5	23.5	0.5	10.4	7.755	0.034
C_3H_8	18.5	9.4	0.2	6.1	3.102	0.014
C_4H_{10}	12.2	4.7	0.1	4.0	1.551	0.007
N_2	82.3	65.8	1.4	82.3	65.800	0.289
H_2O	9442.0	11750.0		5659.9	7043.420	30.980
CO				1974.0	1579.200	6.946
CO_2				3071.5	1563.690	6.878
H_2				978.1	10954.290	48.181
∑	12869.8	16450.0	100.0	12869.8	22735.688	100.000

2.2.5 结点法

结点为工艺流程中汇集或分支处。例如，工艺流程中新鲜原料加入循环系统中，物料的混合、溶液的配制以及精馏塔顶回流和取出产品处，均属于结点。用结点做衡算是一种计算技巧，可使计算简化，适用于任何过程。

例 2-22 某工厂用烃类气体转化制合成气，并生产甲醇，要求合成气量为 2321 m³·h⁻¹（STP），且 CO 与 H_2 的摩尔比为 1∶2.4。但是由于转化后的气体体积组成为 CO 43.12%、H_2 54.2%，不符合甲醇的生产要求。为此，需将部分转化气送去 CO 变换反应器，变换后气体体积组成为 CO 8.76%、H_2 89.75%。此变换气经 CO_2 脱除后体积减少 2%，用此变换气去调节转化气，使其达到合成甲醇的原料气的要求，即 CO 与 H_2 的含量为 98%。转化气、变换气量各为多少？

解 流程如图 2-24 所示，依题意：

$$X_{41}=0.98/3.4=0.2882；X_{42}=0.98×2.4/3.4=0.6918$$

自由度分析 f_A=6−[1+（2+0+2）]=1；f_B=6−[4+（2+0）]=0

对结点 B 进行物料衡算：

总物料衡算式 $V_1+V_3=V_4$=2321

C 元素衡算式 $0.4312V_1+0.0889V_3=2321×0.2882$

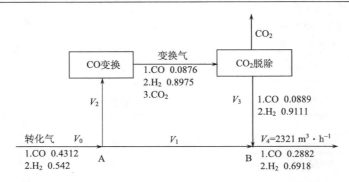

图 2-24 烃类气体转化制合成气过程物料计算示意图

解得 $V_1=1351.37\ \mathrm{m^3 \cdot h^{-1}}$；$V_3=969.63\ \mathrm{m^3 \cdot h^{-1}}$

依题意 $V_2=V_3/(1-0.02)=969.63/0.98=989.42\,(\mathrm{m^3 \cdot h^{-1}})$

结点 A 的总物料衡算式 $V_0=V_1+V_2=1351.37+989.42=2340.79\,(\mathrm{m^3 \cdot h^{-1}})$

则   脱除 CO_2 的量 $=V_2-V_3=989.42-969.63=19.79\,(\mathrm{m^3 \cdot h^{-1}})$

2.2.6 联系组分法

联系组分是指系统中不参加反应的惰性组分，可利用联系组分与其他组分的比例关系计算其他物料的数量。如果系统中有数个惰性组分，可利用其总量作为联系组分。联系组分数量大，计算误差小；反之，计算误差大。若联系组分数量小，且组分分析误差相对很大时，该组分不宜用作联系组分。

例 2-23 将组成为 88% C 和 12% H_2O 的液体气化，并在图 2-25 所示的装置中催化燃烧，所得到的烟道气组成见图 2-25。为了计算燃烧装置的体积，求 100 kg 燃料产生的干烟道气量及空气过量百分数。

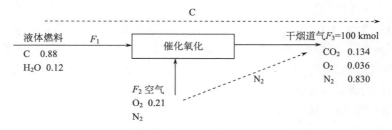

图 2-25 液体燃料气化燃烧过程物料计算示意图

解 (1)通过 C 元素衡算式计算干烟道气量。

100 kmol 干烟道气含 C 量为 100×0.134×12=161（kg），已知 100 kg 燃料含 C 量为 88 kg，所以：

$$\frac{100 \text{ kmol干烟道气}}{161 \text{ kg碳}} \times \frac{88 \text{ kg碳}}{100 \text{ kg燃料}} = 54.6 \text{ kmol干烟道气} \cdot (100 \text{ kg燃料})^{-1}$$

（2）以 N_2 为联系组分，计算过量空气的百分数。

$$\frac{83.0 \text{ kmol氮}}{100 \text{ kmol烟道气}} \times \frac{1.00 \text{ kmol空气}}{0.79 \text{ kmol氮}} = 105 \text{ kmol空气} \cdot (100 \text{ kmol干烟道气})^{-1}$$

输入的空气中含 O_2 量$=105 \times 0.21 = 22.1$ (kmol)

$$空气过量百分数 = \frac{过量O_2量}{输入O_2量-过量O_2量} = \frac{3.6}{22.1-3.6} \times 100\% = 19.5\%$$

例 2-23 的计算中采用了"连接单位法"，由于干烟道气中不含 CO，过程为完全氧化过程，这与空气过量百分数的计算结果相符。若干烟道气中含 CO，则计算中采用的数据有所不同。需注意过量 O_2 量、O_2 进料量和完全燃烧所需的 O_2 量之间的关系。

2.3　带有循环和旁路过程的物料衡算

2.3.1　循环过程

循环过程是具有物料返回（循环）至前一级操作的过程。循环过程物料衡算一般采用两种解法：试差法和代数解法。在只有一个或两个循环物流的简单过程中，只要计算基准及系统边界选择恰当，计算常可简化。一般在衡算时，先进行总过程的计算，再对循环系统列出方程式求解。

例 2-24　如图 2-26 所示的蒸发过程，试计算循环的物流量。

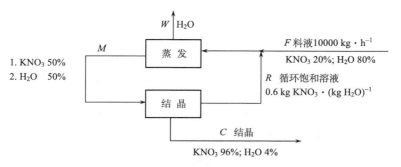

图 2-26　KNO_3 蒸发结晶过程物料计算示意图

解　依题意计算 R 的质量分数：　　　　　　$X_1=0.6/1.6=0.375$；$X_2=0.625$
自由度分析：$f_{总}=5-[3+(2+0)]=0$；$f_{蒸发+结点}=7-[4+(2+0)]=1$；$f_{结晶}=6-[3+(2+0)]=1$
对总过程进行计算，其中

KNO$_3$ 衡算式 $0.96C=10000\times0.2$

总物料衡算式 $W=F-C$

对结晶过程进行计算，其中

KNO$_3$ 衡算式 $0.5M=0.96C+0.375R$

总物料衡算式 $M=C+R$

联立解得 $C=2083$ kg·h^{-1}；$W=7917$ kg·h^{-1}；$M=9753$ kg·h^{-1}；$R=7670$ kg·h^{-1}

例 2-25 苯乙烯制取过程如图 2-27 所示，先由乙烯与苯反应生成乙苯：
$C_2H_4+C_6H_6 \longrightarrow C_6H_5C_2H_5$，然后再将乙苯脱氢制得苯乙烯：$C_6H_5C_2H_5 \longrightarrow$
$C_6H_5C_2H_3+H_2$。乙苯是在 560 K、600 kPa 和催化剂作用下，由乙烯与苯以摩尔比 1∶5
进行气相反应合成的，副反应生成的多乙基苯在乙苯精馏塔中分离出来，乙烯的转
化率为 100%。乙苯脱氢反应在 850 K 下进行，以壳牌＃150 为催化剂，该步骤乙苯
的单程转化率为 60%，苯乙烯的选择性为 90%，反应后副反应生成的物质与苯乙烯
的质量之比为：苯与甲苯 7%、胶状物质 2%、废气 7%。乙苯脱氢反应为吸热反应，
为提供反应过程所需的热量，同时抑制副反应，在反应中直接通入过热蒸汽，而反
应后未反应的乙苯经分离后循环返回至乙苯脱氢装置。假定乙烯的进料量为 100
kmol，试计算：(1) 从苯塔中回收循环至烷基化反应器的苯量(kmol)；(2) 从乙苯塔
中回收循环至乙苯脱氢装置的乙苯量(kmol)；(3) 乙苯塔塔顶和塔底的馏出量(kg)；
(4) 对年产 50000 t 苯乙烯的乙苯脱氢装置进行物料衡算。

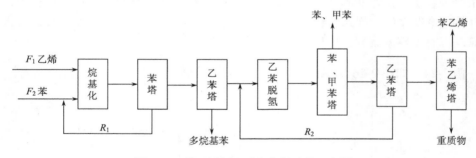

图 2-27 苯乙烯制取过程物料计算示意图

解 (1)已知烷基化装置输入 100 kmol 乙烯，且乙烯转化率为 100%，则必须同
时进料 100 kmol 苯。设苯循环量为 R_1，依题意有

$$F_1/(F_2+R_1)=100/(100+R_1)=1/5$$

则 $R_1=400$ kmol

(2)由(1)可知，烷基化装置生成 100 kmol 乙苯，并输入乙苯脱氢装置中，但是
乙苯脱氢装置中的乙苯转化率为 60%。假定乙苯塔循环返回的乙苯纯度为 100%，
乙苯的循环量为 R_2，依题意有

$$(R_2+100)\times(1-0.6)=R_2$$

则　　　　　　　　　　　　　　　　R_2=66.67 kmol

　　（3）由（2）可知乙苯脱氢装置生成苯乙烯的量为

$$(100+66.67)\times0.6\times0.9=90\,(\text{kmol})=9378\,(\text{kg})$$

生成苯、甲苯的量为　　　　　$9378\times0.07=656.5\,(\text{kg})$

废气的量为　　　　　　　　　$9378\times0.07=656.5\,(\text{kg})$

胶状物质的量为　　　　　　　$9378\times0.02=187.6\,(\text{kg})$

未反应乙苯的量为

$$(100+66.67)\times(1-0.6)=66.67\,(\text{kmol})=7080.4\,(\text{kg})\,(\text{这是乙苯塔塔顶馏出液的量})$$

进入乙苯塔物质的总量为　　　$9378+7080.4+187.6=16646.0\,(\text{kg})$

乙苯塔塔底馏出液（苯乙烯+胶状物质）的量为

$$9378+187.6=9565.6\,(\text{kg})$$

　　（4）乙苯脱氢装置输入乙苯的量为

$$100\times106.2\times(5000/9378)=56621\,(\text{t})$$

未反应乙苯的量等于循环的乙苯的量，为

$$7080.4\times(50000/9378)=37750\,(\text{t})$$

生成苯、甲苯的量为　　　$50000\times(656.5/9378.0)=3500\,(\text{t})$

废气量为　　　　　　　　　　　　3500 t

胶状物质的量为　　　　　$50000\times(187.6/9378.0)=1000\,(\text{t})$

过热水蒸气的量为

$$(50000+37750+3500+3500+1000)-(56621+37750)=1379\,(\text{t})$$

计算结果如表 2-8 所示。

表 2-8　苯乙烯制取过程计算结果

输入		输出	
原料	质量/t	生成物	质量/t
乙苯	56621	苯乙烯	50000
循环乙苯	37750	未反应乙苯	37750
过热水蒸气	1379	苯、甲苯	3500
		废气	3500
		胶状物质	1000
Σ	95750	Σ	95750

　　例 2-26　由乙烯生产氯乙烯的主要过程如图 2-28 所示，方框表示反应器及加工单元。过程涉及的主要反应为

方框 A (氯化) $C_2H_4+Cl_2 \longrightarrow C_2H_4Cl_2$ [二氯乙烷 (DCE) 产率：基于乙烯为 98%]

方框 B (氧氯化) $C_2H_4+2HCl+0.5O_2 \longrightarrow C_2H_4Cl_2+H_2O$

(DCE 产率：基于乙烯为 95%，基于 HCl 为 90%)

方框 C (裂解) $C_2H_4Cl_2 \longrightarrow C_2H_3Cl+HCl$

[氯乙烯 (VC) 产率：基于 DCE 为 99%；HCl 产率：基于 DCE 为 99.5%]

HCl 从裂解工序循环返回至氧氯化工序，对进入氯化及氧氯化反应器的乙烯流量进行调节，以使过程的 HCl 达到平衡。已知裂解反应器单程转化率为 55%，未反应的二氯乙烷经分离后循环返回裂解反应器。若忽略其余损失，试计算生产 12500 kg·h^{-1} 氯乙烯，每一反应器的乙烯流量及进入裂解反应器的 DCE 流量。

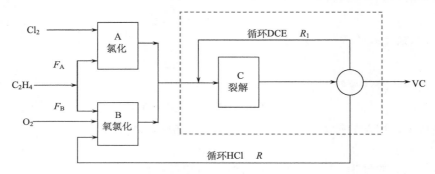

图 2-28 乙烯生产氯乙烯过程物料计算示意图

解 (1) 对虚线方框部分做物料衡算。

反应方程式为 $C_2H_4Cl_2 \longrightarrow C_2H_3Cl+HCl$

依题意，不计任何损失，基于 DCE 的 VC 产率为 99%，则进入系统的 DCE 流量为

$$(12500/62.5)/0.99=200/0.99=202.02 (\text{kmol·h}^{-1})$$

因为基于 DCE 的 HCl 产率为 99.5%，则 HCl 循环量

$$R=0.995×202.02=201.01 (\text{kmol·h}^{-1})$$

因为裂解反应器的单程转化率为 55%，则 $0.55(202.02+R_1)=200$，得

$$R_1=163.45 (\text{kmol·h}^{-1})$$

进入裂解反应器的 DCE 流量为 $202.02+163.45=365.47 (\text{kmol·h}^{-1})$。

(2) 对 A-B 系统同时做物料衡算。

在 A 和 B 中，基于 C_2H_4 的 DCE 产率分别为 98% 和 95%，则

$$0.98F_A+0.95F_B=202.02 \qquad ①$$

在 B 中，基于 HCl 的 DCE 产率 90%，则

$$0.9R/2=0.95F_B$$

得 $\qquad F_B=(201.01×0.9)/(2×0.95)=95.22 (kmol·h^{-1})$ ②

将②代入①得 $\qquad F_A=113.84\ kmol·h^{-1}$

则 VC 总产率为 $\qquad [200/(113.84+95.22)]×100\%=95.6\%$

2.3.2 弛放过程

在带有循环物流的工艺过程中，将一部分循环气排放出去，这种排放称为弛放过程。弛放是为了防止系统中的某些惰性组分或杂质在系统中积累，从而使系统中的惰性组分或杂质浓度低于一定量，以确保生产(反应)正常进行。在连续弛放过程中，稳态的条件为弛放时惰性组分排出量等于系统惰性组分的进料量，即

料液流量×料液中惰性组分浓度=弛放物流量×指定循环流中惰性组分浓度

例 2-27 由氢气和氮气生产氨气时，原料气中总含有一定量的惰性气体，如氩和甲烷。为了防止循环氢气和氮气中惰性气体的积累，需设置弛放装置，如图 2-29所示。假定原料气组成(摩尔分数)为 N_2 24.75%、H_2 74.25%、惰性气体 1.00%，N_2的单程转化率为 25%，循环物流中惰性气体和 NH_3 含量(摩尔分数)分别为 12.5%和3.75%。试计算：(1)N_2 的总转化率；(2)弛放气与原料气的摩尔比；(3)循环物流与原料气的摩尔比。

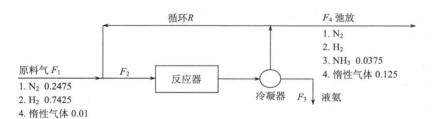

图 2-29 合成氨过程物料计算示意图

解 设 $F_1=100\ mol$，对总过程进行自由度分析，$f_总=8-[4+(3+1)]=0$。

惰性气体元素衡算式：$0.125F_4=0.01×100$ $\qquad$ 得 $F_4=8\ mol$

H 元素衡算式：$0.7425×200=3F_3+2×(0.8375-X_{41})×8+3×8×0.0375$ 即 $3F_3-16X_{41}=134.2$

N 元素衡算式：$0.2475×200=F_3+2×8×X_{41}+0.0375×8$ $\qquad$ 即 $F_3+16X_{41}=49.2$

联解 H 和 N 元素衡算式，得

$$F_3=45.85\ mol；X_{41}=0.2094$$

再由 N_2 的单程转化率为 25%，可得

$$(247.5+0.2094R)×0.75=(R+8)×0.2094$$

解得 $\qquad R=322.58\ mol；R/F_1=323.58/100=3.23；F_4/F_1=8/100=0.08$

故 N_2 的总转化率为 　　　　$(8×0.0375+45.85)/2×(100×0.2475)=93.2\%$

2.3.3　旁路

旁路是物流不经某些单元而直接分流至后续工序的操作方法。旁路主要是为了控制物流组成或温度。具有旁路的物料衡算与具有循环过程的物料衡算相似（图 2-30）。

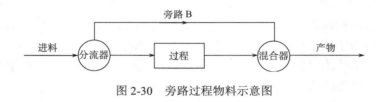

图 2-30　旁路过程物料示意图

2.4　复杂过程的物料衡算

组成过程中的任何一个单元的物流量变化，都会影响到整个过程各单元的物流量变化。为了给化工操作和设备设计提供可靠的数据，需要了解各单元设备的物流量，因此对全过程的物料衡算是必要的。本节重点为自由度的确定及利用自由度分析来确定求解方法（次序）。首先确定各单元、过程及总平衡的自由度，然后通过自由度分析确定计算次序，再按确定的计算次序逐个列方程组求解，由此将未知数求出。

例 2-28　如图 2-31 所示，一种干粉状高硫分烟煤，元素分析（质量分数）为含 C 72.5%、H 5%、O 9.0%、S 3.5%、灰分 10%，与热的合成气接触生成粗煤油、高甲烷气和脱除了挥发性组分的焦炭。粗煤油元素分析（质量分数）为 C 82%、H 8%、O 8%、S 2%，且每 1000 kg 干煤大约可制得 150 kg 粗煤油。高甲烷气含有（干基摩尔分数）CH_4 11%、CO 18%、CO_2 25%、H_2 42%、H_2S 4%，且每 100 mol 干气中含水 48 mol。脱除了挥发性组分的焦炭从裂解炉 I 输送至裂解炉 II，并与水蒸气和氧气一起气化生成热的合成气，气体组成（摩尔分数）为 CH_4 3%、CO 12%、CO_2 23%、H_2O 42%、H_2 20%，然后供给裂解炉 I，同时得到含有碳和灰分的焦炭。粗产品气从裂解炉 I 送至净化系统，以脱除 H_2S、CO_2 和 H_2O，所得产品气含有（摩尔分数）CH_4 15%，且 CO：H_2=1：3，可进一步甲烷化。该产品气大部分循环返回至加氢系统，与粗煤油再加氢生成含 C 87.5% 和少量硫的粗油。加氢系统可从粗油中除去碳和氧，而氢含量略有增加。从加氢系统出来的气体中，每 1 mol 水含有 4 mol CO 和 15 mol H_2，只有 0.4%（摩尔分数）的 H_2S，再送至净化系统除掉 H_2S 和 H_2O。试计算流程中的全部物流量。物料代号见表 2-9。

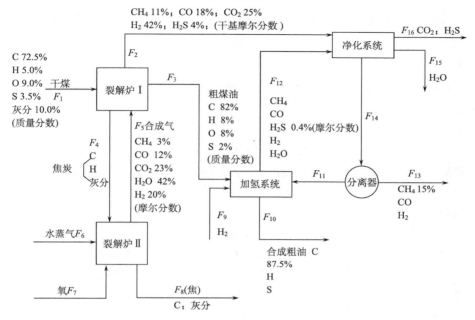

图 2-31　烟煤裂解净化过程物料计算示意图

表 2-9　物料代号

物质	编号	物质	编号
CH_4	1	H_2S	4
CO	2	H_2O	5
CO_2	3	H_2	6

解　自由度分析：

$f_1=23-[15+(5+2)]=1$；$f_2=12-[4+(4+0)]=4$；$f_{加}=16-[6+(4+3)]=3$

$f_{净}=17-[6+(6+4)]=1$；$f_{分}=9-[1+(3+3)]=2$；$f_{过}=48-[20+(22+5)]=1$

$f_{总}=19-[6+(5+1)]=7$

设干煤进料 $F_1=1000\ kg\cdot h^{-1}$，则 $f_1=0$。可以裂解炉 I 为始算单元，计算顺序为：首先算裂解炉 I，然后算裂解炉 II，再算净化系统，然后再算加氢系统，最后算分离器。

（1）对裂解炉 I 进行计算。

约束式　　　　　　　　　　　　　$F_3=1000\times(150/1000)=150\ (kg\cdot h^{-1})$

灰分元素衡算式　　　　　　　　　$F_{4灰}=F_{1灰}=0.1\times(1000)=100\ (kg\cdot h^{-1})$

S 元素衡算式　　　　　$(0.04F_{2干})32=35-150\times0.02$　　　得　$F_{2干}=25\ kmol\cdot h^{-1}$

约束式　　　　　　　　　　　　　$F_{2水}=0.48\times25=12\ (kmol\cdot h^{-1})$

C 元素衡算式

$$725+12\times(0.03+0.12+0.23)F_5=F_{4C}+12\times(0.11+0.18+0.25)\times25+150\times0.82$$

即
$$4.56F_5+440=F_{4C}$$

H 元素衡算式

$$50+(4\times0.03+2\times0.42+2\times0.2)F_5=(4\times0.11+2\times0.42+2\times0.04)\times25+12\times2+150\times0.08+F_{4H}$$

即
$$1.36F_5-F_{4H}=20$$

O 元素衡算式

$$90+16\times(0.12+2\times0.23+0.42)F_5=16\times(0.18+2\times0.25)\times25+16\times12+150\times0.08$$

联解可得　　　　$F_5=24.125\ \mathrm{kmol\cdot h^{-1}}$；$F_{4C}=550.01\ \mathrm{kg\cdot h^{-1}}$；$F_{4H}=12.81\ \mathrm{kg\cdot h^{-1}}$

由于 F_{4C}、F_{4H}、$F_{4灰}$ 和 F_5 由未知变量变为已知变量，此时 $f_2=0$。

(2) 对裂解炉 II 进行计算。

灰分元素衡算式　　　　　　$F_{8灰}=F_{4灰}=100\ \mathrm{kg\cdot h^{-1}}$

C 元素衡算式　　　$F_{8C}=550.01-12\times(0.03+0.12+0.23)\times24.125=440\ (\mathrm{kg\cdot h^{-1}})$

H 元素衡算式　　　$2F_6=24.125\times(4\times0.03+2\times0.42+2\times0.2)-12.81=20$

得　　　　　　　　　$F_6=10\ \mathrm{kmol\cdot h^{-1}}=180\ \mathrm{kg\cdot h^{-1}}$

O 元素衡算式

$$F_7=16\times24.125\times(0.12+2\times0.23+0.42)-16\times10=226\ (\mathrm{kg\cdot h^{-1}})=7.0625\ (\mathrm{kmol\cdot h^{-1}})$$

由于物流 2 的流量已知，则 $f_净=-1$。

(3) 对净化系统进行计算。

CO_2 物料衡算式　　　$F_{16,3}=F_{23}=25\times0.25=6.25\ (\mathrm{kmol\cdot h^{-1}})$

CH_4 物料衡算式　　　$0.15F_{14}-F_{12,1}=2.75$

约束式　　　$X_{14,2}=0.85/4=0.2125$　　　$(X_{14,6}=0.6375)$

CO 物料衡算式　　　$0.2125F_{14}-F_{12,2}=25\times0.18=4.5$

H_2 物料衡算式　　　$0.6375F_{14}-F_{12,6}=25\times0.42=10.5$

H_2O 物料衡算式　　　$F_{15}-F_{12,5}=12$

H_2S 物料衡算式　　　$F_{16,4}-0.004F_{12}=25\times0.04=1$

约束式　　　$F_{12,2}=4F_{12,5}$；$F_{12,6}=15F_{12,5}$

联解可得 $F_{14}=40\ \mathrm{kmol\cdot h^{-1}}$；$F_{12,5}=1\ \mathrm{kmol\cdot h^{-1}}$；$F_{12,2}=4\ \mathrm{kmol\cdot h^{-1}}$；$F_{12,6}=15\ \mathrm{kmol\cdot h^{-1}}$

将已知数据分别代入上述方程可得

$$F_{12,1}=0.15\times40-2.75=3.25\ (\mathrm{kmol\cdot h^{-1}})$$

$$F_{15}=12+1=13\ (\mathrm{kmol\cdot h^{-1}})$$

$$F_{16,4}=1+(3.25+4+1+15)\times(0.004/0.996)=1.09337\ (\mathrm{kmol\cdot h^{-1}})$$

由于物流 3、12 及 11 增加了 6 个已知设计变量，则 $f_加=-3$。

(4) 对加氢系统进行计算。

O 元素衡算式　　　　　　$16\times0.2125F_{11}+12=16\times4+16\times1$

得　　　　　　　　　$F_{11}=20\ \mathrm{kmol\cdot h^{-1}}$

S 元素衡算式 $F_{10S}=150\times0.02-32\times0.09337=0.012\,(\mathrm{kg\cdot h^{-1}})$

C 元素衡算式 $F_{10C}=0.82\times150+12\times(0.2125+0.15)\times20-12\times(3.25+4)=123\,(\mathrm{kg\cdot h^{-1}})$

$F_{10}=123/0.875=140.571\,(\mathrm{kg\cdot h^{-1}})$；$F_{10H}=140.571-123-0.012=17.559\,(\mathrm{kg\cdot h^{-1}})$

H 元素衡算式

$2F_9=17.559+(4\times3.25+2\times0.09337+2\times15+2\times1)-150\times0.08-20\times(4\times0.15+2\times0.6375)$
$=13.24574$

得 $F_9=6.623\ \mathrm{kmol\cdot h^{-1}}$

(5) 对分离器进行计算。

$$F_{13}=F_{14}-F_{11}=40-20=20\,(\mathrm{kmol\cdot h^{-1}})$$

例 2-29 如图 2-32 所示，以天然气（主要成分为甲烷）为原料制取甲醇的过程是将天然气先脱硫，然后进行蒸气转化制取合成气，合成气组成（摩尔分数）为 CO 27.00%、H_2 63.90%、CH_4 2.40%、CO_2 5.00%、N_2 1.70%。在合成塔中，合成气在 10 MPa、600 K 及催化剂作用下生成甲醇，反应为

$$CO+2H_2\longrightarrow CH_3OH$$

$$3H_2+CO\longrightarrow CH_4+H_2O$$

粗甲醇与未反应的气体进行分离后，未反应的气体及惰性气体（含 CH_4、N_2、CO_2）一部分弛放，作为蒸气转化炉的燃料，其余循环使用。假定合成塔中 CO 的单程转化率为 90%，甲醇的选择性为 80%，试计算：(1) 合成塔的物料衡算；(2) 循环比；(3) 循环气和弛放气的组成；(4) 粗甲醇浓度。

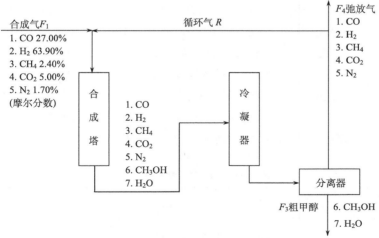

图 2-32 甲醇合成与弛放过程物料计算示意图

解 设 $F_1=100\ \mathrm{mol}$，则

$$f_{总}=12-[5+(5+0)]=2$$

若系统中增加变量 R，则系统可增加两个关系式，此时

$$f_总=13-[5+(5+2)]=1$$

若系统增加约束关系式，控制循环气中惰性气体的含量低于 15%，即 $X_{23}+X_{24}+X_{25}=0.15$，则

$$f_总=13-[5+(5+3)]=0$$

CO$_2$ 物料衡算式　　　　$F_{44}=F_{14}=5$ mol

N$_2$ 物料衡算式　　　　$F_{45}=F_{15}=1.7$ mol

C 物料衡算式　　　　$27+2.4=F_{41}+F_{43}+F_{36}$

H$_2$ 物料衡算式　　　　$63.9+2\times2.4=2F_{36}+F_{37}+F_{42}+2F_{43}$

O 物料衡算式　　　　　$27=F_{36}+F_{37}+F_{41}$

约束式　　　　$F_{41}+R_1=(27+R_1)\times0.1$　　即 $F_{41}=2.7-0.9R_1$

$$F_{36}=(27+R_1)\times0.9\times0.8=19.44+0.72R_1$$

整理得　　　　$F_{41}=2.7-0.9R_1$；$F_3=24.3+0.9R_1$；$F_{42}=10.44-1.98R_1$

$$F_4=27.1-2.7R；F_{44}=5；X_{42}=(10.44-1.98R_1)/F_4$$

$$F_{45}=1.7；X_{43}=(7.26+0.18R)/F；F_{36}=19.44+0.72R_1$$

$$X_{44}=5/(27.1-2.7R_1)；F_{37}=4.86+0.18R_1；X_{45}=1.7/(27.1-2.7R_1)$$

$$F_{43}=7.26+0.18R_1；X_{41}=(2.7-0.9R_1)/F_4$$

另　　　$X_{2j}=(F_{1j}+RX_{4j})/(F_1+R)=(F_{1j}X_{41}+R_1X_{4j})/(F_1X_{41}+R_1)$

$$=[(2.7-0.9R_1)F_{1j}+R_1F_{4j}]/[100(2.7-0.9R_1)+R_1(27.1-2.7R_1)]$$

$$=[(2.7-0.9R_1)F_{1j}+R_1F_{4j}]/[270-62.9R_1-2.7R_1^2]$$

则 $X_{23}+X_{24}+X_{25}=[9.1\times(2.7-0.9R_1)+R_1(13.96+0.18R_1)]/(270-62.9R_1-2.7R_1^2)=0.15$

即　　　　$0.585R_1^2+15.205R_1-15.93=0$，解得　$R_1=1.0086$

因此　　　$F_{41}=1.7923$ mol；$F_{42}=8.4431$ mol；$F_{43}=7.4415$ mol

$$F_{44}=5\ mol；F_{45}=1.7\ mol；F_4=24.3769\ mol$$

$X_{41}=0.0735$；$X_{42}=0.3464$；$X_{43}=0.3053$；$X_{44}=0.2051$；$X_{45}=0.0697$（同时为循环气组成）

$R=13.7218$；$R_1=1.0086$；$R_2=4.7532$；$R_2=4.1893$；$R_4=2.8143$；$R_5=0.9564$

合成塔物料衡算结果如表 2-10 所示。

表 2-10　甲醇合成物料衡算结果

	组分	CO	H$_2$	CH$_4$	CO$_2$	N$_2$	CH$_3$OH	H$_2$O	Σ
输	物质的量/mol	28.0086	68.6532	6.5893	7.8143	2.6564			113.7218
入	摩尔分数	0.2463	0.6037	0.0579	0.0687	0.0234			1.0000
输	物质的量/mol	2.8009	13.1963	11.6308	7.8143	2.6564	20.1662	5.0415	63.3064
出	摩尔分数	0.0442	0.2085	0.1837	0.1234	0.0420	0.3186	0.0796	1.0000

循环比为　　　　　　　　　　　　　　$R/F_1=0.1372$

粗甲醇组成　　　　　　　　$X_{36}=20.1662/(20.1662+5.0415)=0.8$

习　　题

2-1　二氧化钛是白色颜料，大量用于涂料和造纸工业。在颜料厂生产 4000 $kg \cdot h^{-1}$ 干基 TiO_2 产品，中间物流为 TiO_2 沉淀悬浮在盐水溶液中。为使最后脱水的产品中，以干基为基准的产品中盐含量为 1×10^{-4}（质量分数），需用水对沉淀物进行洗涤，以达到脱盐的要求。假定粗颜料中含 40% TiO_2、20% 盐（质量分数），其余为水，洗涤后颜料中约含 50% TiO_2 固体。示意图如图 2-33 所示，试计算废水物流的组成。

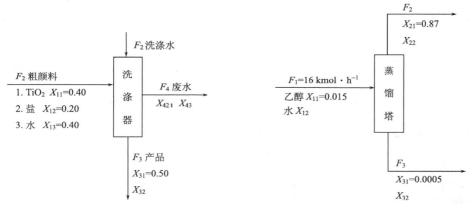

图 2-33　洗涤过程物料计算示意图　　　　图 2-34　精馏过程物料计算示意图

2-2　在蒸馏塔中进行乙醇和水混合物的分离，已知条件如图 2-34 所示，试确定设计变量数并写出衡算方程式。

2-3　图 2-35 是一个应用二塔对苯、甲苯、二甲苯混合物进行精馏的多元分离系统示意图，通过系统操作得到三种各为一种物质富集液的物流。已知条件如图 2-35 所示，试计算各个精馏塔得到的馏出液、釜底液流量及其组成。

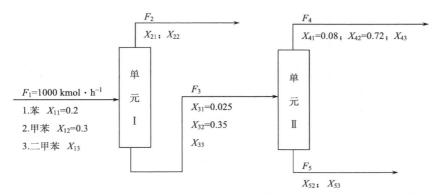

图 2-35　双塔分离过程物料计算示意图

2-4 应用四塔分离 1000 mol·h^{-1} 的碳氢化合物，如图 2-36 所示。假定循环至单元 I 的量为塔底量的 50%，给定的组成均为摩尔分数。试确定系统中各单元设备的自由度。

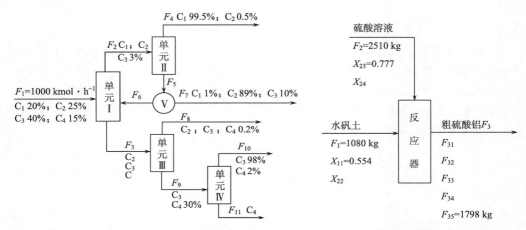

图 2-36　四塔分离过程物料计算示意图　　　　图 2-37　硫酸铝反应物料计算示意图

2-5 硫酸铝可由粉状水矾土与硫酸反应制得，条件如图 2-37 所示，反应式为

$$Al_2O_3+3H_2SO_4 \longrightarrow Al_2(SO_4)_3+3H_2O$$

求：(1)过量反应物为哪一种？(2)过量反应物的转化率是多少？(3)反应的完全程度是多少？

2-6 如图 2-38 所示，试求生产部门煤气发生炉生产 1000 m^3 煤气时所需褐煤、蒸气和空气的消耗量。已知：(1)褐煤含碳量为 70%(质量分数)；(2)煤气组成(体积分数)为 CO 40%，H$_2$ 18%，N$_2$ 42%。

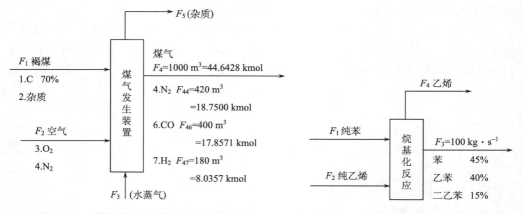

图 2-38　煤气发生装置物料计算示意图　　　　图 2-39　烷基化反应物料计算示意图

2-7 苯与乙烯烷基化制取乙苯过程如右图 2-39 所示，已知苯：乙烯=1：0.6，反应方程式为

$$C_6H_6+C_2H_4 \longrightarrow C_6H_5C_2H_5$$

$$C_6H_6+2C_2H_4 \longrightarrow C_6H_4(C_2H_5)_2$$

求：(1)进料与出料各组分量；(2)乙苯收率和乙烯转化率。

2-8 某工厂由苯直接加氢转化为环己烷的生产过程如图 2-40 所示。假设该工厂环己烷的产量为 100 kmol·h⁻¹，输入的苯有 99% 反应生成环己烷，且进入反应器的物流组成为 80% H_2 和 20% C_6H_6(摩尔分数)，产物物流含 3% H_2。试计算：(1)产物物流的组成；(2)C_6H_6 和 H_2 的进料流量；(3)H_2 的循环流量。

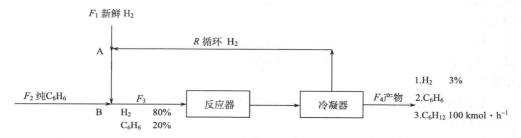

图 2-40　苯直接加氢转化为环己烷过程物料计算示意图

2-9 试计算合成甲醇过程中反应混合物的平衡组成，过程如图 2-41 所示。设原料气中 H_2 与 CO 的摩尔比为 4.5，惰性气体含量为 13.8%，压力为 30 MPa，温度为 365℃，平衡常数 $K_p=2.505\times10^{-3}$ MPa⁻²。

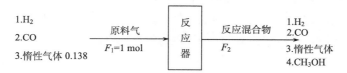

图 2-41　甲醇合成过程物料计算示意图

第3章 能 量 衡 算

在化工生产过程中，能量的消耗是一项重要的技术经济指标，也是衡量工艺过程、设备设计、操作制度是否先进、合理的主要指标之一。能量衡算解决的主要问题包括：

(1)对使用中的设备或装置，通过可实验测定的能量计算难以直接实验测定的能量，据此做出能量评价，即由装置或设备的进出口物料量、温度、压力以及其他各项能量，计算装置或设备的能量利用情况。

(2)在设计新装置或设备时，根据设定的物料量计算未知的物料量、温度和需要加入或移出的热量。

物料衡算是能量衡算的基础，能量守恒则是能量衡算的理论依据。热力学第一定律表明"能量即不能产生，也不能消灭"。因此，除核反应过程外，质量守恒定律和能量守恒定律是普适的。

能量存在的形式有多种，如势能、动能、电能、热能、机械能、化学能等。各种形式的能量在一定条件下可以相互转化，但其总量是守恒的。

本章在讨论能量衡算之前，要先讨论与能量衡算有关的物理量，以及确定、计算各种形式能量的方法，主要包括热、功、焓和内能，再讨论如何将能量衡算应用于实际问题的解决。本章重点讨论反应过程的能量衡算。

3.1 基 本 概 念

3.1.1 能量守恒定律

1. 能量守恒定律一般表达方程式

能量守恒定律一般表达方程式：

输出能量=输入能量+生成能量−消耗能量−积累能量

此为热力学第一定律的表达式之一。

2. 能量的形式

(1)动能(E_k)是物体由于运动而具有的能量。对于快速运动的体系，动能是主要的，但通常对于化工生产中物质流动速度不高的体系，其动能有时可以忽略。如果物料进出速度很高，如喷嘴、锐孔出来的喷射流，其动能很大，不可忽略。

$$E_k = \frac{1}{2} mv^2 \tag{3-1}$$

(2)位能(E_p)为物体由于在高度上的位差而具有的能量。由于多数化学过程是在地表或接近地表的位置进行的，因此不论系统本身还是进出物料都不会有很大的位能。

$$E_p = mg\Delta h \tag{3-2}$$

(3)内能(U)是除了宏观的动能和位能外，物质所具有的能量。内能是物体由于分子的移动、振动、转动以及分子之间相互吸引或排斥而具有的能量。物质的内能是其状态(温度、比体积、压力、组成)的函数，不能计算单独某个分子的内能。

$$U = f(T, V)$$

$$dU = (\partial U/\partial T)_V dT + (\partial U/\partial V)_T dV$$

由于在多数实际问题中$(\partial U/\partial V)_T$很小，因此上式第二项可忽略，则

$$dU = \int_1^2 C_V dT \tag{3-3}$$

(4)热量(Q)为物体由于温度差而引起交换的能量。热是一种在传递过程中才能体现出来的能量形式，必须要有温度差或温度梯度才会发生热量的传递。通常系统从环境中吸收的热量为正，系统放出到环境中的热量为负。

(5)焓(H)是热力学上定义的状态函数，$H = U + PV$。对纯物质：

$$H = f(p, T)$$

$$dH = (\partial H/\partial T)_p dT + (\partial H/\partial p)_T dp$$

在多数实际问题中$(\partial H/\partial p)_T$很小，因此上式第二项可忽略，则

$$dH = \int_1^2 C_p dT \tag{3-4}$$

(6)功(W)包括体积功、流动功、机械功等。

(i)体积功。系统体积变化时，由于反抗外力作用而与环境交换的功。

$$W_{体} = \int_1^2 p dV \tag{3-5}$$

(ii)流动功。流体在流动过程中为推动流体所需的功。

$$W_{流} = \int_1^2 p dV \tag{3-6}$$

(iii)机械功。物系因旋转、搅拌等需环境提供的功(如轴功 W_S)。

(7)电能。电能是机械能的一种形式，一般在能量衡算方程式中包含在功中。电能只有在电化学过程的能量衡算中才是重要的。

3.1.2 能量衡算方程式及其运用

1. 能量衡算方程式的一般形式

$$\Delta E = Q + W \tag{3-7}$$

式中，$\Delta E = \Delta E_k + \Delta E_p + \Delta U$，表示系统总能量变化；$Q$ 为系统从环境中吸收的能量；W 为环境对系统所做的功。

(1)封闭体系。对于工业上的间歇过程来说，体系无物质流动，可忽略动能和位能，则

$$\Delta U = Q + W \tag{3-8}$$

(2)稳态流动体系。

$$W = W_S + (p_1 V_1 - p_2 V_2) \tag{3-9}$$

同理，忽略动能和位能，则

$$\Delta H = Q + W \tag{3-10}$$

2. 能量平衡方程式的应用

(1)无化学反应系统。对于物料间的直接或间接换热，如吸收塔、精馏塔、蒸发器、热交换器，一般轴功、动能、位能的变化相对热量、焓的变化来说可以忽略，则

封闭体系 $\qquad\qquad\qquad Q = \Delta U \qquad\qquad\qquad\qquad$ (3-11)
敞开体系 $\qquad\qquad\qquad Q = \Delta H \qquad\qquad\qquad\qquad$ (3-12)

对于流体输送一类的过程，热能、内能的变化相对轴功来讲是次要的，此时能量衡算需用伯努利方程。

(2)化学反应过程。由于伴随有反应热效应，除绝热反应过程外，必须由系统排出热量或向系统补充热量，因此过程的能量衡算是以反应热的计算为中心的热量衡算。

3.1.3 热量衡算

1. 热量衡算式

对于没有功($W=0$)，并且动能、位能可以忽略的设备(如换热器)：

$$Q = \Delta H = H_2 - H_1 (纯物质，敞开系统) \tag{3-13}$$

$$Q = \Delta U = U_2 - U_1 (纯物质，封闭系统) \tag{3-14}$$

可见热量衡算就是计算指定条件下进出物料的焓差。式(3-13)、式(3-14)两式为实践中常用的热量衡算基本方程式，但在实际过程中，进出设备的物料不只一种，因此

$$\sum Q = \sum H_{\text{出} j} - \sum H_{\text{进} j} \tag{3-15}$$

$$\sum Q = \sum U_{\text{出} j} - \sum U_{\text{进} j} \tag{3-16}$$

两式中 $\sum Q$ 为过程换热之和，常包括热损失一项；$\sum H_{\text{出} j}$、$\sum U_{\text{出} j}$ 为离开设备各物料的焓或内能的总和；$\sum H_{\text{进} j}$、$\sum U_{\text{进} j}$ 为进入设备各物料的焓或内能的总和。

显然，热量衡算是能量衡算在计算过程热效应时的实际应用。

2. 热量衡算步骤

(1)建立以单位时间为基准的物料流程图(或平衡表)，可以 100 mol 或 100 kmol 原料为基准，但前者更常用。

(2)在物料流程图上标明已知温度、压力、相态等条件，查出或计算出每股物流的组成，并于图上注明。

(3)选定计算基准温度和相态。由于文献、手册上查得的热力学数据大多数是以 298 K 为基准的数据，故常选 298 K 为基准温度，以使计算较为方便。计算时基准相态的确定也很重要。

(4)确定各组分的热力学数据，如由手册查阅或估算法确定焓、热容、相变热等。

(5)依题意列能量衡算式求解。

(6)当生产过程及物料组成较复杂时，可以列出热量衡算表。

3.1.4　热力学数据及其运用

在能量衡算中，需要用到各种物质的焓或内能等热力学数据。因此，如何获得各种物质的热力学数据是进行正确衡算的关键。热力学数据可从有关手册或图表中查阅获得，但对于大多数物质，缺少完整的焓和内能等热力学数据，所以常用经验公式进行估算，必要时还需进行温度和压力的校正。

1. 水蒸气

水蒸气是化工生产中常遇到的物质，其性质可由水蒸气表查得，注意基准态为 0℃、610.5 Pa。水蒸气表包括饱和蒸气温度表、饱和蒸气压力表及过热蒸气表。对于温度、压力数字间隔中的数值，可用内插法求得。

2. 热容

1)热容的计算

化工计算中常用的热容是恒压热容 C_p，它是温度的函数，通常用 T 的指数方程经验式表示，使用时注意方程式特定的温度类型。

(1)固体的热容。固体的热容一般可由有关手册查阅，还可以用科普法则估算，即化合物的 C_p 是化合物中每个元素的 C_p 的总和，称为科普法则(Kopp's rule)。科普法则是在 20℃ 左右估算固体或液体热容的经验方法，元素热容如表 3-1 所示。

表 3-1　科普法则元素热容数据$(J\cdot mol^{-1}\cdot ℃^{-1})$

元素	固体	液体	元素	固体	液体
C	7.5	11.7	F	20.9	29.3
H	9.6	18.0	P	22.6	31.0
B	11.3	19.7	S	22.6	31.0
Si	15.9	24.3	其余元素	25.9	33.5
O	16.7	25.1			

(2)液体的热容。对于有机溶液：

$$C_{p,1}=kM^a \tag{3-17}$$

式中，$C_{p,1}$ 为恒压热容$(J\cdot mol^{-1}\cdot K^{-1})$；$M$ 为分子量；k 和 a 为常数。不同液体的热容数据如表 3-2 所示。在无实验数据时，水溶液的热容可近似取水的热容。

表 3-2　液体有机物的热容数据

有机物	k	a
醇	3.56	−0.1
酸	3.81	−0.152
酮	2.46	−0.0135
酯	2.51	−0.0573
脂肪烃	3.66	−0.113

(3)气体和蒸气的热容。理想气体混合物的热容可用下式计算：

$$C_{p,\mathrm{mix}} = \sum_j x_j C_{p,j} \tag{3-18}$$

2)平均热容

平均热容为热容相对温度的平均值，由下式定义：

$$C_{p,\mathrm{m}} = \frac{\int_{t_1}^{t_2} C_p \mathrm{d}T}{t_2 - t_1} \tag{3-19}$$

显然，平均热容值与参考温度的选定有关。平均热容值可由各种手册查阅。

3)压力对热容的影响

手册中查得的热容数据一般是在理想气体状态的数据，方程形式如下：

$$C_p^0 = a + bT + cT^2 + dT^3 + eT^4$$

低压时，理想气体的数据可用于真实气体。高压时，可用 Edmister 所作的过量热容图进行计算：

$$C_p - C_p^0 = f(T_\mathrm{r}, p_\mathrm{r}) \tag{3-20}$$

具体计算步骤为：①用 $C_p^0 = a + bT + cT^2 + dT^3 + eT^4$ 计算 C_p^0；②计算 T、p 条件下的 T_r 和 p_r；③根据 T_r 和 p_r 在过量热容图中查得 $C_p - C_p^0$ 值；④由 $C_p = C_p^0 + (C_p - C_p^0)$ 计算真实气体的热容 C_p。

例 3-1　乙烯在理想状态时的热容 $(\text{J·mol}^{-1}\text{·K}^{-1})$ 计算式为

$$C_p^0 = 3.95 + 1.56 \times 10^{-2} T - 8.3 \times 10^{-5} T^2 + 1.76 \times 10^{-8} T^3$$

试估算乙烯在 1 MPa 和 300 K 时的热容值。

解

$$C_p^0 = 3.95 + 1.56 \times 10^{-2} \times 300 - 8.3 \times 10^{-5} \times 300^2 + 1.76 \times 10^{-8} \times 300^3 = 1.635 \,(\text{J·mol}^{-1}\text{·K}^{-1})$$

乙烯的临界压力为 5.05 MPa，临界温度为 283 K，则

$$p_r = 1/5.05 = 0.20, \quad T_r = 300/283 = 1.06$$

查过量热容图得 $C_p - C_p^0 = 4 \text{ J·mol}^{-1}\text{·K}^{-1}$，则

$$C_p = 1.635 + 4 = 5.635 \,(\text{J·mol}^{-1}\text{·K}^{-1})$$

由此说明，如使用理想状态下乙烯的热容值，其误差非常大。

3. 焓

一般物质的焓可由手册查到，但在缺乏数据时，可通过热容用如下方法进行估算。

(1) 纯物质无相变时

$$H = \int_{T_d}^{T} C_p \mathrm{d}T \tag{3-21}$$

式中，T_d 为参考温度 (基准温度)。

(2) 有相变时

$$H = \int_{T_d}^{T_p} C_{p,1} \mathrm{d}T + \Delta H_{\text{LV}} + \int_{T_p}^{T} C_{p,2} \mathrm{d}T \tag{3-22}$$

式中，T_p 为相变温度 $(T_d < T_p < T)$；$C_{p,1}$ 为第一相热容；$C_{p,2}$ 为第二相热容。

(3) 由平均热容计算

$$H = C_{pm,T_2}(T_2 - T_r) - C_{pm,T_1}(T_1 - T_r) \tag{3-23}$$

式中，T_r 为标准参考温度。

若 $T_r = 0℃$，则

$$H = C_{pm,T_2} T_2 - C_{pm,T_1} T_2 \tag{3-24}$$

例 3-2　如图 3-1 所示的蒸馏塔，试计算所需的蒸气和冷却水量。已知蒸气压力为 276 kPa，且为过热蒸气；冷却水温升最高为 30℃，塔操作压力为 0.1 MPa。

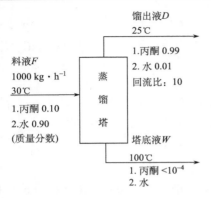

图 3-1　丙酮蒸馏过程示意图

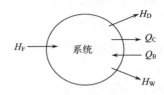

图 3-2　系统能量衡算示意图

解 1)物料衡算

先进行物料衡算，计算出塔顶馏出液和塔底液的量。若塔底丙酮的损失忽略不计，则丙酮平衡式为

$$1000×0.1=D×0.99$$

$$D=101 \text{ kg·h}^{-1}$$

2)能量衡算

过程中蒸气的动能和势能的变化较小，可忽略。以整个蒸馏塔包括冷凝器和再沸器作为系统边界(图 3-2)。

输入：再沸器输入的热量 Q_B+料液显热 H_F

输出：冷凝器冷量 Q_C+塔顶和塔底产品的显热(H_D+H_W)

系统的热损较小(一般小于 5%)，可忽略。基准：25℃，1 h。平均热容值：丙酮，25~35℃，2.2 kJ·kg^{-1}·K^{-1}；水，25~100℃，4.2 kJ·kg^{-1}·K^{-1}。

应用热容加和性：

料液(10%丙酮) 0.1×2.2+0.9×4.2=4.0(kJ·kg^{-1}·K^{-1})

塔顶(99%丙酮) 取丙酮热容 2.2 kJ·kg^{-1}·K^{-1}

塔底　　　　　取水的热容 4.2 kJ·kg^{-1}·K^{-1}

(1)Q_C 由冷凝器范围内的平衡(图 3-3)得到。回流比为 $R=L/D=10$，则

$$L=10×101=1010(\text{kg·h}^{-1})；V=L+D=1111 \text{ kg·h}^{-1}$$

由气液平衡数据知，99%丙酮的馏出液沸点为 56.5℃。稳态时

输入能量=输出能量

$$H_V=H_D+H_L+ Q_C；Q_C= H_V-H_D-H_L$$

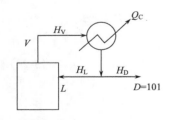

图 3-3　冷凝器能量衡算示意图

假设冷凝器全冷凝，则

蒸气 H_V=潜热+显热

蒸气在沸点时的焓值计算有两种方法：①基准温度时的气化潜热加上将蒸气加热到沸点的显热；②沸点时的气化潜热加上将液体加热到沸点的显热。

56.5℃(330 K)时丙酮和水的潜热分别为 620 kJ·kg^{-1} 和 2500 kJ·kg^{-1}，应用潜热的加和性：

$$H_V=1111\times[(0.01\times2500+0.99\times620)+(56.5-25)\times2.2]=786699\,(kJ\cdot h^{-1})$$

塔顶产品和回流液的焓值为零，因为其温度为基准温度，而且两者均为液体，回流温度与产品温度相同，因此 $Q_C=H_V=786699\,kJ\cdot h^{-1}$。

(2) Q_B 由整个系统的平衡得到。

$$Q_B+H_F=Q_C+H_D+H_W$$
$$H_F=1000\times4.00\times(35-25)=40000\,(kJ\cdot h^{-1})$$
$$H_W=899\times4.2\times(100-25)=283185\,(kJ\cdot h^{-1})$$

塔底温度取为 100℃。

$$Q_B=Q_C+H_D+H_W-H_F=786699+0+283185-40000=1029884\,(kJ\cdot h^{-1})$$

Q_B 是蒸气冷凝供给的，蒸气在 276 kPa 时的潜热为 2722.6 kJ·kg^{-1}，则所需蒸气量：

$$W_H=1029884/2722.6=378\,(kg\cdot h^{-1})$$

冷却水温升 30℃，所需移去的热量：

$$Q_C=W_C\times30\times4.2$$

解得　　　　　　　$$W_C=786699/(4.2\times30)=6244\,(kg\cdot h^{-1})$$

例 3-3　试计算乙醇在 0.1 MPa、200℃时的焓值，基准温度取为 0℃。已知液态乙醇在 0℃时的热容为 C_p=103.14 J·mol^{-1}·℃$^{-1}$，100℃时的热容为 C_p=158.82 J·mol^{-1}·℃$^{-1}$，气态乙醇在 t 时的热容为

$$C_p=61.34+15.723\times10^{-2}t-8.749\times10^{-5}t^2+19.832\times10^{-9}t^3\,(J\cdot mol^{-1}\cdot℃^{-1})$$

乙醇在 0.1 MPa 时的沸点为 78.4℃，气化潜热为 38.576 kJ·mol^{-1}。

解　液体 C_p 随温度变化无较精确的关系式，可用方程 $C_p=a+bt$ 近似表示。从已知数据先求出 a、b 值，这样可以在温度范围内近似地计算液体 C_p。

$$t=0℃，a=103.14；t=100℃，b=\frac{158.82-103.14}{100}=0.5568$$

$$H_{200}=\int_0^{78.4}(103.14+0.5568t)dt+38.576\times10^3$$
$$+\int_{78.4}^{200}(61.34+15.723\times10^{-2}t-8.749\times10^{-5}t^2+19.832\times10^{-9}t^3)dt$$
$$=58282\,(J\cdot mol^{-1})=1267\,(kJ\cdot kg^{-1})$$

4. 相变热

由相变引起的焓差称为相变热或潜热。对于单组分的相变热可从以下方法求得。

(1) 利用热力学图表查得不同相态的焓值，然后按下式计算：

$$\Delta H = H_g - H_l \tag{3-25}$$

(2) 利用已知条件 (T_1, p_1) 下的相变热求另一条件 (T_2, p_2) 下的相变热。焓是状态函数，忽略压力影响，设置如图 3-4 过程：

$$\Delta H_3 = \int_{T_1}^{T_2} C_{p,l}\,\mathrm{d}T ; \quad \Delta H_4 = \int_{T_2}^{T_1} C_{p,g}\,\mathrm{d}T$$

$$\Delta H_1 = \Delta H_3 + \Delta H_2 + \Delta H_4$$

$$\Delta H_2 = \Delta H_1 - \Delta H_3 - \Delta H_4 = \Delta H_1 + \int_{T_2}^{T_1} (C_{p,g} - C_{p,l})\,\mathrm{d}T$$

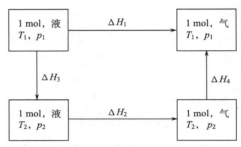

图 3-4　能量衡算过程示意图

(3) 相变热的计算。在手册中查不到某物质的相变热时，可用如下经验公式计算。

(i) 特鲁顿 (Trouton) 法则

$$\frac{\Delta H_{LV}}{T_b} = C_1 \tag{3-26}$$

式中，ΔH_{LV} 为气化热 $(J \cdot mol^{-1})$；T_b 为液体的正常沸点 (K)；C_1 为特定值，对水与低分子醇类其值为 109，对非极性液体 (如庚烷与辛烷) 其值为 88。

(ii) 陈氏公式

$$\Delta H_{LV} = \frac{T_b[0.331(T_b/T_c) - 0.0923 + 0.0297\lg p_c]}{1.07 - (T_b/T_c)} \tag{3-27}$$

此式精确度为 2%。

(iii) 克-克 (Clausius-Clapeyron) 方程

$$\ln\frac{p_1^{\ominus}}{p_2^{\ominus}} = \frac{\Delta H_{LV}}{R}\left[\frac{T_1 - T_2}{T_1 \cdot T_2}\right] \tag{3-28}$$

式中， $p^{\ominus}$ 为蒸气压(kPa)； R 为摩尔气体常量(8.314 J·mol^{-1}·K^{-1})。

(iv)沃森(Watson)公式

$$\Delta H_{LV,T_2} = \Delta H_{LV,T_1} \left[\frac{1 - T_{r,2}}{1 - T_{r,1}} \right]^{0.38} \tag{3-29}$$

此式在与临界温度相差 10℃ 以上时，误差仅为 1.8%。

(v)欣达(Honda)法则

$$\frac{\Delta H_{SL}}{T_t} = C_2 \tag{3-30}$$

式中， ΔH_{SL} 为溶解热(J·mol^{-1})； T_t 为凝固点(K)； C_2 为常数，对无机化合物为 20.92～29.29，对有机化合物为 37.66～46.02，对元素为 8.37～12.55。

3.1.5 反应热

1. 化学反应热的计算

(1)标准反应热。在标准状态下(压力为 0.1 MPa，温度通常为 25℃)，反应进行时所放出的热量称为标准反应热 $\Delta H_r^{\ominus}$ 。对于放热反应， $\Delta H_r^{\ominus}$ 为负值。

(2)标准反应热的计算。标准反应热主要根据标准生成焓和标准燃烧焓来计算。

(i)标准生成焓。标准生成焓也称标准生成热。由标准状态(压力为 100 kPa，温度 T K)下最稳定单质生成标准状态下 1 mol 的化合物的热效应或焓变，称为该化合物的标准生成焓($\Delta H_f^{\ominus}$)。另外，根据赫斯定律，处于稳定状态的单质的标准生成焓为 0。任何反应的标准反应热都可由反应物和生成物的标准生成焓求得：

$$\Delta H_r^{\ominus} = \sum \nu_{P_j} \Delta H_{f,P_j}^{\ominus} - \sum \nu_{R_j} \Delta H_{f,R_j}^{\ominus} \tag{3-31}$$

式中， ν 为反应计量系数；下标 P_j 为生成物， R_j 为反应物； $\Delta H_{f,P_j}^{\ominus}$ 为生成物的标准生成焓(kJ·mol^{-1})； $\Delta H_{f,R_j}^{\ominus}$ 为反应物的标准生成焓(kJ·mol^{-1})。

(ii)标准燃烧焓。标准摩尔燃烧焓是指在标准压力(100 kPa)和指定温度下 1 mol 物质完全燃烧生成稳定化合物时的反应焓变($\Delta H_c^{\ominus}$)，其值可由实验测出。任何反应的标准反应热都可由反应物和生成物的标准燃烧焓求得：

$$\Delta H_r^{\ominus} = \sum \nu_{R_j} \Delta H_{c,R_j}^{\ominus} - \sum \nu_{P_j} \Delta H_{c,P_j}^{\ominus} \tag{3-32}$$

式中， $\Delta H_{c,R_j}^{\ominus}$ 为反应物的标准燃烧焓(kJ·mol^{-1})； $\Delta H_{c,P_j}^{\ominus}$ 为生成物的标准燃烧焓(kJ·mol^{-1})。

2. 温度对反应热的影响

焓为状态函数，可设置如图 3-5 所示过程，则

$$\Delta H_{r,t} = \Delta H_R + \Delta H_r^{\ominus} + \Delta H_P = \Delta H_r^{\ominus} + \int_{298}^{T} \left(C_{p,P} - C_{p,R} \right) \mathrm{d}T \tag{3-33}$$

式中，$\Delta H_{r,t}$ 为温度 t 时的反应焓变；$\Delta H_r^{\ominus}$ 为标准反应焓；ΔH_R 为反应物由温度 t 变为标准温度时的焓变；ΔH_P 为产物由标准温度变为温度 t 时的焓变。

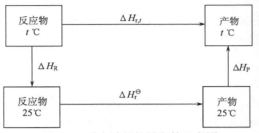

图 3-5　反应过程能量衡算示意图

3. 压力对反应热的影响

$$H_{T,p} = \Delta H_1 + \Delta H_{T,p}^{\ominus} + \Delta H_2 \tag{3-34}$$

式中，$\Delta H_{T,p}^{\ominus}$ 为 25℃、101.3 kPa 时的反应焓变；ΔH_1、ΔH_2 分别为反应物、生成物因压力变化而引起的焓变，其值可利用普遍化焓差图求算。

例 3-4　已知 $NH_3(g)$、$NO(g)$、$H_2O(g)$ 的标准生成焓分别为 -46.2 kJ·mol^{-1}、90.3 kJ·mol^{-1}、-241.6 kJ·mol^{-1}，试计算反应 $4NH_3(g) + 5O_2(g) \longrightarrow 4NO(g) + 6H_2O(g)$ 的标准反应热。

解　O_2 的生成焓为 0。

$$\Delta H_r^{\ominus} = \sum \nu_{P_j} \Delta H_{f,P_j}^{\ominus} - \sum \nu_{R_j} \Delta H_{f,R_j}^{\ominus}$$

$$= [4 \times 90.3 + 6 \times (-241.6)] - [4 \times (-46.2)] = -903.6 (\mathrm{kJ \cdot mol^{-1}})$$

即标准反应热为 903.6 kJ·mol^{-1}。

例 3-5　已知反应 $0.5N_2(g) + 1.5H_2(g) \longrightarrow NH_3(g)$ 的 $\Delta H_{298}^{\ominus}$ 为 -46.22 kJ·mol^{-1}，物料热容与温度的关系如表 3-3 所示。试计算 1000 K 下的反应热。

表 3-3　物料热容与温度的关系式

组分(g)	$C_p/(\mathrm{J \cdot mol^{-1} \cdot K^{-1}})$
N_2	$28.451 + 2.510 \times 10^{-3}T + 5.439 \times 10^{-7}T^2$
H_2	$27.614 + 3.347 \times 10^{-3}T$
NH_3	$25.941 + 33.054 \times 10^{-3}T - 30.543 \times 10^{-7}T^2$

解　$\Delta C_p = 1 \times (25.941 + 33.054 \times 10^{-3}T - 30.543 \times 10^{-7}T^2) -$

$0.5 \times (28.451 + 2.510 \times 10^{-3}T + 5.439 \times 10^{-7}T^2) - 1.5 \times (27.614 + 3.347 \times 10^{-3}T)$

$$= -29.7055 + 26.7785 \times 10^{-3} T - 27.8235 \times 10^{-7} T^2$$

$$\Delta H_{1000} = \Delta H_{298}^{\ominus} + \int_{298}^{1000} \Delta C_p \mathrm{d}T$$

$$= -46.22 \times 10^3 + \int_{298}^{1000} \left[(-29.7055 + 26.7785 \times 10^{-3} T - 27.8235 \times 10^{-7} T^2) \mathrm{d}T \right.$$

$$= -55952 \, (\mathrm{J \cdot mol^{-1}}) = -55.95 \, (\mathrm{kJ \cdot mol^{-1}})$$

3.1.6　混合热

(1) 气体的混合热一般可以忽略不计，混合物的焓可利用加和性求算：

$$H_{\mathrm{mix}} = \sum_j X_j H_j \tag{3-35}$$

式中，X_j 为组分 j 的摩尔分率。

(2) 液体及高压气体的混合热是显著的。温度为 t 时混合物的焓可用下式求算：

$$H_{\mathrm{mix},t} = \sum X_j H_{j,t} + \Delta H_{m,t} \tag{3-36}$$

式中，$H_{j,t}$ 为温度 t 时组分 j 的焓；$\Delta H_{m,t}$ 为温度 t 时形成 1 mol 混合物的焓变。

(3) 在恒温恒压条件下，将 A、B 两种物质混合形成溶液，若溶液中各质点与周围质点相互作用的情况与纯态时不同，则会有能量的变化，此过程中物系与环境会发生热交换，这种交换的热量称为溶解热。

溶解热一般可由实验测定。对于有机溶液，混合热相对其他形式的热较小，在进行热量衡算时可以忽略。但是，有机物或无机物在水中的溶解热较大，尤其是无机强酸和强碱。

溶解热与浓度有关，任何已知浓度的溶解积分热是由纯溶剂和溶质制备溶液时释放或吸收热量的累积。无限稀释时的积分热称为溶液的标准积分热。

溶液的积分热可由手册查到，它可用于计算制备溶液时所需提供或移出的热量。

例 3-6　在一具有夹套的搅拌器中，稀释浓的 NaOH 溶液以制备 NaOH 水溶液。每釜用 50%（质量分数）溶液配制 5%（质量分数）溶液 2500 kg。溶液进料温度为 25℃，假设排出的溶液温度为 25℃，试计算冷却水移去的热量。

解　25℃时 NaOH-H$_2$O 溶液的溶解积分热如表 3-4 所示。

表 3-4　25℃时 NaOH-H₂O 溶液的溶解积分热

$n_{\mathrm{H_2O}}/n_{\mathrm{NaOH}}$	$-\Delta H_{溶液}^{\ominus}$ /[kJ · (mol NaOH)⁻¹]
2	22.9
4	34.4
5	37.7
10	42.5
无限稀释	42.9

将质量分数换算至摩尔分数：

$$50\% = \frac{50/18}{50/40} = 2.22[\text{mol H}_2\text{O}\cdot(\text{mol NaOH})^{-1}]$$

$$5\% = \frac{95/18}{5/40} = 42.22[\text{mol H}_2\text{O}\cdot(\text{mol NaOH})^{-1}]$$

由已知溶液的积分热，通过对浓度使用内插法求得：

2.22 mol $H_2O\cdot(\text{mol NaOH})^{-1}$ 溶液的溶解积分热（$-\Delta H_{溶液}^{\ominus}$）为 27.0 kJ·$(\text{mol NaOH})^{-1}$

42.22 mol $H_2O\cdot(\text{mol NaOH})^{-1}$ 溶液的溶解积分热（$-\Delta H_{溶液}^{\ominus}$）为 42.9 kJ·$(\text{mol NaOH})^{-1}$

稀释每摩尔 NaOH 释放的热量为

$$Q = 42.9 - 27.0 = 15.9[\text{kJ}\cdot(\text{mol NaOH})^{-1}]$$

每釜释放的热量=每釜 NaOH 的物质的量×15.9=$(2500\times10^3\times0.05)/40\times15.9=49.8\times10^3$(kJ)

忽略热损，则冷却水所取走的热量为 49.8 MJ·(釜)$^{-1}$。

3.2　能 量 衡 算

　　能量衡算可分为无化学反应过程的能量衡算和反应过程的能量衡算两种。无化学反应过程的能量衡算主要是指流体流动过程的能量衡算、分离过程的能量衡算、传热过程的能量衡算以及液体压缩或膨胀过程的能量衡算。反应过程的能量衡算主要是指计算反应过程所需供给或移出的热量以及反应后组分的温度等。

3.2.1　能量衡算的一般方法

　　(1)正确绘制系统示意图，标明题给已知条件及物料状态(T、p、相态)。

　　(2)确定各组分热力学数据，如焓、热容、相变热等，可查阅手册或由估算法确定。

　　(3)选择计算基准。如与物料衡算一起计算，可选用物料衡算所选取的基准作为能量衡算的基准，同时还要选取热力学函数的基准态(T、p、相态)。

　　(4)列能量衡算方程式，并进行求解。

3.2.2　无化学反应过程的能量衡算

　　1. 流体流动

　　流体流动过程的能量衡算可用伯努利方程求解。

　　例 3-7　某汽轮机进口蒸汽量为 500 kg·h^{-1}，压力为 4.4 MPa，温度为 450℃，流速为 60 m·s^{-1}。蒸汽出口较进口低 5 m，出口蒸汽压力为 0.1 MPa，流速为 360 m·s^{-1}。汽轮机对外做功 700 kW，若汽轮机热损为 43.2 MJ·h^{-1}，试计算过程焓变。

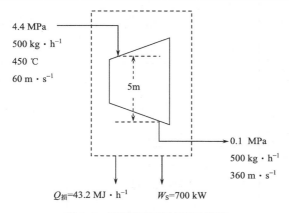

图 3-6　汽轮机工作过程示意图

解　过程示意图如图 3-6 所示。对稳定流动系统：

$$F\left(\Delta H + g\Delta h + \frac{1}{2}\Delta v^2\right) + Q + W_S = 0$$

$$F = 500/3600 = 0.139\,(\text{kg·s}^{-1})$$

$$Fg\Delta h = 0.139 \times 9.81 \times (-5) = -6.82\,(\text{J·s}^{-1}) = -6.82 \times 10^{-3}\,(\text{kJ·s}^{-1})$$

$$F\frac{1}{2}\Delta v^2 = 0.139 \times 0.5 \times (360^2 - 60^2) = 8.76\,(\text{kJ·s}^{-1})$$

$$Q = 4.32 \times 10^4\,\text{kJ·h}^{-1} = 12\,\text{kJ·s}^{-1};\quad W_S = 700\,\text{kW} = 700\,\text{kJ·s}^{-1}$$

则　　　　　$F\Delta H = -12 - 700 + 6.82 \times 10^{-3} - 8.76 = -720.8\,(\text{kJ·s}^{-1})$

即　　　　　$\Delta H = -720.8/0.139 = -5186\,(\text{kJ·kg}^{-1})$

2. 混合和溶解过程

例 3-8　盐酸生产过程如图 3-7 所示。已知由手册查得 25%（质量分数）盐酸的热容为 0.685 kcal·kg^{-1}·℃$^{-1}$，HCl 的热容 $C_p = 26.24 + 0.5180 \times 10^{-2}T + 0.9715 \times 10^5 T^{-2}$（kJ·mol^{-1}·℃$^{-1}$）。试计算吸收装置应加入或移走的热量。

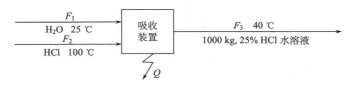

图 3-7　盐酸吸收过程示意图

解　自由度分析　　　　$f_{物} = 4 - (2+2) = 0$；　$f_{热} = (4+4) - [(2+3) + (2+1)] = 0$

$F_1 = 1000 \times 0.75 = 750\,(\text{kg})\,(41.667\,\text{kmol})$；　$F_2 = 1000 \times 0.25 = 250\,(\text{kg})\,(6.849\,\text{kmol})$

设置如图 3-8 所示的过程，求算吸收装置应加入或移走的热量。

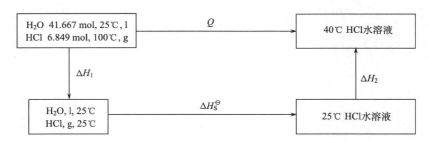

图 3-8 盐酸吸收过程能量衡算示意图

$$Q=\Delta H_1 + \Delta H_S^{\ominus} + \Delta H_2$$

$$\Delta H_1 = 6.849 \times \int_{373}^{298} (26.24 + 0.5180 \times 10^{-2} T + 0.9715 \times 10^5 T^{-2}) \mathrm{d}T$$

$$= -6.849 \times 2.182 \times 10^3 = -14.94 \times 10^3 (\mathrm{kJ})$$

$n=41.667/6.849=6.084$，由溶解热表查得溶解焓为 -65.23 kJ·(mol HCl)$^{-1}$，则

$$\Delta H_S^{\ominus} = 6.849 \times 10^3 \times (-65.23) = -446.76 \times 10^3 (\mathrm{kJ})$$

$$\Delta H_2 = 1000 \times 0.685 \times (40-25) \times 4.18 = 42.95 \times 10^3 (\mathrm{kJ})$$

即 $\quad Q = (-14.94 - 446.76 + 42.95) \times 10^3 = -418.75 \times 10^3 (\mathrm{kJ}) \approx -419 (\mathrm{MJ})$

因此，过程需移出热量 419 MJ。

3. 换热器的热量衡算

例 3-9 通过工厂废热锅炉，用废气、废热生产水蒸气的过程如图 3-9 所示。已知废气的平均热容为 32.5 kJ·kmol^{-1}·℃$^{-1}$，试计算每 100 kmol 的废气可产生的水蒸气量。

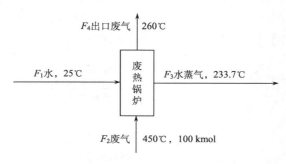

图 3-9 废热锅炉生产水蒸气示意图

解　自由度分析：

$$f=8-(5+3)=0$$

式中，8 为变量总数（F_1，$F_2=100$ kmol，F_3，F_4，$T_1=25℃$，$T_2=450℃$，$T_3=233.7℃$，$T_4=260℃$）；5 为设计变量数（F_2，T_1，T_2，T_3，T_4）；3 为衡算方程式数（2 个物料衡算式，1 个能量衡算式）。则

$$100×32.5×(450-260)=F_3(H_3-H_1)=F_3(2798.9-104.6)$$

式中，H_3、H_1 分别为水蒸气在 233.7℃时和水在 25℃时的焓值，可从相关手册或图表中查到。

解得　　　　　　　　　　　　$F_3=229$ kg

例 3-10　CCl_4 蒸发过程如图 3-10 所示，计算蒸发器的热负荷。

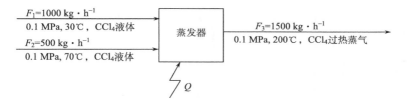

图 3-10　四氯化碳蒸发过程计算示意图

解　$f_物=3-(3+0)=0$，$N_v=N_e$，说明系统确定且无衡算问题，各流股自由度为零。$f_能=(3+4)-[(3+3)+(0+1)]=0$，$N_e=1$，即

$$F_1H_1+F_2H_2+Q=F_3H_3$$

令计算基准温度 $T_r=T_1=30℃$，则

$$Q=F_3H_3-F_2H_2$$

对于物流 2（F_2），液体 CCl_4 的热容在 30～70℃的范围内变化不大，应用平均热容值进行计算。以 50℃时的热容作为平均值，$C_{p,m}=0.866$ kJ·kg^{-1}·K^{-1}，则

$$H_2=C_{p,m}(T_2-T_r)=0.866×(343.15-303.15)=34.64\ (kJ·kg^{-1})$$

物流 3（F_3）有相变，所以 H_3 为液体焓变、相变焓、气体焓变三部分的总和，即 $H_3=\Delta H_1+\Delta H_2+\Delta H_3$。

(1)将液体由参考温度加热到正常沸点（76.7℃）的焓变为

$$\Delta H_1=C_p(T_b-T_r)=0.866×(349.85-303.15)=40.44\ (kJ·kg^{-1})$$

(2)在正常沸点下汽化液体的焓变为 $\Delta H_2=194.22$ kJ·kg^{-1}。

(3)计算将气体从 76.7℃加热至 200℃的焓变。由手册可查得

$$C_p=38.861+21.334×10^{-2}T-2.397×10^{-4}T^2+9.433×10^{-8}T^3$$

则

$$\Delta H_3 = \int_{T_b}^{T_2} C_p \mathrm{d}T = 38.861 \times (473.15 - 349.85) + 21.334 \times 10^{-2} \times 0.5 \times (473.15^2 - 349.85^2)$$

$$-2.397 \times 10^{-4} \times 0.333 \times (473.15^3 - 349.85^3) + 9.433 \times 10^{-8} \times 0.25 (473.15^4 - 349.85^4)$$

$$= 11403.45 \, (\mathrm{J \cdot mol^{-1}}) = 74.05 \, (\mathrm{kJ \cdot kg^{-1}})$$

故　　　　　$H_3 = \Delta H_1 + \Delta H_2 + \Delta H_3 = 40.44 + 194.22 + 74.05 = 308.7 \, (\mathrm{kJ \cdot kg^{-1}})$

　　　　$Q = F_3 H_3 - F_2 H_2 = 1500 \times 308.7 - 500 \times 34.64 = 445730 \, (\mathrm{kJ \cdot h^{-1}}) \approx 446 \, (\mathrm{MJ \cdot h^{-1}})$

例 3-11　用真空冷冻-蒸发压缩装置进行海水脱盐，过程如图 3-11 所示。试计算未知流量和从外界吸热的速率。

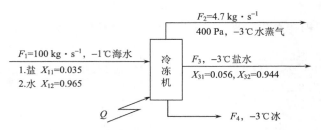

图 3-11　真空冷冻-蒸发压缩过程计算示意图

解　自由度分析　　　　　　　$f_物 = 6 - (4+2) = 0$

盐衡算式　　　　　　$F_3 = F_1 X_{11} / X_{31} = 3.5 / 0.056 = 62.5 \, (\mathrm{kg \cdot s^{-1}})$

总物料衡算式　　　　$F_4 = F_1 - F_2 - F_3 = 100 - 4.7 - 62.5 = 32.8 \, (\mathrm{kg \cdot s^{-1}})$

因进料和产物中含盐量较少，且盐的焓变与水相比也很小，所以将盐的焓变忽略不计，则

$$f_能 = (4+5) - [(4+4) + 1] = 0$$

$$Q = F_2 H_2 + F_3 X_{32} H_3 + F_4 H_4 - F_1 X_{12} H_1$$

（H_1、H_2、H_3、H_4 分别为相对于基准态 F_1、F_3、F_4、F_5 的焓）

为了计算各物流的焓值，选择 0℃时的液态水为参考状态，即 $H=0$。

物流 1　液态海水在 −1℃：　　　　$H_1 = \int_{273.2}^{272.2} C_p \mathrm{d}T = C_p \Delta T = -4.184 \, (\mathrm{kJ \cdot kg^{-1}})$

物流 2　−3℃的水蒸气可由两步计算。

(1) 在 0℃蒸发液态水　　　　　$\Delta H_1 = 2500.8 \, \mathrm{kJ \cdot kg^{-1}}$

(2) 由 0℃冷却水蒸气至 −3℃　　$\Delta H_2 = C_p \Delta T = 1.86 \times (-3) = -5.58 \, (\mathrm{kJ \cdot kg^{-1}})$

因此　　　　$H_2 = \Delta H_1 + \Delta H_2 = 2500.8 - 5.58 = 2495.2 \, (\mathrm{kJ \cdot kg^{-1}})$

物流 3　−3℃的液态水：　　$H_3 = C_{p,1} \Delta T = 4.184 \times (-3) = -12.55 \, (\mathrm{kJ \cdot kg^{-1}})$

物流 4　−3℃的冰的焓值可由两步计算。

(1) 水凝结成冰　　　　　　　$\Delta H_{4,1} = -333.5 \, \mathrm{kJ \cdot kg^{-1}}$

(2)冰从 0℃冷却至−3℃ $\Delta H_{4,2}=C_p\Delta T=2.1\times(-3)=-6.3(\text{kJ}\cdot\text{kg}^{-1})$

因此 $H_4=\Delta H_{4,1}+\Delta H_{4,2}=-333.5-6.3=-339.8(\text{kJ}\cdot\text{kg}^{-1})$

在冷冻机中对冷冻水进行能量衡算(不考虑盐类):

$$Q=F_2H_2+F_3X_{32}H_3+F_4H_4-F_1X_{12}H_1$$
$$=4.7\times2495.2+62.5\times0.944\times(-12.55)+32.8\times(-339.8)-100\times0.965\times(-4.184)$$
$$=245.3(\text{kJ}\cdot\text{s}^{-1})$$

3.2.3 反应过程的能量衡算

化学反应过程的能量衡算主要是以反应热的计算为中心。对于连续过程,热量衡算可以单位时间为基准来计算;对于间歇过程,可以过程或过程中单一阶段(如一釜)的时间为基准来计算。

化学反应过程若忽略位能和动能,且系统不做功,则能量衡算式可表示为

$$Q_2=Q_1+Q_r+Q_t-Q_{损} \tag{3-37}$$

式中,Q_1 为进入反应器的物料的热量(kJ);Q_2 为离开反应器的物料的热量(kJ);Q_r 为化学反应热,$Q_r=n(-\Delta H_r)$;Q_t 为供给或移出的热量(kJ),供热为正,移热为负;$Q_{损}$ 为过程中因转热等因素产生的热损失(kJ)。

物料的热量用热容计算时:

$$Q=\sum F_iC_{pi}\Delta T \tag{3-38}$$

用焓计算时:

$$Q=\sum F_iH_i(T,p,\text{Л})$$

式中,T、p、Л 分别为温度、压力、相态。

1. 间歇过程

例 3-12 已知苯乙烯和聚苯乙烯的平均热容如表 3-5 所示。

表 3-5 苯乙烯和聚苯乙烯的平均热容

T/℃	苯乙烯	聚苯乙烯
50	1.742	1.457
145	2.479	3.119

注:单位 $\text{kJ}\cdot\text{kg}^{-1}\cdot\text{K}^{-1}$,基准状态 101.3 kPa、25℃。

聚苯乙烯生产过程是在等温条件下在一组带有搅拌器的聚合釜中进行的,操作条件如表 3-6 所示。

表 3-6　聚苯乙烯生产过程操作条件

聚合釜	$t_{进}/℃$	$t_{出}/℃$	聚合度/%	时间/h
I	50	145	48	2
II	115	160	75	2
III	160	180	90	2

试以 1 t 苯乙烯原料为基准，对第一级聚合釜做热量衡算。

解　聚合反应为

$$nC_6H_5CHCH_2 \longrightarrow [C_6H_5CHCH_2]_n + 68700 \ kJ·mol^{-1}$$

$$Q_1=1000×1.742×50=87100（kJ）$$

$$Q_2=0.48×1000×3.119×145+（1-0.48）×1000×2.479×145=403999（kJ）$$

由于反应热是通过分子量为 104 的单体反应热实验数据获得的，则

$$Q_r=0.48×1000×68700/104=317077（kJ）；\quad Q_t=0$$

故　　　　　　$Q_损=Q_1+Q_r-Q_2=87100+317077-403999=178（kJ）$

2. 连续过程

例 3-13　用管式反应器将 1,2-二氯乙烷（DEC）裂解生产氯乙烯（VC）的过程如图 3-12 所示。

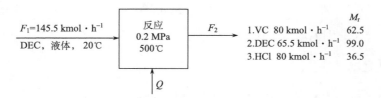

图 3-12　二氯乙烷裂解生产氯乙烯过程示意图

已知 VC 流量为 5000 kg·h⁻¹[5000/62.5=80（kmol·h⁻¹）]，转化率为 55%，化学反应方程式为

$$C_2H_4Cl_2(g) \longrightarrow C_2H_3Cl(g)+HCl(g) \qquad \Delta H_r^{\ominus}=70224 \ kJ·mol^{-1}$$

25℃ DEC 的气化热为 $\Delta H_{LV}=34.3 \ MJ·kmol^{-1}$；在 20~25℃ 之间，液相 DEC 的 $C_p=116 \ kJ·kmol^{-1}·K^{-1}$；气相热容数据（$C_p=a+bT+cT^2+dT^3$）如表 3-7 所示。

燃料气热值为 33.5 MJ·m⁻³，管式炉的热效率为 70%。试计算所需燃料气的量。

表 3-7　气相物料热容数据 $(C_p=a+bT+cT^2+dT^3)$

组分	a	$b\times10^2$	$c\times10^5$	$d\times10^9$
VC	5.94	20.16	−15.34	47.65
HCl	30.28	−0.761	1.325	−4.305
DEC	20.45	3.07	−14.36	33.83

解　　　$Q_1 = -145.5\times[34.3+0.116\times(298-293)] = -5075.0\,(MJ\cdot h^{-1})$

$$Q_2 = \int_{298.15}^{773.15} \sum \left(n_i C_{p,i}\right)dT$$

$$= \int_{298.15}^{773.15} (4237.1+3063.0\times10^{-2}T-2061.8\times10^{-5}T^2+5683.5\times10^{-9}T^3)dT$$

$$=7307310\,(kJ\cdot h^{-1})=7307.3\,(MJ\cdot h^{-1})$$

$$Q_r = F_{21}\left(-\Delta H_r^\ominus\right) = -80\times70.224 = -5617.9\,(MJ\cdot h^{-1})$$

$$Q_t = Q_2-Q_1-Q_r = 7307.3-(-5075.0)-(-5617.9) = 18000.2\,(MJ\cdot h^{-1})$$

故所需燃料气的量为

$$Q_t/热值\times效率 = 18000.2/33.5\times0.7 = 767.6\,(m^3\cdot h^{-1})$$

例 3-14　甲醇合成过程如图 3-13 所示，反应器内主要化学反应为

$$CO+2H_2 \longrightarrow CH_3OH$$

$$CO_2+3H_2 \longrightarrow CH_3OH+H_2O$$

已知 CO 的转化率为 88%，CO_2 的转化率为 85%，原料气进料温度及产物离开温度分别为 523 K 和 493 K。试计算：(1)离开反应器的产物流量；(2)主要反应的反应热；(3)需要从反应器移去的反应热。

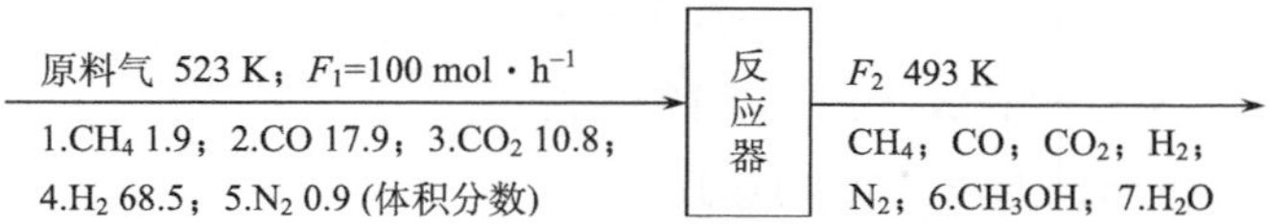

原料气 523 K；$F_1=100$ mol·h^{-1}　　→　　反应器　　F_2 493 K →

1.CH_4 1.9；2.CO 17.9；3.CO_2 10.8；　　　　　　CH_4；CO；CO_2；H_2；

4.H_2 68.5；5.N_2 0.9 (体积分数)　　　　　　　　N_2；6.CH_3OH；7.H_2O

图 3-13　甲醇合成过程示意图

解　(1)物料衡算。设 $F_1=100$ mol·h^{-1}

自由度分析　　　　　　　　$f_物=12-[5+(5+2)]=0$

约束式　　　　$F_{26}=0.88\times F_{12}+0.85F_{13}=0.88\times17.9+0.85\times10.8=24.93\,(mol\cdot h^{-1})$

$$F_{27}=0.85F_{13}=0.85\times10.8=9.18\,(mol\cdot h^{-1})$$

CH_4 衡算式　　　　　　　　$F_{21}=F_{11}=1.90$ mol·h^{-1}

N_2 衡算式　　　　　　　　$F_{25}=F_{15}=0.90$ mol·h^{-1}

H_2 衡算式　　　$F_{24}=F_{14}-2F_{26}-F_{27}=68.5-2\times24.93-9.18=9.46\,(mol\cdot h^{-1})$

C 衡算式　　　　　　　　$F_{22}+F_{23}=17.9+10.8-24.93=3.77\,(mol\cdot h^{-1})$

O 衡算式　　　　　　　　$F_{22}+2F_{23}=17.9+2\times10.8-24.93-9.18=5.39\,(mol\cdot h^{-1})$

联解可得　　　　　　　　$F_{22}=2.15\ mol\cdot h^{-1}$；$F_{23}=1.62\ mol\cdot h^{-1}$

(2)物料衡算结果及热力学数据如表 3-8 所示。

表 3-8　　甲醇合成过程物料衡算结果及热力学数据

物质	反应器		$\Delta H_{f,i}$ /(kJ·mol^{-1})	ΔH_{LV} /(kJ·mol^{-1})	ΔH_{2i} /(kJ·mol^{-1})	ΔH_{1i} /(kJ·mol^{-1})
	进口流量 /(mol·h^{-1})	出口流量 /(mol·h^{-1})				
CH$_4$	1.90	1.90	−74.50 (g)		8.00	9.42
CO	17.90	2.15	−110.57 (g)		5.75	6.66
CO$_2$	10.80	1.62	−393.54 (g)		7.95	9.29
H$_2$	68.5	9.46	0 (g)		5.64	6.51
N$_2$	0.90	0.90	0 (g)		5.72	6.62
CH$_3$OH		24.93	−239.10 (l)	37.50	10.28	12.12
H$_2$O		9.18	−285.83 (l)	44.01	6.71	7.78
Σ	100.00	50.14				

由表 3-8 数据可计算两反应的反应热为

$$\Delta H_{r,1}^{\ominus}=(-293.10)-(-110.57)=-128.53\ (kJ\cdot mol^{-1})$$

$$\Delta H_{r,2}^{\ominus}=(-239.10)+(-285.83)-(-393.54)=-131.42\ (kJ\cdot mol^{-1})$$

(3)能量衡算。

自由度分析　　　　　　　$f_{能}=6-(5+1)=0$

$Q_1=1.90\times9.42+17.90\times6.66+10.8\times9.29+68.5\times6.51+0.90\times6.62=689.36\,(kJ)$

$Q_2=(24.93\times37.5+9.18\times44.01)+(1.90\times8+2.15\times5.75+1.62\times7.95+9.46\times5.64$

$\qquad +0.90\times5.72+24.93\times10.23+9.18\times6.71)$

$\qquad =1338.89+416.81=1755.70\,(kJ)$

$Q_r=15.75\times128.53+9.18\times131.42=2024.35+1206.43=3230.78\,(kJ)$

因为　　　　　　　　　　$Q_2=Q_1+Q_r+Q_t$

所以　　　　　　$Q_t=Q_2-Q_1-Q_r=1755.70-689.36-3230.78=-2164.44\,(kJ)$

3. 理论燃烧温度 T_e

理论燃烧温度 T_e 是燃料在绝热过程中进行完全燃烧后气体所能达到的温度，此温度为某一已知反应的温度的上限。稳态条件下 T_e 的计算公式为

$$H_2=H_1+(-\Delta H_r^{\ominus}) \tag{3-39}$$

式中，H_2 为产物的生成焓(kJ)；H_1 为原料的生成焓(kJ)；$\Delta H_r^{\ominus}$ 为燃烧反应的反应热(kJ)。

例 3-15 某天然气组成(摩尔分数)为：CH_4 85%、C_2H_4 3%、C_6H_6 3%、H_2 5%、N_2 4%，进料温度为 25℃，试计算天然气与理论量的空气燃烧后的理论温度。

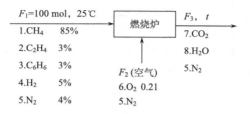

图 3-14 天然气燃烧过程示意图

解 过程如图 3-14 所示，系统反应式如下：

$$CH_4 + 2O_2 \longrightarrow CO_2 + 2H_2O$$

$$C_2H_4 + 3O_2 \longrightarrow 2CO_2 + 2H_2O$$

$$C_6H_6 + 7.5O_2 \longrightarrow 6CO_2 + 3H_2O$$

$$H_2 + 0.5O_2 \longrightarrow H_2O$$

(1) 物料衡算。

自由度分析 $f_物 = 10 - (6 + 4) = 0$

CO_2 衡算式 $F_{37} = 85 + 2 \times 3 + 6 \times 3 = 109\,(mol)$

H_2O 衡算式 $F_{38} = 2 \times 85 + 2 \times 3 + 3 \times 3 + 5 = 190\,(mol)$

O_2 衡算式 $F_{26} = 2 \times 85 + 3 \times 3 + 7.5 \times 3 + 0.5 \times 5 = 204\,(mol)$

N_2 衡算式 $F_{35} = 204 \times 79 / 21 + 4 = 771\,(mol)$

(2) 能量衡算(以 25℃ 为基准)。物料的标准生成焓见表 3-9。

表 3-9 物料的标准生成焓

物料	$CH_4(g)$	$C_2H_4(g)$	$C_6H_6(l)$	$CO_2(g)$	$H_2O(g)$
$-\Delta H_f^{\ominus} / (kJ \cdot mol^{-1})$	74.84	52.283	48.66	393.51	241.826

$$Q_{r1} = 85 \times (393.51 + 2 \times 241.826 - 74.84) = 68197.37\,(kJ)$$

$$Q_{r2} = 3 \times (2 \times 393.51 + 2 \times 241.826 + 52.283) = 3968.865\,(kJ)$$

$$Q_{r3} = 3 \times (6 \times 393.51 + 3 \times 241.826 + 48.66) = 9405.594\,(kJ)$$

$$Q_{r4} = 5 \times 241.826 = 1209.13\,(kJ)$$

则 $Q_r = 68197 + 3969 + 9406 + 1209 = 82781\,(kJ)$

由文献查得物料的热容见表 3-10。

表 3-10　物料的热容

物料	CO_2	H_2O	N_2
$C_{p,m}/(kJ·mol^{-1}·℃^{-1})$	$0.03801+0.842×10^{-5}t$	$0.03492+0.468×10^{-5}t$	$0.02828+0.206×10^{-5}t$

$$Q_3=109×(t-25)×[(0.03801+0.842×10^{-5}t)+190×(0.03492+0.468×10^{-5}t)$$
$$+771×(0.02828+0.206×10^{-5}t)]$$
$$=(32.58177+339.524×10^{-5}t)(t-25)=32.50t+33.95×10^{-4}t-814.54$$

因为 $Q_1=Q_2=0$，则 $Q_3=Q_r$，即

$$32.5t+33.95×10^{-4}t^2=83595.54$$

解得

$$T_e=t=2108℃$$

4. 绝热反应过程

如果反应系统与外界无热量交换，则这一反应过程称为绝热反应过程。绝热反应过程的能量衡算式为

$$Q_2=Q_1+Q_r \tag{3-40}$$

式中，Q_1、Q_2 分别为进入和离开反应器物料的热量。当反应热 $Q_r<0$ 时，$\Delta H_r>0$，为吸热反应，使输出物流温度下降；当 $Q_r>0$ 时，$\Delta H_r<0$，为放热反应，使输出物流温度上升。

例 3-16　甲烷与过量 20% 的空气混合，在 25℃、0.1 MPa 下进入燃烧炉中完全燃烧，求产物所能达到的最高温度。

解　反应方程为

$$CH_4+2O_2 \longrightarrow CO_2+2H_2O$$

（1）物料衡算。

取 1 mol CH_4 为基准，过程示意图如图 3-15 所示。

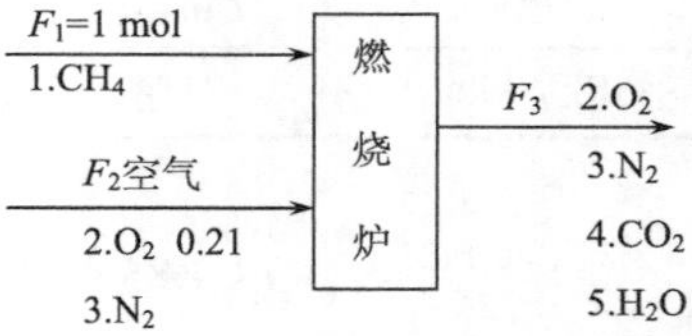

自由度分析　$f_{物}=7-[2+(4+1)]=0$

约束式　$F_{22}=1.2×2=2.4(mol)$

N_2 衡算式　$F_{33}=F_{23}=2.4×79/21=9.03(mol)$

C 衡算式　$F_{34}=F_1=1 mol$

H_2 衡算式　$F_{35}=2F_1=2 mol$

O_2 衡算式　$F_{32}=2.4-1-0.5×2=0.4(mol)$

图 3-15　甲烷燃烧过程示意图

（2）能量衡算（以 25℃ 为基准）。

$$Q_1=0$$
$$Q_r=1×(393.51+2×241.83-74.85)=802.32(kJ)$$

$$Q_2 = \sum (F_{3j}C_{pj})\Delta T = (0.4C_{p2}+9.03C_{p3}+1C_{p4}+2C_{p5})(T-298)$$

由手册查得的热容数据代入上式可得

$$Q_2 = (343.04+0.13T-27.174\times10^{-6}T^2)(T-298)$$

则　　　　　$(343.04+0.13T-27.174\times10^{-6}T^2)(T-298)=802320$

解得　　　　　　　　　　$T=1927\text{ K}$

3.3　㶲　衡　算

3.3.1　㶲的定义

㶲即为有效能 E_X，它是体系在给定条件下变化到某一基准态时所做出的最大功。这里必须强调两点：

(1) 最大功就是变化按完全可逆过程进行时所做之功。

(2) 在㶲的研究中，把与环境呈热力学平衡的状态作为基准态，这种状态下的有效能为零。

反之，物系总能量中理论上不能转化为功的那部分能量称为无效能(㶲)。

1. 物系的基准态与环境

1) 基准态

按照㶲的定义，物系的㶲是物系从给定状态转变到基准态(死态)做出的最大功。所谓基准态是物系做功能力为零的状态，即㶲为零的状态。在这一状态下，物系具有的能量全部是不能做功的死态能，由于功的传递都是在体系与体系、体系与环境之间进行的，而任何体系一旦处于与环境呈热力学平衡状态时，无论它具有多大能量都是一点功也做不出来。因此，通常将与环境呈热力学平衡的状态规定为物系的基准态。

然而，过程种类不同，可以有不同的基准态含义。根据物系组成变化与否，可以将物系变化过程分为两类：①浓度和组成不变，而只有温度和(或)压力变化的过程，如加热、冷却、膨胀、压缩等，称为物理过程；②浓度和组成发生变化的过程，如分离、混合、化学反应等，称为化学过程。

在物理过程中，把物系的温度和压力分别等于环境的温度(T_0)和压力(p_0)的状态定义为物系的基准态，任一给定状态相对于该基准态所具有的㶲称为物理㶲($E_{X\text{ph}}$)。显然，这种㶲是由于物系压力和温度与环境不同而引起的。当 $T=T_0$、$p=p_0$ 时，$E_{X\text{ph}}=0$，这种基准态也可称为物理基准态或物理死态。

如果不仅温度、压力而且组成也与环境相同，这种状态称为化学基准态或化学死态。任一给定状态相对于该基准态所具有的㶲称为物系的总㶲(E_X)，显然它包括从 T、p 到 T_0、p_0 的 $E_{X\text{ph}}$ 和在 T_0、p_0 下由给定组成变化到环境组成的 E_{XC}，即

$$E_X=E_{X\text{ph}}+E_{X\text{C}}$$

2) 基准态参数的确定

物系的基准态是与自然环境成热力学平衡的状态,那么基准态参数(温度、压力、基准物) 也应等于自然环境的相应参数。而自然环境随地区、季节等的不同而不同,因此在文献中对它的规定并不完全一致,一般规定:T_0=298.15 K,p_0=0.1013 MPa=1 atm。

关于基准物,必须指明种类、相态和组成,因此它的确定要复杂得多。一般说来,在环境条件下,不能再通过化学组成变化做出有用功的物质称为基准物,其相应的组成就是基准物组成。由此可以理解为:基准物是可以不消耗功而从环境源源不断获得的物质,例如大气中的空气。空气,或者说空气组成下的氮、氧是基准物,但纯氮和纯氧不是基准物,因为氧和氮由纯态变到空气组成时可以做出扩散功。

关于基准物的确定,现在用得较多的有两种环境模型:

(1)一种是波兰学者蔡古特提出的,其主要内容是:

(i)环境温度 T_0=298.15 K(25℃),压力 p_0=0.1013 MPa。

(ii)环境由若干基准物构成,每一种元素都有其对应的基准物和基准反应,基准物的浓度取实际环境物质浓度的平均值。例如,碳元素的基准物是二氧化碳,其基准反应为 C+O$_2$ ⟶ CO$_2$,环境中基准物的浓度为 0.0003(摩尔分数)。

(2)此外,还有由龟山季雄与吉田邦夫两人提出的龟山-吉田模型,此模型现已列为日本计算物质化学㶲的国家标准。此模型的环境温度 T_0 和压力 p_0 与蔡古特模型相同,他们提出大气(饱和湿空气)中,气态基准物的摩尔分数为:N$_2$,0.7560;H$_2$O,0.0312;He,0.0000052;Ar,0.0091;O$_2$,0.2034;Ne,0.000018;CO$_2$,0.0003。除这七种物质外,其他元素均以在 T_0、p_0 下最稳定的物质作为基准物。他们将含有某元素的化合物列表,把其中的 T_0、p_0 下最稳定的化学㶲取为零,这个最稳定的化合物就是该元素的基准物。

2. 物理㶲的数学表达式

以稳定流动体系为例,用热力学第一、第二定律可以导出㶲的数学表达式,如图 3-16 所示。

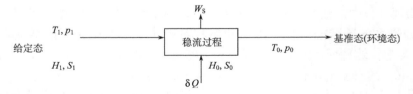

图 3-16 稳定流动体系的物理㶲

若忽略动能、位能变化,则

能量平衡
$$H_1 + \int \delta Q = H_0 + W_S \tag{3-41}$$

熵平衡
$$S_1 + \int \frac{\delta Q}{T} + \Delta S_g = S_0 \tag{3-42}$$

式中，S_1 和 S_0 为状态点 1 和状态点 0 时的熵值；δQ 为过程热变化；ΔS_g 为熵产生。

式 (3-40)−式 (3-41)×T_0，并整理得

$$W_S = H_1 - H_0 - T_0(S_1 - S_0) - T_0 \Delta S_g + \int \frac{T - T_0}{T} \delta Q$$

如为完全可逆过程，即 $\Delta S_g = 0$，而且只与环境换热，$T = T_0$，则上式可写为

$$W_{max} = H_1 - H_0 - T_0(S_1 - S_0)$$

即
$$\underset{\text{总能量}}{E_{Xph}} = \underset{\text{炕}}{H_1 - H_0 - T_0(S_1 - S_0)}$$

由上式推导可以看出：

(1) 㶲包括了热力学第一、第二定律的概念和内容，是衡量能量品质的一个十分有用的热力学函数。

(2) 㶲和焓、熵一样是物系的状态函数，所不同的是，其数值不仅与物系的状态有关，而且与基准态的选取有关，因而是一个复杂的状态函数。

(3) 当稳流物系由状态 1 变为状态 2 时，其㶲的变化值 $\Delta E = \Delta H - T_0 \Delta S$，式中 ΔH 为总能量变化，其中只有 $\Delta H - T_0 \Delta S$ 可转化为功，属有效能 (㶲)，而 $T_0 \Delta S$ 为无效能 (炕)。所以

$$\Delta H = \Delta E_X + T_0 \Delta S$$

即
$$\Delta E_X = -W_{id}$$

3. 㶲的计算通式

$$E_X = H_1 - H_0 - T_0(S_1 - S_0) = T_0(S_0 - S_1) - (H_0 - H_1) \tag{3-43}$$

式 (3-43) 对物系从给定态变化到基准态的过程并未作任何规定，因此对任何变化过程都是适用的。将此式用于如下物系，既可得出计算任何状态均相物系的㶲的通式：

状态 1 (T, p, X_i) 　　　　　H_1　S_1　E_{X1} 　$\Big\}$ $\Delta H_1, \Delta S_1$

状态 2 (T_0, p, X_i) 　　　　H_2　S_2　E_{X2} 　$\Big\}$ $\Delta H_2, \Delta S_2$

状态 3 (T_0, p_0, X_i) 　　　H_3　S_3　E_{X3} 　$\Big\}$ $\Delta H_3, \Delta S_3$

状态 4 $(T_0, p_0, X_1, X_2 \ldots)$ 　H_4　S_4　E_{X4} (纯物质)　$\Big\}$ $\sum X_i E_{ch,i}^{\ominus}$

状态 5 $(T_0, p_0, X_{0,i})$ 　　H_5　S_5　E_{X5}

(1) 状态 1→状态 2：等压变温

$$\Delta H_1 = \int_T^{T_0} C_{p,m} dT \ ; \quad \Delta S_1 = \int_T^{T_0} \frac{C_{p,m}}{T} dT$$

(2)状态 2→状态 3：等温变压

由　$\left(\dfrac{\partial H}{\partial p}\right)_T = V - T\left(\dfrac{\partial V}{\partial T}\right)_p$　得　$\Delta H_2 = \displaystyle\int_p^{p_0}\left[V - T\left(\dfrac{\partial V}{\partial T}\right)_p\right]_T \mathrm{d}p$

由　$\left(\dfrac{\partial S}{\partial p}\right)_T = -\left(\dfrac{\partial V}{\partial T}\right)_p$　得　$\Delta S_2 = \displaystyle\int_p^{p_0}\left[-\left(\dfrac{\partial V}{\partial T}\right)_p\right]_T \mathrm{d}p$

(3)状态 3→状态 4：在 T_0、p_0 下将混合物分离成纯组分。由于混合焓变、混合熵变与溶液中各组分活度 a 之间有如下关系。

混合过程有

$$\frac{\Delta H}{RT} = -\sum X_i\left(\frac{\partial \ln a_i}{\partial \ln T}\right)_{p,X_i}$$

$$\frac{\Delta S}{R} = -\sum X_i \ln a_i - \sum X_i\left(\frac{\partial \ln a_i}{\partial \ln T}\right)_{p,X_i}$$

则状态 3→状态 4 的混合物分离过程有

$$\frac{\Delta H_3}{RT_0} = -\sum X_i T_0\left(\frac{\partial \ln a_i}{\partial T}\right)_{p,X_i}$$

$$\frac{\Delta S_3}{R} = \sum X_i \ln a_i + \sum X_i T_0\left(\frac{\partial \ln a_i}{\partial T}\right)_{p,X_i}$$

(4)状态 4→状态 5：在 T_0、p_0 下各纯组分变化到环境组成(基准组成)，此即各纯组分的化学㶲之和

$$E_{XC} = \sum X_i E_{XC,i}$$

$$
\begin{aligned}
E_X &= T_0\left(\Delta S_1 + \Delta S_2 + \Delta S_3\right) - \left(\Delta H_1 + \Delta H_2 + \Delta H_3\right) + \sum X_i E_{XC,i} \\
&= \int_{T_0}^{T}\left(1 - \frac{T_0}{T}\right)C_{p,m}\mathrm{d}T + \int_p^{p_0}\left[V - (T - T_0)\left(\frac{\partial V}{\partial T}\right)_p\right]_T \mathrm{d}p + RT_0\sum X_i \ln a_i + \sum X_i E_{XC,i}^{\ominus}
\end{aligned}
$$

$$\text{(3-44)}$$

式中，第一项为热量㶲，第二项为压力㶲，第三、第四项之代数和为物系的化学㶲。

注意：①式(3-44)只适用于均相体系㶲的计算；②若考虑物系的动能和位能，则式(3-44)右边需加上 E_c 和 E_p。

3.3.2　物理㶲 E_{Xph} 的计算

1. 热量㶲 E_{XQ}

热量㶲即热量中能转变为最大有用功的那部分能量。由卡诺效率的讨论可知：当 $T_L = T_0$ 时，热量 Q_H 所做功最大，此功即为热量㶲数值。

$$W_c = \int_0^Q \left(1 - \frac{T_L}{T_H}\right)\delta Q$$

$$E_{XQ} = W_{max} = \int_0^Q \left(1 - \frac{T_0}{T}\right)\delta Q$$

恒温热　　　　　　　$$E_{XQ} = \left(1 - \frac{T_0}{T}\right)Q = Q - T_0\Delta S$$

变温热　　$$E_{XQ} = \int_{T_1}^{T_2} C_p dT - T_0 \int_{T_1}^{T_2} \frac{C_p}{T} dT = C_p(T_2 - T_1) - T_0 C_p \ln\frac{T_2}{T_1} \quad (C_p=常数)$$

讨论：①热量 Q 具有的有效能不仅与其数量有关，而且与 T 和 T_0 有关，T_0 为常数，所以 E_Q 为 T 的单值函数，即 T 升高则 E_{XQ} 增加；②Q 为总能量，$Q = E_{XQ} + T_0\Delta S$，其中仅 $(1 - \frac{T_0}{T})Q$ 可以做有用功，属有效能，而 $(T_0/T)Q$，即 $T_0\Delta S$ 部分，即使在完全可逆情况下，亦是要排给环境的无效能，$Q = E_{XQ} + A_N$。

例 3-17　某被加热系统的温度为 150℃，如图 3-17 所示。设计两种供热方式：(1)燃料燃烧直接向系统供热，假定无热损失；(2)通过可逆热机–可逆热泵供热。求这两种方式的供热量，并利用㶲概念加以比较。

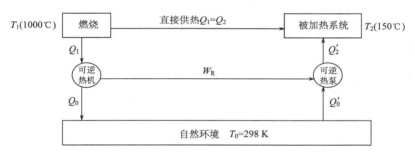

图 3-17　加热系统示意图

解　(1)直接供热。

热水放出的热 Q_1 等于被加热系统吸收的热量 Q_2，即

$$Q_1 = Q_2$$

(2)可逆热机–可逆热泵系统供热。

可逆热机做功　　　$$W_R = \left(1 - \frac{T_0}{T_1}\right)Q_1 = \left(1 - \frac{298}{1273}\right)Q_1 = 0.766Q_1$$

可逆热泵　　　　　$$\omega = \frac{Q}{|W_S|} = \frac{T_H}{T_H - T_L} \quad (热系数)$$

$$Q_2' = \frac{T_2}{T_2 - T_0} W_R = \frac{423}{423 - 298} \times 0.766 Q_1 = 2.59 Q_1$$

方案一：有效能损失　　　　　　　$W_{L1} = E_{X1} - E_{X2}$

$$W_{L1} = \left(1 - \frac{T_0}{T_1}\right) Q_1 - \left(1 - \frac{T_0}{T_2}\right) Q_2 = \left(1 - \frac{298}{1273}\right) Q_1 - \left(1 - \frac{298}{423}\right) Q_1 = 0.47 Q_1$$

方案二：有效能损失　　　　　　　$W_{L2} = E_{X1} - E_{X2}'$

$$W_{L2} = \left(1 - \frac{T_0}{T_1}\right) Q_1 - \left(1 - \frac{T_0}{T_2}\right) Q_2' = \left(1 - \frac{298}{1273}\right) Q_1 - \left(1 - \frac{298}{423}\right) Q_2'$$

$$= 0.766 Q_1 - 0.296 \times 2.59 Q_1 = 0$$

讨论：①在可逆过程中，有效能是守恒的；②死态能有时亦有用处。

2. 冷量㶲

当物系的温度低于环境温度时，则热必定自发地由环境流向物系(如电冰箱)，这时也可以反过来说有冷量自发地由冷物体传到环境，因为自发过程具有做功能力，所以这股冷流具有㶲。

冷流：　　　　$\delta E_{XQ_0} = \left(\dfrac{T_0}{T} - 1\right) \delta Q_0$　　　　　　Q_0 为冷量　　$T < T_0$

热流：　　　　$\delta E_{XQ} = \left(1 - \dfrac{T_0}{T}\right) \delta Q$　　　　　　Q 为热量　　$T > T_0$

讨论：

(1) 因为 $T < T_0$，$\left(\dfrac{T_0}{T} - 1\right) > 0$，所以 T 降低则 E_{XQ_0} 增加。冷量的㶲来自制冷过程的功耗，且 T 降低则 W_S 增加，所以除非必要，一般不宜使制冷温度过低。

(2) 当 $T < T_0/2$ 时，$\left(\dfrac{T_0}{T} - 1\right) > 1$，使 $E_{XQ_0} > Q_0$，这是热流所没有的特性，因此很低温度 ($T < 149\ \text{K}$) 下的冷量要特别注意保护。

例 3-18　 $-20\,℃$ 的液氨由自然环境吸热，直到温度最后与大气平衡时为止。大气温度为 $25\,℃$，液氨热容为 $4.552\ \text{kJ·kg}^{-1}\text{·K}^{-1}$，以 1 kmol 液氨为基准。求：(1) 流入液氨的热量及此热量所含的有效能量；(2) 自然环境输出的热量及此热量所含的有效能量。

解　(1) 流入液氨的热量可根据液氨的状态变化计算。

$$Q = \int_T^{T_0} C_p \mathrm{d}T = C_p(T_0 - T) = 17 \times 4.552 \times (298 - 253) = 3482\ (\text{kJ})$$

此热流的有效能为

$$E_{XQ} = \int_T^{T_0} \left(1 - \frac{T_0}{T}\right) \delta Q = \int_T^{T_0} \left(1 - \frac{T_0}{T}\right) C_p \mathrm{d}T = \int_T^{T_0} C_p \mathrm{d}T - T_0 \int_T^{T_0} \frac{C_p}{T} \mathrm{d}T = Q - T_0 C_p \ln \frac{T_0}{T}$$

$$=3482-17\times4.552\times298\times\ln(298/253)=-293.1(\mathrm{kJ})$$

负号表示有效能由液氨流出。

（2）自然环境输出的热量在数值上等于液氨吸收的热量，设为 Q'，则

$$Q'= -Q = -3482 \ \mathrm{kJ}$$

此热量是在 298 K 恒温时输出，故所含有效能为

$$E_X' = \left(1 - \frac{T_0}{T}\right)Q' = 0$$

3. 稳流物系的物理㶲

稳流物系的物理㶲计算式为

$$E_X = (H - H_0) - T_0(S - S_0)$$

应用上式的关键是求出 $(H-H_0)$ 和 $(S-S_0)$。

（1）对理想气体

$$(H - H_0) = \int_{T_0}^T C_p \mathrm{d}T \qquad (\text{理想气体的 } H \text{ 与 } p \text{ 无关})$$

$$(S - S_0) = \int_{T_0}^T C_p \frac{\mathrm{d}T}{T} - \int_{p_0}^p R \frac{\mathrm{d}p}{p} = \int_{T_0}^T C_p \frac{\mathrm{d}T}{T} - R \ln \frac{p}{p_0}$$

所以

$$E_X = \int_{T_0}^T C_p \frac{\mathrm{d}T}{T} - T_0 \left(\int_{T_0}^T C_p \frac{\mathrm{d}T}{T} - R \ln \frac{p}{p_0} \right) = \int_{T_0}^T C_p \left(1 - \frac{T_0}{T}\right) \mathrm{d}T + RT_0 \ln \frac{p}{p_0}$$

式中，第一项为温度有效能，第二项为压力有效能。

（2）对液体和固体，压力对焓、熵的影响可忽略，则

$$E_X = (H - H_0) - T_0(S - S_0) = \int_{T_0}^T C_p \frac{\mathrm{d}T}{T} - T_0 \int_{T_0}^T C_p \frac{\mathrm{d}T}{T}$$

（3）对真实气体

$$E_X = (H - H_0) - T_0(S - S_0) = (H - H^* + H^* - H_0) - T_0(S - S^* + S^* - S_0)$$

式中，H^*、S^* 为给定状态 T、p 时理想气体的 H、S 值。将 $H^* - H_0$、$S^* - S_0$ 按理想气体算，则 $H - H^*$、$-S^*$ 即为 $-\Delta H^R$、$-\Delta S^R$（剩余焓、剩余熵）。

例 3-19　温度 300 K 的饱和液氨等温、等压蒸发为饱和气氨，设 T=300 K，p_0= 1 atm，求：（1）饱和液氨的物理㶲；（2）等温等压蒸发过程的㶲变化；（3）如果液氨是−32℃下的饱和液氨，等温等压蒸发过程的㶲变化又为多少？

解　查氨的 T-S 图得

温度/K	压力/atm	焓/(kcal·kg^{-1})		熵/(kcal·kg^{-1}·K^{-1})	
		h_1	h_g	s_1	s_g
300	1	/	367	/	1.52
300	10.5	75	350	0.28	1.2
241	1	8	338	0.03	1.4

(1) 300 K 下饱和液氨的㶲：

$$E_{X\mathrm{ph}}=(H_1-H_0)-T_0(S_1-S_0)=(75-367)-300\times(0.28-1.52)=80\,(\mathrm{kcal\cdot kg^{-1}})$$

(2) 300 K、10.5 atm 下蒸发过程的㶲：

$$\Delta E_{X\mathrm{ph}}=E_{X\mathrm{ph}}^1-E_{X\mathrm{ph}}^g=(H_1-H_g)-T_0(S_1-S_g)=(75-350)-300\times(0.28-1.2)=0$$

即
$$E_{X\mathrm{ph}}^1=E_{X\mathrm{ph}}^g$$

(3) 241 K、1 atm 下蒸发过程的㶲：

$$\Delta E_{X\mathrm{ph}}=E_{X\mathrm{ph}}^1-E_{X\mathrm{ph}}^g=(8-338)-300\times(0.03-1.4)=81\,(\mathrm{kcal\cdot kg^{-1}})$$

讨论：① 第 (2)、(3) 问均为等温等压蒸发过程，为什么 300 K 时 $\Delta E_{X\mathrm{ph}}=0$，而 241 K 时 $\Delta E_{X\mathrm{ph}}>0$？② 300 K 蒸发时无热量㶲，而 241 K$<T_0$，因此有冷量㶲。

3.3.3　物质的化学㶲 E_{XC}

关于化学㶲的概念及基准态的确定前已述及，现稍作扩展如下：

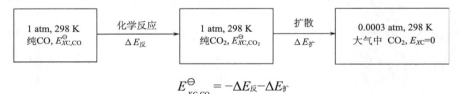

$$E_{XC,\mathrm{CO}}^{\ominus}=-\Delta E_{反}-\Delta E_{扩}$$

在许多情况下，$\Delta E_{扩}$ 不考虑，因为 $\Delta E_{扩}\ll\Delta E_{反}$，且 $\Delta E_{扩}$ 通常难以利用。

1. 基准物的标准化学㶲

基准物的标准化学㶲 $E_{XC,i}^{\ominus}$：

1 atm，298 K　　　$\xrightarrow[W_{\mathrm{id}}=-\Delta E_{扩}]{扩散}$　　0.2034 atm，298 K
纯 O_2，$E_{XC,O_2}^{\ominus}$　　　　　　　　　　大气中 O_2，$E_{XC,O_{2,基}}=0$

$$E_{XC,O_2}^{\ominus}=-\Delta E_{扩}=W_{\mathrm{id}}=-\int_{p_{O_2}}^{p_{O_2,基}}V\mathrm{d}p=-RT_0\ln\frac{p_{O_2,基}}{p_{O_2}}=-RT_0\ln y_{O_2}$$

对大气中的所有物质，其纯态时的标准化学㶲为

$$E_{XC,i}^{\ominus}=-RT_0\ln y_i \tag{3-45}$$

式中，y_i 为基准物的基准态组成。

2. 纯化合物的标准化学㶲

纯化合物的化学㶲的讨论总是与化学反应相联系的，今有 m 种单质，在基准条件 $(T_0 、 p_0)$ 下反应生成 1 mol 纯化合物，且 1 mol i 化合物中含有 n_j mol j 元素。

$$n_1, n_2, \ldots, n_j \quad \xrightarrow[\Delta G^\ominus = \Delta G_{f,i}^\ominus]{T_0 、 p_0, 化合} \quad 1 \text{ mol } i \qquad (i \text{ 化合物的生成反应})$$
$$\text{单质} \qquad\qquad\qquad\qquad\qquad 化合物$$

由
$$\Delta E_X^\ominus = \Delta H^\ominus - T_0 \Delta S^\ominus; \quad \Delta G^\ominus = \Delta H^\ominus - T_0 \Delta S^\ominus$$

得
$$\Delta E_X^\ominus = \Delta G^\ominus = \Delta G_{f,i}^\ominus$$

式中，$\Delta G_{f,i}^\ominus$ 为 i 物质的标准生成自由能。

又
$$\Delta E_X^\ominus = E_{XC,i}^\ominus - \sum_{j}^{m} n_j E_{XC,j}^\ominus$$

因此
$$E_{XC,i}^\ominus = \Delta G_{f,i}^\ominus + \sum_{j}^{m} n_j E_{XC,j}^\ominus \tag{3-46}$$

式中，$E_{XC,i}^\ominus$ 为组成 i 化合物的各元素的标准化学㶲。

例 3-20 求分别以纯 CO_2、烟道气和空气为基准物时，单质 C 的化学㶲。

解 $C(s) + O_2(g) \longrightarrow CO_2(g)$ ⟨ 0.0003 CO_2 气（空气中）
  0.17 CO_2 气（烟道气中）

（1）以纯 CO_2 气体为基准物。
$$E_{XC,CO_2}^\ominus = \Delta G_{f,CO_2}^\ominus + E_{XC,C}^\ominus + E_{XC,O_2}^\ominus = 0$$
$$E_{XC,C}^\ominus = -\Delta G_{f,CO_2}^\ominus - E_{XC,O_2}^\ominus = 394.38 - 2 \times 1.966 = 390.45 \, (kJ \cdot mol^{-1})$$

（2）以烟道气为基准物。
$$E_{XC,CO_2}^\ominus = -RT_0 \ln y_{CO_2} = -8.314 \times 10^{-3} \times 298 \times \ln 0.17 = 4.39 \, (kJ \cdot mol^{-1})$$
$$E_{XC,C}^\ominus = -\Delta G_{f,CO_2}^\ominus - E_{XC,O_2}^\ominus + E_{XC,CO_2}^\ominus = 394.38 - 2 \times 1.966 + 4.39 = 394.84 \, (kJ \cdot mol^{-1})$$

（3）以空气为基准物。
$$E_{XC,CO_2}^\ominus = -RT_0 \ln y_{CO_2} = -8.314 \times 10^{-3} \times 298 \times \ln 0.0003 = 20.097 \, (kJ \cdot mol^{-1})$$
$$E_{XC,C}^\ominus = 394.38 - 2 \times 1.966 + 20.097 = 410.55 \, (kJ \cdot mol^{-1})$$

3.3.4 㶲平衡方程式

稳流过程的㶲平衡如图 3-18 所示。

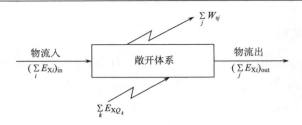

图 3-18　稳流过程的㶲平衡

在对一个系统或过程做出物料衡算和能量衡算,并且根据各股物流和能流的热力学性质,求出它们的㶲之后,便可对该系统或过程做㶲衡算,从而确定参与系统或过程的各股物流和能流的㶲流向以及㶲损失,查明㶲转化、传递、利用和损失情况。

能量衡算可表示为

$$H_1 + \int_0^Q \delta Q = H_2 + W_S \tag{3-47}$$

熵平衡可表示为

$$S_1 + \int_0^Q \frac{\delta Q}{T} + \Delta S_g = S_2 \tag{3-48}$$

式(3-48)×T_0得死态能衡算式:

$$T_0 S_1 + T_0 \int_0^Q \frac{\delta Q}{T} + T_0 \Delta S_g = T_0 S_2 \tag{3-49}$$

式(3-47)-式(3-49)即为㶲衡算式:

$$\underbrace{(H_1 - H_2)}_{E_{X1} - E_{X2}} - \underbrace{T_0(S_1 - S_2) + \int_0^Q \left(1 - \frac{T_0}{T}\right)\delta Q}_{E_{XQ}} = W_S + T_0 \Delta S_g$$

即　　　　$E_{X1} - E_{X2} + E_{XQ} = W_S + W_L$ 或 $E_{X1} + E_{XQ} = W_S + W_L + E_{X2}$ (3-50)

对于更一般的系统有

$$\sum E_{X1} + \sum E_{Q1} + \sum W_1 = \sum E_{X2} + \sum E_{Q2} + \sum W_2 + \sum W_L$$

或　　　　$$\sum E_X^+ = \sum E_X^- + \sum W_L \tag{3-51}$$

例 3-21　10 kg 水由 15℃加热到 60℃。(1)试求加热过程需要的热量和理想功,以及上述热量中的㶲与炕。(2)若此热量分别由 0.6865 MPa 和 0.3432 MPa 的饱和蒸气加热(利用相变热),求加热过程的㶲损失。已知大气温度为 25℃。

解　(1)查水蒸气表,可知:

15℃时水的焓和熵为　　　$H_1 = 62.99$ kJ·kg^{-1}; $S_1 = 0.2245$ kJ·kg^{-1}·K^{-1}

60℃时水的焓和熵为　　　$H_2 = 251.13$ kJ·kg^{-1}; $S_2 = 0.8312$ kJ·kg^{-1}·K^{-1}

则加热过程需要的热量和理想功为

$$\Delta H = m(H_2 - H_1) = 10 \times (251.13 - 62.99) = 1881.4 \quad (\text{kJ})$$

$$W_{\text{id}} = -\Delta H + T_0 \Delta S = -1881.4 \times 10 + 298 \times 10 \times (0.8312 - 0.2245) = 73.435 \quad (\text{kJ})$$

该热量中得到的㶲为

$$E_{XQ} = Q(1 - \frac{T_0}{T_{\text{m}}}) = 1881.4 \times \left(1 - \frac{298}{\dfrac{333 - 288}{\ln \dfrac{333}{288}}} \right) = 72.57 \quad (\text{kJ})$$

热量炕为

$$A_{NQ} = Q - E_{XQ} = 1881.4 - 72.57 = 1808.83 \quad (\text{kJ})$$

(2) 计算加热过程的㶲损失。

(i) 由 0.6865 MPa 的饱和蒸气加热 (利用相变热)。

查水蒸气表并利用内插法可知 0.6865 MPa 时饱和蒸气的焓和熵为

$$H_3 = 2762.6 \ \text{kJ} \cdot \text{kg}^{-1}; \quad S_3 = 6.7148 \ \text{kJ} \cdot \text{kg}^{-1} \cdot \text{K}^{-1}$$

饱和液体的焓和熵为

$$H_{31} = 693.73 \ \text{kJ} \cdot \text{kg}^{-1}; \quad S_{31} = 1.9842 \ \text{kJ} \cdot \text{kg}^{-1} \cdot \text{K}^{-1}$$

大气温度 25℃时水的焓值和熵值分别为

$$H_0 = 104.89 \ \text{kJ} \cdot \text{kg}^{-1}; \quad S_0 = 0.3674 \ \text{kJ} \cdot \text{kg}^{-1} \cdot \text{K}^{-1}$$

饱和蒸气的质量

$$m_1 = \frac{Q}{H_3 - H_2} = \frac{1881.4}{2762.6 - 251.13} = 0.75 \quad (\text{kg})$$

增加的物流㶲

$$E_{Xi} = m[-(H_0 - H_1) + T_0(S_0 - S_1)] = -10 \times (104.89 - 62.99) + 298 \times 10 \times (0.3674 - 0.2245)$$
$$= 6.84 \quad (\text{kJ})$$

$$E'_{Xi} = m_1[-(H_0 - H_3) + T_0(S_0 - S_3)]$$
$$= -0.75 \times (104.89 - 2762.6) + 298 \times 0.75 \times (0.3674 - 6.7148) = 574.6 \quad (\text{kJ})$$

减少的物流㶲

$$E_{Xj} = m[-(H_0 - H_2) + T_0(S_0 - S_2)] = -10 \times (104.89 - 251.13) + 298 \times 10 \times (0.3674 - 0.8312)$$
$$= 80.28 \quad (\text{kJ})$$

$$E'_{Xj} = m_1[-(H_0 - H_{31}) + T_0(S_0 - S_{31})]$$
$$= -0.91 \times (104.89 - 693.73) + 298 \times 0.91 \times (0.3674 - 1.9842) = 97.40 \quad (\text{kJ})$$

加热过程的㶲损失

$$W_L = E_{Xi} + E'_{Xi} - E_{Xj} - E'_{Xj} = 6.84 + 574.6 - 80.28 - 97.40 = 495 \text{ (kJ)}$$

(ii) 由 0.3432 MPa 的饱和蒸气加热。

查水蒸气表并利用内插法可得 0.3432 MPa 时饱和蒸气的焓和熵为

$$H_4 = 2731.5 \text{ kJ} \cdot \text{kg}^{-1}; \quad S_4 = 6.95 \text{ kJ} \cdot \text{kg}^{-1} \cdot \text{K}^{-1}$$

饱和液体的焓和熵值为

$$H_{41} = 581.32 \text{ kJ} \cdot \text{kg}^{-1}; \quad S_{41} = 1.7202 \text{ kJ} \cdot \text{kg}^{-1} \cdot \text{K}^{-1}$$

饱和蒸气的质量

$$m_2 = \frac{Q}{H_4 - H_2} = \frac{1881.4}{2731.5 - 251.13} = 0.76 \text{ (kg)}$$

同理，增加的物流㶲

$$E_{Xi} = m[-(H_0 - H_1) + T_0(S_0 - S_1)] = -10 \times (104.89 - 62.99) + 298 \times 10 \times (0.3674 - 0.2245)$$
$$= 6.84 \text{ (kJ)}$$

$$E'_{Xi} = m_2[-(H_0 - H_4) + T_0(S_0 - S_4)]$$
$$= -0.76 \times (104.89 - 2731.5) + 298 \times 0.76 \times (0.3674 - 6.95) = 506 \text{ (kJ)}$$

减少的物流㶲

$$E_{Xj} = m[-(H_0 - H_2) + T_0(S_0 - S_2)] = -10 \times (104.89 - 251.13) + 298 \times 10 \times (0.3674 - 0.8312)$$
$$= 80.28 \text{ (kJ)}$$

$$E'_{Xj} = m_1[-(H_0 - H_{41}) + T_0(S_0 - S_{41})]$$
$$= -0.91 \times (104.89 - 581.32) + 298 \times 0.91 \times (0.3674 - 1.7202) = 64.13 \text{ (kJ)}$$

加热过程的㶲损失

$$W_L = E_{Xi} + E'_{Xi} - E_{Xj} - E'_{Xj} = 6.84 + 506 - 80.28 - 64.13 = 426.5 \text{ (kJ)}$$

3.3.5　两种损失与两种效率

1. 损失

(1)以热力学第一定律为基础的能量损失为外部损失。按热力学第一定律，能量是守恒的，这里所说的能量损失是指通过各种途径由体系排到环境中去的未能利用的能量。

(2)以热力学第一及第二定律为基础的㶲损失(内部损失、外部损失)。内部损失是由体系内部各种不可逆因素造成的㶲损失，外部损失是指体系向环境排出的能量中所包含的㶲损失。

2. 效率

效率的基本定义是收益量与消耗量之比。

1)热效率

过程的性质不同，效率的形式亦不同，如热功转换效率、热量传递效率、热能利用效率等。热效率有明显的缺陷：

(1)前例的可逆热机-热泵供热系统 $\eta_T = 259\% > 1$

(2)燃煤电厂效率约 40%   理论上<1

(3)大型电动机效率约 90%   理论上=1

热效率的数值往往不能反映过程中的能量利用情况，更不能反映能量的降质情况，对常见的流动过程和复杂装置尤其没有价值。

2)热力学效率

热力学效率或称㶲效率，分子、分母均为㶲。

(1)做功与耗功效率。

做功：如果一个过程的任务是将各种形式的能量转化为功，以获得功为目的，则由㶲平衡式得

$$W_{\max} = \sum W_2 - \sum W_1 = \left(\sum E_{X1} + \sum E_{XQ1}\right) - \left(\sum E_{X2} + \sum E_{XQ2}\right)$$

实际功

$$W = W_{\max} - \sum W_{\mathrm{L}} = \left(\sum E_{X1} + \sum E_{XQ1}\right) - \left(\sum E_{X2} + \sum E_{XQ2}\right) - \sum W_{\mathrm{L}}$$

$$\eta_E = \frac{W}{W_{\max}} = 1 - \frac{\sum W_{\mathrm{L}}}{\left(\sum E_{X1} + \sum E_{XQ1}\right) - \left(\sum E_{X2} + \sum E_{XQ2}\right)} \tag{3-52}$$

耗功：如果过程的任务是利用功或㶲来改变物质的状态，以完成物质规定的状态变化为目的，则

$$W_{\min} = \sum E_2 - \sum E_1 = \left(\sum W_1 + \sum E_{XQ1}\right) - \left(\sum W_2 + \sum E_{XQ2}\right)$$

实际功

$$W = W_{\min} + \sum W_{\mathrm{L}} = \left(\sum W_1 + \sum E_{XQ1}\right) - \left(\sum W_2 + \sum E_{XQ2}\right) + \sum W_{\mathrm{L}}$$

$$\eta_E = \frac{W_{\min}}{W} = \frac{\sum E_{X2} - \sum E_{X1}}{\left(\sum W_1 + \sum E_{XQ1}\right) - \left(\sum W_2 + \sum E_{XQ2}\right) + \sum W_{\mathrm{L}}} \tag{3-53}$$

(2)传递效率。

传热过程 $$\eta_E = \frac{\sum E_{XQ2}}{\sum E_{XQ1}} = 1 - \frac{\sum W_{\mathrm{L}}}{\sum E_{XQ1}}$$

流体输送 $$\eta_E = \frac{\sum E_{X2}}{\sum E_{X1}} = 1 - \frac{\sum W_{\mathrm{L}}}{\sum E_{X1}}$$

轴功传递 $$\eta_E = \frac{\sum W_2}{\sum W_1} = 1 - \frac{\sum W_{\mathrm{L}}}{\sum W_1}$$

做功与耗功效率、传达效率均属目的效率。

(3) 普遍效率。从㶲平衡式可知，不论什么过程，只有 $\sum E^+ > \sum E^-$，该过程才能实际进行。因此不管过程具体性质、任务和目的如何，均可用普遍效率来表示

$$\eta_{E(V)} = \frac{\sum E^-}{\sum E^+} = 1 - \frac{\sum W_L}{\sum E^+} \tag{3-54}$$

以上各种效率都能反映过程的热力学完善程度，因为当 $\sum W_L$（包括外部损失）为零时，它们都等于 1，过程完全可逆；当 $\sum W_L$ 等于各定义式的分母时，它们都等于零，过程完全不可逆。一般情况下，$0 < \eta_{E(V)} < 1$，其值越大，过程的㶲损失越小，不可逆性越小。

3）㶲损失率

㶲效率即㶲利用率，相对应的是㶲损失率。在许多情况下，㶲损失率在解释过程中能量降质的部位和程度时，显得更加直观明显，常用形式有

$$\psi_i = \frac{W_{L,i}}{\sum E^+}; \quad \alpha_i = \frac{W_{L,i}}{\sum W_L}; \quad \theta_i = \frac{W_{L,i}}{E_i^+}$$

式中，$W_{L,i}$ 为 i 子系统的㶲损失。

习 题

3-1 离开燃烧室的气体组成（体积分数）为 7.8% CO_2、0.6% CO、3.4% O_2、15.6% H_2O、72.6% N_2，试计算气体从 800℃冷却至 200℃所需移去的热量。由手册查得平均热容的数值见表 3-11。

表 3-11 物料平均热容的数值 （单位 J·mol⁻¹·℃⁻¹）

温度/℃	N_2	O_2	CO_2	CO	H_2O
200	29.24	29.95	40.15	29.52	34.12
800	30.77	32.52	47.94	31.10	37.38

3-2 苯加氢生产环己烷的反应过程为 $C_6H_6(g) + 3H_2(g) \longrightarrow C_6H_{12}(g)$，已知 $C_6H_6(g)$、$C_6H_{12}(g)$、$H_2(g)$ 的标准燃烧焓分别为 -3287.4 kJ·mol⁻¹、-3949.2 kJ·mol⁻¹、-285.58 kJ·mol⁻¹，试计算标准反应热。

3-3 试计算温度 563 K、压力 7.09 MPa 时，乙烯水合制取乙醇的反应热效应。已知 563 K、101.3 kPa 时反应热为 -45.877 kJ·mol⁻¹。反应物及生成物的对比态数据及焓变如表 3-12 所示。

表 3-12 物料的对比态数据及焓变

物质	T_0/K	T_r/K	p_0/MPa	p_r/MPa	$(H^\ominus - H)/T_0$/ (J·mol⁻¹·K⁻¹)	$(H^\ominus - H)/$ (J·mol⁻¹)
$C_2H_4(g)$	283	1.989	5.16	1.375	3.472	982.8
$H_2O(g)$	647	0.8703	22.09	0.3211	6.694	4330
$C_2H_5OH(g)$	516	1.091	6.39	1.11	11.71	6045

3-4 在输油管线中，以 800 m³·d⁻¹ 的流量输送油。站 1 出口的压力为 1.8 MPa，站 2 入口的压力为 0.8 MPa，站 2 较站 1 高出 18 m。已知 ρ=769 kg·m⁻³，试计算由于油与管线间的摩擦所造成的能量损失。

3-5 已知 400℃ 的热气体，其组成(体积分数)为 C₆H₆ 40%、C₆H₅CH₃ 30%、CH₄ 10%、H₂ 20%，用 20℃ 的液体苯直接冷激后温度迅速下降至 200℃。假定该过程是绝热的，试计算需要的液体苯流量。各物质热容常数如表 3-13 所示。

表 3-13 各物质的热容常数

i	a	$b \times 10$	$c \times 10^2$	$d \times 10^5$	$e \times 10^8$	F_{2i}
C₆H₆	18.587	−0.11744	0.12751	−0.20798	0.10533	400
C₆H₅CH₃	31.820	−0.16165	0.14447	−0.22895	0.11357	300
CH₄	38.387	−0.73664	0.029098	−0.026385	0.0080068	100
H₂	17.639	0.67006	0.013149	0.010588	−0.002918	200

3-6 苯氯化的化学反应方程式为 C₆H₆+Cl₂ ⟶ C₆H₅Cl+HCl, C₆H₆+2Cl₂ ⟶ C₆H₅Cl₂+2HCl，反应最终混合物组成(质量分数)为 39%氯化苯、1%二氯苯、60%苯，有关物性数据如表 3-14 所示。试计算 1 t 苯在反应过程中所释放的热量。

表 3-14 苯氯化反应物料的物性数据

物质	苯	氯苯	二氯苯	HCl
M/(g·mol⁻¹)	78	112.5	147	36.5
$\Delta H_f^\ominus$ /(kJ·mol⁻¹)	49.63	−52.17	−53.05	−92.36

3-7 某蒸汽动力装置，进入蒸汽透平的蒸汽流量为 1680 kg·h⁻¹，温度为 430℃，压力为 3.727 MPa。蒸汽经透平绝热膨胀对外做功，产功后的乏汽分别为：(a) 0.1049 MPa；(b) 0.0147 MPa、60℃ 的蒸汽。试求此两种情况下，蒸汽经透平的理想功与热力学效率。已知大气温度为 25℃。

3-8 某厂有输送 90℃ 热水的管道，由于保温不良，到使用单位时水温已降至 70℃。试求水温降低过程的热损失与损耗功。已知大气温度为 25℃。

3-9 1 kg 水在 1.378 MPa 压力下，从 20℃ 恒压加热到沸点，然后在此压力下全部气化。假设环境温度为 10℃，水吸收的热量最多有百分之几能转化为功？水加热气化过程所需要的热由 1200℃ 的燃烧气供给，假定加热过程燃烧气温度不变，求加热过程的损耗功。

3-10 10 kg 水由 15℃ 加热到 60℃，试求加热过程需要的热量和理想功以及上述热量中的㶲与炕。若此热量分别由 0.6865 MPa 和 0.3432 MPa 的饱和蒸气加热(利用相变热)，求加热过程的㶲损失。已知大气温度为 25℃。

3-11　有一股温度为 90℃、流量为 72000 kg·h^{-1} 的热水和另一股温度为 50℃、流量为 108000 kg·h^{-1} 的水绝热混合，试分别用熵分析法和㶲分析法计算混合过程的㶲损失。已知大气温度为 25℃。此混合过程用哪个分析法求㶲损失比较简便？为什么？

3-12　某厂因生产需要设有过热蒸气降温装置，将 120℃ 的热水 $2×10^5$ kg·h^{-1} 和 0.7 MPa、300℃ 的蒸气 $5×10^5$ kg·h^{-1} 等压绝热混合。已知大气温度为 15℃，求绝热混合过程的㶲损失。

第4章　过程的物料及能量衡算

4.1　物料及能量衡算方程式

4.1.1　物料衡算方程式

1. 对于稳态下无化学反应的过程单元

$$\sum_{i=1}^{N_S} F_i X_{ij} = 0 \tag{4-1}$$

式中，F_i 为物流 i 的质量流量或摩尔流量，进为正，出为负；N_S 为过程物流总数；X_{ij} 为物流 i 中 j 组分的质量分数或摩尔分数。每一组分 j 都有一个此种形式的物料衡算式，因此衡算式的总数等于系统所含组分数。

2. 对于稳态下化学反应过程单元

由于参加反应的组分无法保持其量不变，因此式(4-1)不适用，此时应用元素守恒原理，其元素衡算式为

$$\sum_{i=1}^{N_S} \sum_{j=1}^{N_S} F_i X_{ij} m_{jk} = 0 \tag{4-2}$$

式中，m_{jk} 为组分 j 中元素 k 的原子数。式(4-2)为元素(摩尔)衡算式，衡算式的总数等于系统中所含元素的种类数。

4.1.2　能量衡算方程式

将能量守恒定律应用于稳态下的过程时，其能量衡算方程式为

$$\sum_{i=1}^{N_S} F_i H_i + \sum \frac{\mathrm{d}Q_i}{\mathrm{d}t} + \sum \frac{\mathrm{d}W_i}{\mathrm{d}t} = 0 \tag{4-3}$$

式中，F_i 为物流 i 的摩尔流量或质量流量(mol·s^{-1} 或 kg·s^{-1})；H_i 为单位摩尔或质量的焓(kJ·mol^{-1} 或 kJ·kg^{-1})；$\frac{\mathrm{d}Q_i}{\mathrm{d}t}$ 为以热的形式通过过程边界的传递速率(kJ·s^{-1})；$\frac{\mathrm{d}W_i}{\mathrm{d}t}$ 为以功的形式通过边界的传递速率(kJ·s^{-1})。所有能量的传递以"流入为正，流出为负"。

4.2　简单过程的物料及能量衡算

简单过程一般指反应单一或只有一个单元的过程，计算时一般应用前面所述方法，结合起来求解。

例 4-1　在典型的水煤气反应中，CO 在固定床反应器内变换成 H_2，其反应式为

$$CO(g) + H_2O(g) \longrightarrow CO_2(g) + H_2(g) \quad \Delta H_r^{\ominus} = -41.197 \text{ kJ·mol}^{-1}$$

已知进料温度为 500 K，原料气组成（摩尔分数）为 CO_2 8.5%、CO 11%、H_2 76.5%，其余为水。原料气与 500 K 的水蒸气混合后，水蒸气与 CO 的摩尔比为 3∶1。由文献查得平衡常数 K_p 为

$$\lg K_p = \frac{2183}{T} - 0.09361 \lg T + 0.632 \times 10^{-3} T - 1.08 \times 10^{-7} T^2 - 2.298$$

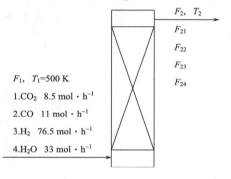

假设过程绝热，试计算出口气体的组成和温度。

解　设原料进料为 100 mol·h^{-1}，过程如图 4-1 所示，则有

F_{11}=8.5 mol·h^{-1}；F_{12}=11 mol·h^{-1}

F_{13}=76.5 mol·h^{-1}；F_{14}=33 mol·h^{-1}

自由度分析

$$f=11-[6+(4+1)]=0$$

图 4-1　变换反应过程示意图

（其中数字 11 为 F_{1j}、F_{2j}、T_1、T_2、Q 这些变量，4 为物料衡算式及能量衡算式数，1 为约束式数）

C 物料衡算式	$F_{21}=8.5+(F_{22}-11)=F_{22}-2.5$	①
H_2 物料衡算式	$F_{23}=76.5+(F_{22}-11)=F_{22}+65.5$	②
O 物料衡算式	$F_{24}=33-(F_{22}-11)=44-F_{22}$	③
约束式	$K_p = \dfrac{p_1 p_3}{p_2 p_4} = \dfrac{(F_{22}-2.5)(F_{22}+65.5)}{F_{22}(44-F_{22})}$	④

$$\lg K_p = (2183/T) - 0.09361 \lg T + 0.632 \times 10^{-3} T - 1.08 \times 10^{-7} T^2 - 2.298$$

能量衡算式　　　　　$Q=Q_2-(Q_1+Q_r)=0=F(T_2,F_{22})$ 　　　⑤

分析①~⑤可知：气体出口温度为 F_{22} 的函数，出口温度必须同时满足绝热反应的热量平衡和反应平衡关系。

解法一：如图 4-2 所示。

解法二：如图 4-3 所示，将 Q 对 T 作图，取 Q=0，可求得 T_2。

解得

T_2=580 K；F_{21}=17.6 mol·h^{-1}；F_{22}=1.9 mol·h^{-1}；F_{23}=23.9 mol·h^{-1}；F_{24}=85.6 mol·h^{-1}

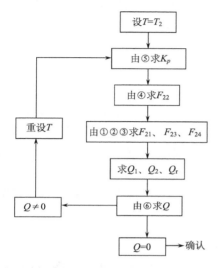

图 4-2　变换反应物能联算过程示意图

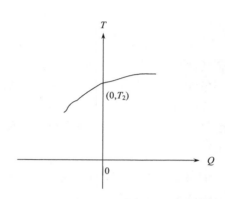

图 4-3　变换反应温度随热量变化关系

4.3　复杂过程的物料及能量衡算

4.3.1　过程分析

对于任何过程，不论多么复杂(如多单元、多反应系统)，只要知道了过程的变量数、独立方程数以及有关的参数，就可以得到设计变量数。反之，根据工艺条件，可确定工艺过程中的设计变量，从而求解其他所需变量。

1. 过程方程数 N_e

对于确定的过程，描述它的过程方程式有 3 种：①物料衡算方程；②能量衡算方程；③各种约束式。以上方程都必须是独立的。

2. 过程变量数 N_v

$$N_v=N_{v1}+N_{v2}$$

式中，N_{v1} 为独立的物料衡算变量总数，$N_{v1}=\sum N_{ic}$ (N_{ic} 为 i 股物流的组分数)；N_{v2} 为系统工艺条件变量，即进行能量衡算时，系统相关变量总数中除去 N_{v1} 的变量数。

$$N_{v2}=2N_S+N_Q+N_W+N_p$$

式中，2 表示温度 T 和压力 p；N_S 为物流数；N_Q 为系统与外界传递热量的变量个数；N_W 为系统与外界功交换的个数；N_p 为设备参数。同样，过程变量都应为独立变量。

3. 设计变量数 N_d

只有自由度 $f=0$，系统才具有唯一解，此时过程单元所需设定的设计变量数为

$$N_d = N_v - N_e$$

4. 自由度分析

$$f = N_v - (N_d + N_e)$$

$f=0$ 时，系统(过程或单元)作了恰当的规定，具有唯一解；$f>0$ 时，系统规定限制条件(一般指设计变量)少，只有部分解；$f<0$ 时，系统规定限制条件过多，各种限制条件之间可能矛盾，可能出现矛盾解。若各种限制条件都正确，计算时采用少列方程的方法，也可获得正确的解。若 $N_d=0\,(f=N_v-N_e)$，则说明在规定的系统中自由度最大值为(N_v-N_e)，即在系统中若有(N_v-N_e)个变量确定后，整个系统其余变量随之确定。

例 4-2　以丙烷作为工业燃料，其反应为 $C_3H_8 + 5O_2 \longrightarrow 3CO_2 + 4H_2O$。已知工业炉中空气与燃料之比 $\alpha=28$，求完全燃烧时 $1\ kmol\cdot h^{-1}$ 丙烷所提供的热量 dQ/dt。

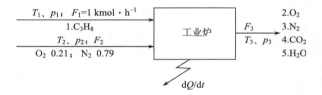

图 4-4　丙烷燃烧过程示意图

解　过程如图 4-4 所示。

(1)自由度分析。

$$f_{物} = 7 - [2 + (4+1)] = 0; \quad f_{物,能} = (7 + 2\times3 + 1) - [2 + (4+1+1)] = 6$$

$$（显然 6 表示 T_1、T_2、T_3、p_1、p_2、p_3）$$

若　　　　　　　　$p_1 = p_2 = p_3 = 0.1\ MPa; \quad T_1 = T_2 = 25℃ = 298\ K; \quad T_3 = 871℃ = 1144\ K$

则　　　　　　　　　　　　$f = 14 - [(2+6) + (4+1+1)] = 0$

(2)物料衡算。

$$F_2 = 28F_1 = 28\ kmol\cdot h^{-1}$$

H_2 物料衡算式　　　　　　　　$F_{35} = 4F_1 = 4\ kmol\cdot h^{-1}$

C 物料衡算式　　　　　　　　　$F_{34} = 3F_1 = 3\ kmol\cdot h^{-1}$

N_2 物料衡算式　　　　$F_{33} = F_{24} = 0.79\times28 = 22.12\,(kmol\cdot h^{-1})$

O_2 物料衡算式

$$F_{32}=F_{22}-(F_{34}+0.5F_{35})=28\times0.21-(3+0.5\times4)=5.88-5=0.88\,(\text{kmol}\cdot\text{h}^{-1})$$

计算结果如表 4-1 所示。

表 4-1 丙烷燃烧物料衡算结果

出料组分	O_2	N_2	CO	H_2O	Σ
流量/(kmol·h^{-1})	0.88	22.12	3	4	30
组成(摩尔分数)	0.0293	0.7374	0.1000	0.1333	1.0000

(3)能量衡算。以 298 K 为基准,则

$$Q_1=Q_2=0$$
$$Q_r=1\times(3\times393.51+4\times241.826-103.85)=2043.98\,(\text{MJ}\cdot\text{h}^{-1})$$

出炉气体常压下摩尔平均热容为

$$C_{p,3}=\sum_{j=2}^{N_e}X_{3j}(a_j+b_jT+c_jT^2+d_jT^{-0.5})=\bar{a}_3+\bar{b}_3T+\bar{c}_3T^2+\bar{d}_3T^{-0.5}$$

摩尔平均热容系数($\bar{a}_3,\bar{b}_3,\bar{c}_3,\bar{d}_3$)可由表 4-2 的纯气体摩尔热容系数计算而得。

表 4-2 纯气体摩尔热容系数　　　　　(单位 cal·mol^{-1})

组分	a_j	$b_j\times10^2$	$c_j\times10^5$	d_j
O_2	6.732	0.1505	−0.01791	0
N_2	6.529	0.1488	−0.02271	0
CO_2	18.036	−0.004474	0	−158.08
H_2O	6.970	0.3464	−0.04833	0
平均	7.744	0.1599	−0.02371	−15.81

$$Q_3=30\int_{298}^{1144}C_{p3}\mathrm{d}T=30\times[a_3(T_3-T_0)+0.5b_3(T_3^2-T_0^2)+(c_3/3)(T_3^3-T_0^3)+2d_3(T_3^{0.5}-T_0^{0.5})]$$

$$=30\times[7.744(1144-298)+0.5(0.1599\times10^{-2})(1144^2-298^2)$$
$$+(1/3)(-0.02371\times10^{-5})(1144^3-298^3)+2\times(-15.81)(1144^{0.5}-298^{0.5})]$$

$$=30\times[6551-975-116-524]$$

$$=30\times6886=206580\,(\text{kcal}\cdot\text{h}^{-1})=864.33\,(\text{MJ}\cdot\text{h}^{-1})$$

则　　　　　　　　　$\mathrm{d}Q/\mathrm{d}t=Q_3-Q_r=864.33-2043.98=-1179.6\,(\text{MJ}\cdot\text{h}^{-1})$

4.3.2 物料及能量衡算方程联解

在化工过程中,一般先进行物料衡算,求解出各物流的流量及组成,再进行能量衡算(如例 4-3),这时物料衡算与能量衡算无关。

但是，当物料衡算的变量（流量、组成）与能量衡算的变量（温度、压力、传热速率）有关时，物料衡算与能量衡算就不可能分开进行，这时就必须将物料衡算与能量衡算的方程联立起来，一起进行求解，此过程又称为物能联算。

例 4-3　计算碳氢化合物 C_aH_b 在空气中完全燃烧的温度，其反应式为

$$C_aH_b+(a+b/4)O_2 \longrightarrow a\,CO_2+b/2\,H_2O$$

燃烧产物部分分解的反应式为

$$CO_2 \rightleftharpoons CO+0.5O_2 \qquad 反应平衡常数为 K_1$$

$$H_2O \rightleftharpoons H_2+0.5O_2 \qquad 反应平衡常数为 K_2$$

假定分解反应达到平衡，并且在燃烧温度时，反应速率很快。同时假定燃料及空气在室温及大气压下输入，而且氧气与燃料之比为化学计量系数比。写出计算程序框图。

解　设 $T_1=T_2=298\ K$；$p_1=p_2=p_3=0.1\ MPa$；$dQ=0$。依题意，过程如图 4-5 所示。

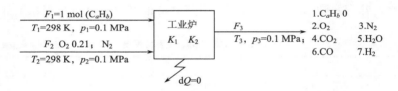

图 4-5　碳氢化合物燃烧过程示意图

（1）物料衡算。

设　　　　　　　　　　　　$F_1=1\ mol$

自由度分析　　　　　　　$f=12-[2+(4+5)]=1$

其中 12 为 F_1、F_{2j}（2 个）、F_{3j}（6 个）、K_1、K_2、T_3；2 为 F_1、X_{22}；4 为 C、H、O、N 衡算式；5 为 K_1 关系式 2 个、K_2 关系式 2 个、$F_{22}=(a+b/4)F_1$。

$$F_{22}=(a+b/4)\,mol \qquad ①$$

O_2 衡算式　　　　　$F_{32}=0.5F_{36}+0.5F_{37}$　　　　　②

N_2 衡算式　　$F_{33}=F_{23}=(0.79/0.21)F_{22}=(79/21)(a+b/4)\,mol$　③

C 衡算式　　　　　$F_{34}=aF_1-F_{36}=a-F_{36}$　　　　　④

H_2 衡算式　　　　$F_{35}=0.5bF_1-F_{37}=0.5b-F_{37}$　　　　⑤

则　　　　$F_3=(4.7619a+1.4405b)+0.5(F_{36}+F_{37})$

$$X_{32}=0.5(F_{36}+F_{37})/[(4.7619a+1.4405b)+0.5(F_{36}+F_{37})]$$

$$X_{33}=(3.7619a+0.9405b)/[(4.7619a+1.4405b)+(F_{36}+F_{37})]$$

$$X_{34}=(a-F_{36})/[(4.7619+1.4405b)+0.5(F_{36}+F_{37})]$$

$$X_{35}=(0.5b-F_{37})/[(4.7619a+1.4405b)+0.5(F_{36}+F_{37})]$$

$$X_{36}=F_{36}/[(4.7619a+1.4405b)+0.5(F_{36}+F_{37})]$$

$$X_{37}=F_{37}/[(4.7619a+1.4405b)+0.5(F_{36}+F_{37})]$$

分解反应进行到平衡为止，故

CO_2 的分解 $\qquad\qquad K_1=\dfrac{X_{36}X_{32}^{0.5}}{X_{34}}=f(F_{36},F_{37})\qquad$ ⑥

H_2O 的分解 $\qquad\qquad K_2=\dfrac{X_{37}X_{32}^{0.5}}{X_{35}}=f(F_{36},F_{37})\qquad$ ⑦

这些方程是以 p_3=101.3 kPa 为基准，化学平衡常数为燃烧温度 (T_3) 的函数：

$$K_1=k_1(T_3) \qquad\qquad ⑧$$

$$K_2=k_2(T_3) \qquad\qquad ⑨$$

$$K_1/K_2=(X_{36}/X_{37})(X_{35}/X_{34})=(F_{36}/F_{37})[(0.5b-F_{37})/(a-F_{36})]$$

$$a(K_1/K_2)F_7-(K_1/K_2)F_6F_7=0.5bF_6-F_6F_7$$

$F_6=a(K_1/K_2)F_7/[5b-F_7+(K_1/K_2)F_7]$ 或 $F_7=0.5b/[a(K_1/K_2)-(K_1/K_2)F_6+F_6]$

（2）能量衡算。

自由度分析 $\qquad\qquad f=18-[8+(4+1+5)]=0$

其中，18 为 F_{ij}（9 个）、K_1、K_2、p_i（3 个）、T_i（3 个）、dQ/dt；8 为 F_1、X_{22}、p_i（3 个）、T_1、T_2、dQ/dt；4 为 C、H、O、N 衡算式；1 为能量衡算式；5 为约束式（同物料衡算）。

$$\sum F_iH_i+\mathrm{d}Q=0 \qquad\qquad ⑩$$

（3）解法分析。

首先，产物的组成与 T_3 有关，所以物料衡算不能单独进行；其次，要计算 F_{3j} 和 T_3，必须 10 个物料及能量衡算式联解。详细解法如下。

首先由式①求出 F_2，其余 8 个方程式②～式⑨含有 10 个未知数（F_3、T_3、K_1、K_2、X_{32}、X_{33}、X_{34}、X_{35}、X_{36}、X_{37}）。应用各化学反应的化学计量为基础进行简化，把含有 10 个未知数的 8 个方程式简化为一个含有 2 个未知数的方程式。

因为进料气体中含有化学计量系数比例的燃料与氧气，可假设燃烧反应及分解反应连续发生，且分解反应未发生前所有的燃料及氧先完全反应生成二氧化碳及水汽。所以 1 mol 燃料可产生 a mol 二氧化碳及 $b/2$ mol 水汽。令二氧化碳的分解分率为 α_1，水汽的分解分率为 α_2，则分解前及分解后的各气体量如表 4-3 所示。

表 4-3　分解前及分解后的各气体量计算结果

	$CO_2 \rightleftharpoons CO + \frac{1}{2}O_2$			$H_2O \rightleftharpoons H_2 + \frac{1}{2}O_2$		
分解前的量/mol	a	0	0	$b/2$	0	0
分解的量/mol	$a\alpha_1$	$a\alpha_1$	$\frac{1}{2}a\alpha_1$	$\frac{b}{2}\alpha_2$	$\frac{b}{2}\alpha_2$	$\frac{b}{4}\alpha_2$
分解后所剩的量/mol	$a(1-\alpha_1)$	$a\alpha_1$	$\frac{1}{2}a\alpha_1$	$\frac{b}{2}(1-\alpha_2)$	$\frac{b}{2}\alpha_2$	$\frac{b}{4}\alpha_2$

因此，每摩尔燃料在燃烧、分解后的总量（不包含氮气）为 $a(1+\frac{1}{2}\alpha_1)+\frac{b}{2}(1+\frac{1}{2}\alpha_2)$，每摩尔燃料中氮气量为 $(\frac{1-X_{22}}{X_{22}})(a+\frac{b}{4})$。

由此可得

$$\frac{F_3}{F_1} = a(1+\frac{1}{2}\alpha_1)+\frac{b}{2}(1+\frac{1}{2}\alpha_2)+(\frac{1-X_{22}}{X_{22}})(a+\frac{b}{4}) \tag{⑪}$$

各组分的摩尔分率分别为

$$X_{32}=(\frac{a}{2}\alpha_1+\frac{b}{4}\alpha_2)\frac{F_1}{F_3}; \quad X_{33}=(\frac{1-X_{22}}{X_{22}})(a+\frac{b}{4})\frac{F_1}{F_3}; \quad X_{34}=a(1-\alpha_1)\frac{F_1}{F_3}$$

$$X_{35}=\frac{b}{2}(1-\alpha_2)\frac{F_1}{F_3}; \quad X_{36}=a\alpha_1\frac{F_1}{F_3}; \quad X_{37}=\frac{b}{2}\alpha_2\frac{F_1}{F_3}$$

以上组成及物流 3 的流量可满足式①及式②～式⑤。以式⑦除以式⑥并代入 X_{34}、X_{35}、X_{36} 和 X_{37}，可得 α_1 和 α_2 之间的关系式为

$$\alpha_2 = \frac{1}{1+\frac{K_1}{K_2}\left[\frac{1-\alpha_1}{\alpha_1}\right]} \tag{⑫}$$

其次，将 X_{32}、X_{34}、X_{36} 代入式⑥，可得到含有两个未知数的方程式：

$$K_1(T_3) = \frac{\alpha_1}{1-\alpha_1}\sqrt{\left(\frac{a}{2}\alpha_1+\frac{b}{4}\alpha_2\right)\frac{F_1}{F_3}} \tag{⑬}$$

其中，F_1/F_3 可由式⑪得到，而 α_2 可由式⑫求得。因为 T_3 未知，故假设一个初值 T_3^0，先由 T_3^0 值求得对应的 K_1 与 K_2，并利用式⑬求出 α_1。为利用牛顿法求解，将式⑬写成为

$$f(\alpha_1) = K_1(T_3^0) - \frac{\alpha_1}{1-\alpha_1}\sqrt{\left(\frac{a}{2}\alpha_1+\frac{b}{4}\alpha_2\right)\frac{F_1}{F_3}} \tag{⑭}$$

及

$$\alpha_1 = \alpha_1^0 - \frac{f(\alpha_1^0)}{f'(\alpha_1^0)}$$

将 $f'(\alpha_1^0)$ 进行数值计算，当满足 $\left|\dfrac{\alpha_1 - \alpha_1^0}{\alpha_1^0}\right| \leqslant \varepsilon$ 时即达到收敛，计算中收敛值是自定的。分解反应的平衡常数（K_1 和 K_2）由标准化学数据计算出来。常压热容方程为

$$C_{p,j}^0 = a_j + b_j T + c_j T^2 + d_j T^{-0.5}$$

有关数据可由化学和物理手册查得，如表 4-4 所示。

表 4-4　纯组分热力学数据

组分	编号	$C_p^0 / (\text{J·mol}^{-1}\cdot\text{K}^{-1})$				$\Delta H_f^{\ominus} /$ (J·mol^{-1})	$\Delta G_f^{\ominus} /$ (J·mol^{-1})
		a_j	$b_j\times10^2$	$c_j\times10^5$	d_j		
O_2	2	28.167	0.6297	−0.07494	0	0	0
N_2	3	27.317	0.6226	−0.09502	0	0	0
CO_2	4	75.463	−0.01985	0	−661.41	−393505	−394384
H_2O	5	29.163	1.4493	−0.2022	0	−241835	−228614
CO	6	27.112	0.6652	−0.9987	0	−110541	−137277
H_2	7	26.878	0.4347	−0.03265	0	0	0

各反应的平衡常数可表示为

$$\ln[K(T_3)] = \frac{-\Delta G^{\ominus}}{RT} + \frac{(\Delta H^{\ominus} - I_0)(T_3 - T_0)}{RT_0 T_3} + \int_{T_0}^{T_3} \frac{I}{RT^2}\mathrm{d}T \qquad ⑮$$

式中，$\Delta G^{\ominus}$ 为标准吉布斯自由能；T_0 为 298.15 K；$I_0 = \Delta a \cdot T_0 + \dfrac{\Delta b}{2}T_0^2 + \dfrac{\Delta c}{3}T_0^3 + 2\Delta d \cdot T_0^{0.5}$。

$$\int_{T_0}^{T_3} \frac{I}{RT^2}\mathrm{d}T = \frac{\Delta a}{R}\ln\frac{T_3}{T_0} + \frac{\Delta b}{2R}(T_3 - T_0) + \frac{\Delta c}{6R}(T_3^2 - T_0^2) - \frac{4\Delta d}{R}(T_3^{-0.5} - T_0^{-0.5})$$

考虑第一个分解反应：　　　$CO_2 \rightleftharpoons CO + \dfrac{1}{2}O_2$

$$\Delta a = a_0 + 0.5a_2 - a_3 = -34.267\ \text{J·mol}^{-1}\cdot\text{K}^{-1}$$

$$\Delta b = b_6 + 0.5b_2 - b_3 = 9.887\times10^{-3}\ \text{J·mol}^{-1}\cdot\text{K}^{-1}$$

$$\Delta c = c_6 + 0.5c_2 - c_3 = -1.3732\times10^{-6}\ \text{J·mol}^{-1}\cdot\text{K}^{-1}$$

$$\Delta d = d_6 + 0.5d_2 - d_3 = 661.41\ \text{J·mol}^{-1}\cdot\text{K}^{-1}$$

$$\Delta H^{\ominus} = -110541 + 0.5\times0 - (-393505) = 282964\,(\text{J}) \approx 283\,(\text{kJ})$$

$$\Delta G^{\ominus} = -137277 + 0.5\times0 - (-394384) = 257107\,(\text{J}) \approx 257\,(\text{kJ})$$

考虑第二个分解反应：　　　$H_2O \rightleftharpoons H_2 + \dfrac{1}{2}O_2$

$$\Delta a = a_7 + 0.5a_2 - a_4 = 11.799 \ \text{J} \cdot \text{mol}^{-1} \cdot \text{K}^{-1}$$

$$\Delta b = b_7 + 0.5b_2 - b_4 = -6.996 \times 10^{-3} \ \text{J} \cdot \text{mol}^{-1} \cdot \text{K}^{-1}$$

$$\Delta c = c_7 + 0.5c_2 - c_4 = 1.3209 \times 10^{-6} \ \text{J} \cdot \text{mol}^{-1} \cdot \text{K}^{-1}; \quad \Delta d = d_7 + 0.5d_2 - d_4 = 0$$

$$\Delta H^{\ominus} = 0 + 0.5 \times 0 - (-241835) = 241835 \,(\text{J}) \approx 241.8 \,(\text{kJ})$$

$$\Delta G^{\ominus} = 0 + 0.5 \times 0 - (-228614) = 228614 \,(\text{J}) \approx 228.6 \,(\text{kJ})$$

在温度估计 (T_3^0) 下求解产品物流的组成，由式⑩得出在 T_3^0 下的 H_3 为

$$H_3 = \frac{F_1 H_1 + F_2 H_2 - \dfrac{\text{d}Q}{\text{d}T}}{F_3} \tag{⑯}$$

各股物流的焓值按前述例题的方法由其热容算出：

$$H_1 = \Delta H_{f,1}; \quad H_2 = 0; \quad H_3 = \sum_{j=2}^{7} X_{3j} \Delta H_{f,j}^{\ominus} + \int_{T_0}^{T_3} C_{p,3} \text{d}T$$

或　　　　　$$f(T_3) = \sum_{j=2}^{7} X_{3j} \Delta H_{f,j}^{\ominus} + \int_{T_0}^{T_3} C_{p,3} \text{d}T - H_3 = 0 \tag{⑰}$$

$$\int_{T_0}^{T_3} C_{p,3} \text{d}T = \overline{a}(T_3 - T_0) + 0.5\overline{b}(T_3^2 - T_0^2) + \frac{\overline{c}}{3}(T_3^3 - T_0^3) + 2\overline{d}(T_3^{0.5} - T_0^{0.5})$$

$$\overline{a} = \sum_{j=2}^{7} X_{3j} a_j; \quad \overline{b} = \sum_{j=2}^{7} X_{3j} b_j; \quad \overline{c} = \sum_{j=2}^{7} X_{3j} c_j; \quad \overline{d} = \sum_{j=2}^{7} X_{3j} d_j$$

在假定的 T_3 值 (T_3^0) 下，可求出对应的 H_3 和 X_{3j}。又由式⑰，应用牛顿法可解出 T_3

$$T_3 = T_3^0 - \frac{f(T_3^0)}{f'(T_3^0)}$$

式中，$f'(T_3^0)$ 是用数值计算出来的，当满足 $\left| \dfrac{T_3 - T_3^0}{T_3^0} \right| \leqslant \varepsilon$ 则达到收敛。

上述方程求解的计算程序如图 4-6 所示。

各物质燃烧的绝热温度计算结果见表 4-5。

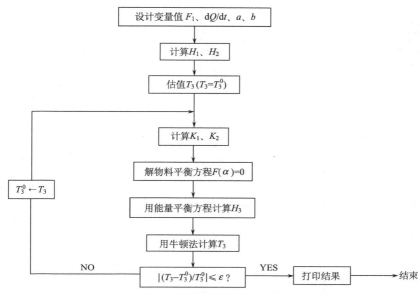

图 4-6　碳氢化合物燃烧过程方程求解的计算程序图

表 4-5　物质燃烧的绝热温度计算结果

燃料	实测温度/K	理论温度/K	
		考虑分解	不考虑分解
甲烷	2148	2250	2328
乙烷	2168	2236	2382
乙烯	2248	2407	2566
乙炔	2600	2599	2905
丙烷	2200	2294	2395
丙烯	2208	2367	
丙炔		2483	
正丁烷	2168	2297	2400
2-甲基丙烷		2294	
1-丁烯	2203	2354	
1,2-丁二烯		2439	
1,3-丁三烯		2409	

注：由于热损及不完全燃烧，实测的燃烧温度比理论值稍低。

4.3.3　多单元过程的物料及能量衡算

对于多单元的物料及能量衡算，一般按下列程序处理：①对每一个单元的变量数、方程及约束式数、设计变量数进行自由度分析，以便确定始算单元。对于始算单元，在选取基准后，其自由度为零。②确定计算顺序，确保已计算单元为即将进行计算的单元，单元增加的设计变量数≥单元的自由度。③如果所有的单元都不能求解，则由总物料平衡方程、总能量平衡方程开始求解或由其联解。

例 4-4　图 4-7 为制备工业用酒精的流程示意图，已知 $F_5/F_6=F_{16}/F_{17}=3:1$，对此过程做全物料衡算和能量衡算。

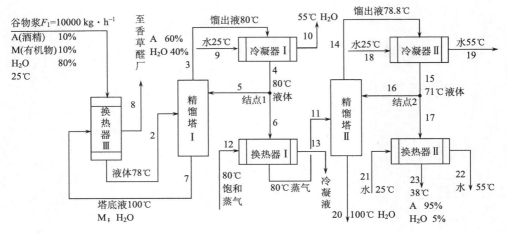

图 4-7　工业酒精制备流程示意图

解　为简化起见，令 A 表示酒精，M 表示有机物。

1. 物料衡算

根据已知条件做各单元的自由度分析，然后确定单元计算顺序，结果如表 4-6 所示。

表 4-6　各单元的自由度分析

单元名称	变量数	设计变量数	方程及约束式数	自由度	计算顺序
换热器Ⅲ	6	3	3+0	0	1
塔Ⅰ和冷凝器Ⅰ	7	4	3+0	0	2
结点 1	3	0	1+1	1	3
换热器Ⅰ	4	1	2+0	1	4
塔Ⅱ和冷凝器Ⅱ	5	2	2+0	1	5
结点 2	3	0	1+1	1	6
换热器Ⅱ	4	1	2+0	1	7

注：基准为 10000 kg 浆·h^{-1}。

（1）塔Ⅰ和冷凝器的物料衡算（表 4-7）。

表 4-7　塔Ⅰ和冷凝器的物料衡算结果

输入/kg			输出/kg		
进料	A	0.10×10000=1000	产物	A	1000
	H$_2$O	0.80×10000=8000		H$_2$O	1000/0.6−1000=667
	M	0.10×10000=1000	塔底液	H$_2$O	8000−667=7333
				M	1000
Σ		10000	Σ		10000

(2)塔 I 的物料衡算(表 4-8)。

表 4-8　塔 I 的物料衡算结果

输入/kg			输出/kg		
进料	A	1000	产物	A	4×1000=4000
	H_2O	8000		H_2O	4×667≈2667
	M	1000	塔底液	H_2O	7333
回流	A	3×1000=3000		M	1000
	H_2O	3×667≈2000			
Σ		15000	Σ		15000

(3)塔 II 和冷凝器的衡算(表 4-9)。

表 4-9　塔 II 和冷凝器的物料衡算结果

输入/kg			输出/kg		
进料	A	1000	产物	A	1000
	H_2O	667		H_2O	1000/0.95−1000=50
			塔底液	H_2O	667−50=617
Σ		1667	Σ		1667

(4)塔 II(不包括冷凝器)的物料衡算(表 4-10)。

表 4-10　塔 II 的物料衡算结果

输入/kg			输出/kg		
进料	A	1000	产物	A	4×1000=4000
	H_2O	667		H_2O	4×50=200
回流	A	3×1000=3000	塔底液	H_2O	667−50=617
	H_2O	3×50=150			
Σ		4817	Σ		4817

2. 能量衡算

操作数据及物性参数如表 4-11 所示。

由物料衡算数据及上表数据,分别对各个换热器、冷凝器列能量平衡方程,可分别求出 T_8、蒸气用量 F_{12} 及冷却水用量 F_9、F_{18}、F_{21}。

表 4-11 各物料的热力学数据

物料流	状态	温度/℃	C_p/(kJ·kg^{-1}·K^{-1})		汽化热/
			液体	蒸气	(kJ·kg^{-1})
进料	液体	78	4.017		2209.5
60%酒精	液体或蒸气	80	3.553	2.343	1569.9
底流（Ⅰ）	液体	100	4.184	2.092	2256.1
95% 酒精	液体或蒸气	78.8	3.012	2.008	1511.8
底流（Ⅱ）	液体	100	4.184	2.092	2256.1

(1) 热交换器Ⅲ的能量衡算。基准温度：25℃。

输入：进料 $1000×4.017×(25-25)=0$

塔底液 $8333×4.184×(99-25)=2580030$（kJ）

输出：进料 $10000×4.017×(78-25)=2129010$（kJ）

塔底液 $8333×4.184×(T-25)=34865.3T-871631.8$

则 $T=38℃$

(2) 包括热交换器Ⅲ与蒸馏塔Ⅰ的能量衡算。基准温度：80℃。

输入：进料 $1000×4.017×(25-80)=-2209350$（kJ）

回流 $5000×3.556×(80-280)=0$

加热蒸气 Q_1

输出：至香草醛厂的塔底液 $8333×4.184×(38-80)=-1464341.4$（kJ）

塔顶蒸汽 $6667×3.556×(80-80)+6667×1569.9=10466523$（kJ）

$Q_1-2209350=10466523-1464341.4$

则 $Q_1=1121153$ kJ$=11.21$ GJ

(3) 蒸馏塔Ⅱ的总能量衡算。基准温度：78.8℃。

输入：进料 $1667×3.556×(80-78.8)=-7113.4$（kJ）

热交换器Ⅰ进料气化量 $Q_2=1667×1569.9=2617023.3$（kJ）$≈2.62$（GJ）

回流 $3150×3.012×(71-78.8)=-74004.8$（kJ）

加热蒸气 Q_3

输出：塔顶蒸汽 $4200×3.012×(78.8-78.8)+4200×1511.8=6349560$（kJ）

塔底液 $617×4.184×(99-78.8)=52146.9$（kJ）

$7113.4+2617023.3-74004.8+Q_3=6349560+52146.9$

则 $Q_3=3851575$ kJ$≈3.85$ GJ

(4) 体系的总加热量。

$Q=Q_1+Q_2+Q_3=11.21×10^6+2.62×10^6+3.85×10^6=17.68×10^6$（kJ）$=17.68$（GJ）

(5) 冷凝器Ⅰ的能量衡算。冷凝水量：W（kg·h^{-1}）；基准温度：80℃。

输入：蒸气 $6667×3.556×(80-80)+6667×1569.9=10466523$（kJ）

　　　　　　冷却水　　　　　　　　　　　$W \times 4.184 \times (25-80) = -230.1W$

输出：冷凝物　　　　　　　　　　　$6667 \times 3.556 \times (80-80) = 0$

　　　　　　冷却水　　　　　　　　　　　$W \times 4.184 \times (55-80) = -104.6W$

　　　　　　　　　　　　　　　　　　$10466523-230.1W = -104.6W$

则　　　　　　　　　　　　　　　　　$W = 83400 \text{ kg·h}^{-1} = 83.4 \text{ t·h}^{-1}$

（6）冷凝器 II 的能量衡算。冷凝水量：$W(\text{kg·h}^{-1})$；基准温度：78.8℃。

输入：蒸气　　　　　$4200 \times 3.012 \times (78.8-78.8) + 4200 \times 1511.8 = 6349560\,(\text{kJ})$

　　　　　　冷却水　　　　　　　　　　　$W \times 4.184 \times (25-78.8) = -225.1W$

输出：冷凝物　　　　　　　　　$4200 \times 3.012 \times (71-78.8) = -98673.1\,(\text{kJ})$

　　　　　　冷却水　　　　　　　　　　　$W \times 4.184 \times (55-78.8) = -99.6W$

　　　　　　　　　　　　　　　$6349560-225.1W = -98673.1-99.6W$

则　　　　　　　　　　　　　　　　　$W = 51380 \text{ kg·h}^{-1} = 51.4 \text{ t·h}^{-1}$

（7）热交换器 II 的能量衡算。冷凝水量：$W(\text{kg·h}^{-1})$；基准温度：25℃。

输入：冷凝物　　　　　　　　　$1050 \times 3.012 \times (71-25) = 145479.6\,(\text{kJ})$

　　　　　　冷却水　　　　　　　　　　　$W \times 4.184 \times (25-25) = 0$

输出：产品　　　　　　　　　　$1050 \times 3.012 \times (38-25) = 41113.8\,(\text{kJ})$

　　　　　　冷却水　　　　　　　　　　　$W \times 4.184 \times (55-25) = 125.5W$

　　　　　　　　　　　　　　　$145479.6 = 41113.8+125.5W$

则　　　　　　　　　　　　　　　　　$W = 832 \text{ kg·h}^{-1}$

4.4　非稳态过程

　　非稳态过程为系统的性质随时间而变化的过程。对于非稳态过程，平衡方程中积累项不为零，所以一般采用微分方程来描述过程，然后再求解。

　　化工生产中的非稳态过程包括：①间歇过程；②半连续过程；③设备开始运转及停车；④操作条件的扰动及变动，如进料流量、操作参数发生变化时，生产中的连续过程变为非稳态过程。

4.4.1　非稳态过程的物料衡算

　　物料衡算的一般衡算式为

　　　　　　　　　　积累量=输入量+生成量−输出量−消耗量

　　假设过程有物质 A，且 $m_入$、$m_出$ 分别为物质 A 穿过边界进、出过程的质量流量 (kg·s^{-1})，$r_生$、$r_耗$ 为系统内由于化学反应导致的物质 A 的生成或消耗速率(kg·s^{-1})，Δm 为在 t 至 $t+\Delta t$ 时间间隔内物质 A 的积累量(kg)。当 Δt 很小时，可认为 $m_入$、$m_出$、$r_生$、$r_耗$ 不变，则有输入量=$m_入\Delta t$；输出量=$m_出\Delta t$；生成量=$r_生\Delta t$；消耗量=$r_耗\Delta t$

且　　　　　　　　　$\Delta m=(m_入+r_生-m_出-r_耗)\Delta t$　　　　　　　　　(4-4)

当 $\Delta t\to 0$ 时，$\Delta m/\Delta t$ 变为 m 对 t 的导数，即 dm/dt，则式(4-4)变为

$$dm/dt=m_入+r_生-m_出-r_耗 \qquad (4-5)$$

式(4-5)为一般的微分衡算方程，m 是体系的衡算量，等式右边四个速率项均随时间而变。

对于连续稳定体系，m 为常量，即 $dm/dt=0$，则式(4-5)变为

$$m_入+r_生=m_出+r_耗 \qquad (4-6)$$

只要式(4-5)中各项不全为零，且随时间而变，则式(4-5)中的 $dm/dt\neq 0$。因此，不稳定体系在任一瞬时的衡算方程都是微分方程。

显然，非稳态过程的物料衡算可分为以下两个步骤进行：

(1)建立不稳定过程的衡算(微分)方程。首先选定自变量(一般为时间 t)和因变量，当时间 t 有 dt 变化时，因变量 X 有 dX 变化，由此建立起具有如下形式的方程：

$$dX/dt=f(X, t)$$

因变量有多少个，方程数就需要多少个。

(2)解方程。要使微分方程可解，须有 X 与 t 之间的函数关系，还需要一个或多个边界条件，下面举例说明。

例 4-5 贮罐的物料衡算。

容积为 50 m^3 的甲烷贮罐，要换贮丙烷气，置换时丙烷通入贮罐的体积流量为 7 $m^3\cdot min^{-1}$，罐内气体以同样流量自贮罐排出。设罐内各处气体组成相同，排出气体与罐内气体也相同，气体温度为 27℃，压力为 1 个大气压。试计算要将罐内原有的甲烷置换掉 99%需要多长时间。

解 (1)作示意图 4-8 并标出已知量及待求量。

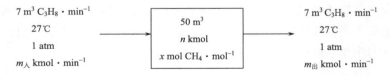

图 4-8　贮罐气体置换的物料衡算示意图

假设气体为理想状态，则有

$$m_入=m_出=(\frac{7\ m^3}{min})(\frac{273\ K}{300\ K})\left[\frac{1\ kmol}{22.4\ m^3(标)}\right]=0.284\ kmol\cdot min^{-1}$$

$$n=50\ m^3\times\frac{273}{300}\times\frac{1}{22.4}=2.04\ kmol$$

(2)选取时间 t 为自变量，任意时间贮罐内的甲烷量 n(mol) 和 x(mol CH$_4$·mol^{-1}) 为因变量。

(3)写出已知时间 t 时的 x 值：当 $t=0$ 时，$x=1$；$t=t$ 时，$x=0.01$。

(4)建立方程。由于 $m_入=m_出$，所以罐内 n 为常数。根据式(4-5)，对甲烷做衡算如下：

$$d(nx)/dt= m_入×0+r_生-m_出 x-r_耗$$

因无化学反应，上式中 $r_生=r_耗=0$，故有 $d(nx)/dt= -m_出 x$。已知 $n=2.04$ kmol，$m_出=0.284$ kmol·min^{-1}，则有 $dx/dt= -0.139x$。

(5)解方程。分离变量：

$$dx/x= -0.139dt$$

已知 $t=0$ 时，$x=1$；$t=t$ 时，$x=0.01$。则有

$$\int_1^{0.01}\frac{dx}{x}=\int_0^t -0.139dt$$

即

$$\ln0.01=0.139t$$

解得

$$t=33.1 \text{ min}$$

例 4-6　废水槽操作。

在废水处理过程中设置一槽，以减少废水液流的浓度变化。进入槽中的废水一般丙酮质量分数浓度不大于 $1×10^{-4}$，排放的废水中允许丙酮质量分数浓度最高为 $2×10^{-4}$。平衡槽的工作容量为 500 m^3，槽内为完全混合，且废水流量为 45000 kg·h^{-1}。如果进料中的丙酮质量分数浓度突然升高至 $1×10^{-3}$，试计算半小时后流出的废水中丙酮浓度是否超过 $2×10^{-4}$ 的限度。

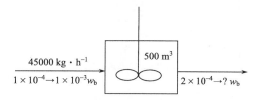

图 4-9　水槽浓度变化示意图

解　流程如图 4-9 所示，因为槽内废水浓度极低，可作纯水处理，则槽内废水的质量为 $M=500000$ kg。

设流速为 F，槽内初始浓度为 c_0，进料浓度为 c_1，料液浓度增加后的时间 t 时，槽中浓度为 c，则有

$$\frac{Mdc}{dt}=F(c_1-c_0)$$

即
$$\frac{M\mathrm{d}c}{F(c_1-c_0)}=\mathrm{d}t$$

$$\frac{M}{F}\int_{c_0}^{c}\frac{\mathrm{d}c}{c_1-c}=\int_0^t\mathrm{d}t$$

$$\frac{M}{F}\ln(\frac{c_1-c_0}{c_1-c})=t$$

$$\frac{500000}{45000}\ln[\frac{1000-100}{1000-c}]=0.5$$

解得
$$c=1.40\times10^{-4}$$

由此说明，半小时后流出的废水中丙酮的浓度没有超过最高允许的浓度。

例 4-7 小蒸馏釜操作。

一小蒸馏釜在 135℃下分离丙烷和丁烷混合物，如图 4-10 所示。开始有 10 kmol 混合物，其中丁烷含量为 $X=0.3$（摩尔分数），混合物（$X_F=0.3$）的进料速率为 5 kmol·h^{-1}。如果釜内总液量保持恒定，蒸馏液的浓度 X_D 与残留液的浓度 X_S 之间的关系为 $X_D=\dfrac{X_S}{1+X_S}$。试计算 X_S 由 0.3 变为 0.4 需要的时间，蒸馏釜中 X_S 的稳定值（平衡值）。

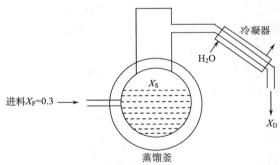

图 4-10　蒸馏釜浓度变化示意图

解　已知进料流量 $F_{入}=F_{出}=F=5$ kmol·h^{-1}（釜内总量保持不变，则 $M=10$ kmol），且 $X_D=\dfrac{X_S}{1+X_S}$。

因为丙烷和丁烷为同系列物质，它们形成的溶液可作理想溶液处理，即在混合和分离中不考虑体积的变化。对丁烷列物料衡算方程，有

$$\frac{\mathrm{d}(MX_S)}{\mathrm{d}t}=F(X_S-X_D)$$

故
$$\mathrm{d}t=\frac{\mathrm{d}X_S}{0.15-\dfrac{0.5X_S}{1+X_S}}$$

积分边界条件为　　　　$t=0$，$X_S=0.3$；　$t=t$，$X_S=0.4$

$$\int_0^t dt = \int_{0.3}^{0.4} \frac{(1+X_S)dX_S}{0.15-0.35X_S}$$

则　　　$t = -\frac{1}{0.35}\left[\ln(0.15-0.35X_S)+X_S+0.15\ln(0.15-0.35X_S)\right]\Big|_{0.3}^{0.4} = 5.85\ (h)$

解 $\dfrac{dX_S}{dt} = 0.15 - \dfrac{0.5X_S}{1+X_S} = 0$ 可得 $X_S=0.428$。

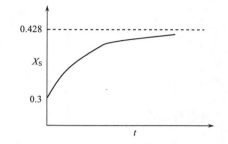

说明在题给条件下，X_S 值不会大于 0.428（摩尔分数）。X_S 的稳定值（平衡值）是在无限长时间或积累项为零时得到的，如图 4-11 所示。

图 4-11　蒸馏釜浓度随时间变化关系

4.4.2　非稳态过程的能量衡算

能量衡算的基本方程式为

积累的能量=输入的能量-输出的能量　　（4-7）

假设 $E_S(t)$ 为系统的总能量（内能+动能+位能），$m_入$、$m_出$ 为进、出系统的质量流速（如为封闭体系，则 $m_入=m_出=0$）。在 t 至 $t+\Delta t$ 时间间隔内，能量衡算式(4-7)中的各项表示如下：

积累的能量=$\Delta E_S = \Delta U + \Delta E_k + \Delta E_p$

输入的能量=$m_入[H_入+(U_入^2/2)+gZ_入]\,\Delta t+Q\Delta t+W\Delta t$

输出的能量=$m_出[H_出+(U_出^2/2)+gZ_出]\,\Delta t$

上面各式括号中各项分别为焓、动能和位能，Q 和 W 分别为热和轴功，m、H、U、Z、Q 和 W 均随时间而变。

将以上各项代入式(4-7)，并用 Δt 除，当 $\Delta t \to 0$ 时，可得通用的微分能量衡算式：

$$\frac{dU_S}{dt} + \frac{dE_k}{dt} + \frac{dE_p}{dt} = m_入(H_入 + 0.5U_入^2 + gZ_入) - m_出(H_出 + 0.5U_出^2 + gZ_出) + Q + W$$

（4-8）

若有若干个输入和输出流体，则每个流体都有 $m[H+0.5U^2+gZ]$ 项，而要求解式(4-8)是非常困难的，除非进行简化。通常根据系统状况，可进行如下简化：

（1）若体系只有一个输入物料和一个输出物料，且质量流量相等，即 $m_入=m_出=m$。

（2）若输入、输出系统的流体及系统自身的动能差和位能差可以忽略，即

$$\frac{dE_k}{dt} = \frac{dE_p}{dt} = 0；\quad m(0.5U_入^2 - 0.5U_出^2) \approx 0；\quad m(gZ_入 - gZ_出) \approx 0$$

则式(4-8)可简化为

$$\frac{dU_S}{dt} = m(H_入 - H_出) + Q + W$$

（4-9）

解式(4-9)仍较为困难,例如体系内各处的组成或温度不同,以及存在化学反应或相变,总内能的确定就比较困难。因此,通常可进一步作如下简化:①U 和 H 与压力无关;②无相变、无化学反应;③系统内各点温度相同,即 $T_{\text{出}}=T_S$,组成相同,且 C_V 和 C_p 不变。

如 T_r 为基准温度(T_r 时的 $H=0$),M 为体系内物料的质量(或摩尔数),则有

$$U_{Sm}=MU_S=M[U(T_r)+C_V(T_S-T_r)]$$

$$\frac{dU_{Sm}}{dt}=\frac{MC_V dT_S}{dt}$$

$$H_{\text{入}}=C_p(T_{\text{入}}-T_r)\,;\quad H_{\text{出}}=C_p(T_S-T_r)\,(T_{\text{出}}=T_S)$$

将上面各式代入式(4-9)得

对敞开体系　　　　　$$\frac{MC_V dT_S}{dt}=mC_p(T_{\text{入}}-T_{\text{出}})+Q+W \tag{4-10}$$

对封闭体系　　　　　$$\frac{MC_V dT_S}{dt}=Q+W \tag{4-11}$$

例 4-8　空气冷却体系的不稳定传热。

发动机冷却示意图见图 4-12。发动机运转时以恒定的速率产生热量 $Q_{\text{生}}=150\ \text{kJ}\cdot\text{s}^{-1}$,需用空气冷却。空气经过发动机外罩的流量为 50 mol·s⁻¹,温度为 293 K。发动机外罩内平均留有 90 mol 空气,外罩向环境的散热速率 $Q_L=1044\times(T-293)\ \text{J}\cdot\text{s}^{-1}$。已知发动机开始运转时环境空气温度为 293 K,试求:(1)发动机运转一段时间后空气达到的稳定温度。(空气的 $C_V=2.9\ \text{J}\cdot\text{mol}^{-1}\cdot\text{K}^{-1}$)(b)发动机开始运转后,出口空气温度随时间变化的微分方程并求解。

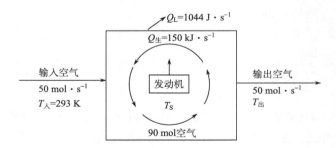

图 4-12　发动机冷却示意图

解　(1)取发动机外罩内的空气作为系统,发动机运转一段时间后,外罩内的空气温度达到稳定,即

$$dT_S/dt=0$$

系统为敞开体系,则式(4-10)为

$$0=mC_p(T_{\text{入}}-T_{\text{出}})+Q+W$$

式中　　　m=50 mol·s^{-1}；C_p=C_V+R=20.9+8.3=29.2（J·mol^{-1}·K^{-1}）；T_λ=293 K

　　　　　W=0；$T_出$=T_S；Q=$Q_生$-$Q_散$=150000-1044×（T_S-293）

将已知数据代入式中，得

$$0=50×29.2×（293-T_S）+150000-1044×（T_S-293）$$

解得　　　　　　　　　　　　　T_S=353 K

（2）无轴功敞开体系的不稳定态衡算式应为

$$\frac{MC_V \mathrm{d}T_S}{\mathrm{d}t} = mC_p\left(T_\lambda - T_出\right) + Q$$

已知　　　　　　　M=90 mol；C_V=20.9 J·mol^{-1}·K^{-1}

$$mC_p=50×29.2；Q=150000-1044×（T-293）$$

$$90×20.9\frac{\mathrm{d}T}{\mathrm{d}t}=50×29.2×（293-T）+150000-1044×（T-293）$$

$$\frac{\mathrm{d}T}{\mathrm{d}t}=469.8-1.33T$$

将上式转变为积分式　　　$\displaystyle\int_{293}^{T}\frac{\mathrm{d}T}{469.8-1.33T} = \int_{0}^{t}\mathrm{d}t$

$$\ln（469.8-1.33T）-\ln（469.8-1.33×293）=-1.33t$$

$$\ln（469.8-1.33T）=-1.33t+\ln 80.11$$

则有　　　　　　　　　　$T=353-60.2\mathrm{e}^{-1.33t}$

由不同的 t 值可求得相应的 T，并作图 4-13 表示，即发动机外罩内的温度由开始时的 293 K，运转 3 s 后已达 352 K 左右，以后就稳定在 353 K。数据如表 4-12 所示。

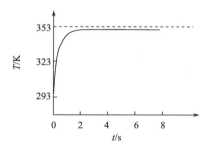

图 4-13　温度随时间的变化关系

表 4-12　温度随时间的变化数据

t/s	1	2	3	4	5	6
T/K	337.0	348.8	351.9	352.7	352.9	352.9

习　题

4-1　一个无化学反应的利用苯蒸气生产水蒸气的多单元系统如图 4-14 所示。已知 F_6=12F_1，求换热器（1）所产生的蒸气量和每摩尔工艺物流所产生的蒸气量。

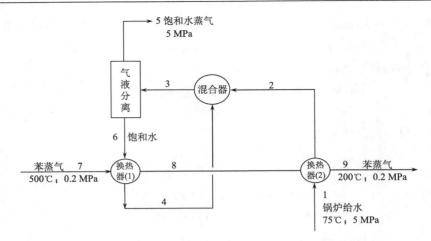

图 4-14 苯蒸气生产水蒸气的系统示意图

4-2　恒温下，在一定体积的间歇反应器中进行 A ——→ B 的反应。A 的消耗速率 $r_A(\text{mol·s}^{-1})$ 正比于反应器中 A 的摩尔浓度 (mol·L^{-1}) 和反应器的容积 (L)：$r_A=0.200V·C_A$。已知该反应的反应速率常数为 $0.2\ \text{s}^{-1}$，在反应器中 A 的起始浓度为 $0.100\ \text{mol·L}^{-1}$。试对 A 写出微分物料平衡方程式，并计算转化率达到 90% 时所需要的反应时间。

4-3　有一用电外加热的间歇搅拌反应器，已知：反应物的量为 150 kg，热容 $C_V = 3.77\ \text{kJ·kg}^{-1}·\text{K}^{-1}$（或 $0.9\ \text{kcal·kg}^{-1}·℃^{-1}$）；反应器质量为 250 kg，热容 $C_V = 0.50\ \text{kJ·kg}^{-1}·\text{K}^{-1}$（或 $0.12\ \text{kcal·kg}^{-1}·℃^{-1}$），加热功率 $Q=30\ \text{kW}$。忽略加热过程的相变、化学反应和由搅拌带入体系的能量，试求将反应物从 298 K 加热到 573 K 所需要的时间。

第二部分

Aspen 模拟计算

第 5 章　Aspen Plus 软件入门

5.1　Aspen Plus 简介

Aspen Plus 是一款功能强大的集化工设计、动态模拟等计算于一体的大型通用过程模拟软件，它起源于 20 世起 70 年代后期，当时美国能源部在麻省理工学院组织会战，要求开发新型第三代过程模拟软件，这个项目称为"先进过程工程系统"（advanced system for process engineering，ASPEN）。该大型项目于 1981 年底完成，1982 年 Aspen Tech 公司成立，将其商品化为 Aspen Plus。这一软件经过不断改进、扩充和提高，成为全世界公认的标准大型化工过程模拟软件。

Aspen Plus 是基于稳态化工模拟、优化、灵敏度分析和经济评价的大型化工过程模拟软件，为用户提供了一套完整的单元操作模块，可用于各种操作过程的模拟及从单个操作单元到整个工艺流程的模拟。全世界著名化工、石化生产厂家及工程公司大多数都是 Aspen Plus 的用户，它以严格的机理模型和先进的技术赢得广大用户的信赖。

Aspen Plus 主要由三部分组成，简述如下。

1. 物性数据库

Aspen Plus 具有工业上最适用且完备的物性系统，其中包含多种有机物、无机物，以及它们的固体、水溶电解质的基本物性参数，可自动从数据库中调用基础物性参数进行热力学性质和传递性质的计算。此外，Aspen Plus 还提供了几十种用于计算传递性质和热力学性质的模型方法，其含有的物性常数估算系统(PCES)能够通过输入分子结构和易测性质来估算缺少的物性参数。

2. 单元操作模块

Aspen Plus 拥有 50 多种单元操作模块，通过这些模块和模型的组合，可以模拟用户所需要的流程。除此之外 Aspen Plus 还提供了多种模型分析工具，如灵敏度分析模块。利用灵敏度分析模块，用户可以设置某一操纵变量作为灵敏度分析变量，通过改变此变量的值模拟操作结果的变化情况。

3. 系统实现模块

对于完整的模拟系统软件，除数据库和单元模块外，还应包括以下几部分：

(1)数据输入。Aspen Plus 的数据输入是由命令方式进行的，即通过三级命令关键字书写的语段、语句及输入数据对各种流程数据进行输入，输入文件中还可包括注解和插入的 Fortran 语句，输入文件命令解释程序可转化成用于模拟计算的各种信息，这种输入式使得用户使用软件特别方便。

(2) 解算策略。Aspen Plus 所用的解算方法为序贯模块法以及联立方程法，流程的计算顺序可由程序自动产生，也可由用户自己定义，对于有循环回路或设计规定的流程必须迭代收敛。

(3) 结果输出。可把各种输入数据及模拟结果存放在报告文件中，可通过命令控制输出报告文件的形式及报告文件的内容，并可在某些情况下对输出结果作图。

5.2　Aspen Plus 主要功能

Aspen Plus 可用于多种化工过程的模拟，其主要的功能具体有以下几种：

(1) 对工艺过程进行严格的质量和能量平衡计算。

(2) 可以预测物流的流量、组成以及性质。

(3) 可以预测操作条件、设备尺寸。

(4) 可以减少装置的设计时间并进行装置各种设计方案的比较。

(5) 帮助改进当前工艺，主要包括可以回答"如果……，那会怎么样"的问题，在给定的约束内优化工艺条件，辅助确定一个工艺的约束部位，即消除瓶颈。

5.3　Aspen Plus 图形界面

5.3.1　Aspen Plus 界面主窗口

Aspen Plus V8.0 及以上版本采用新的通用的"壳"用户界面，这种结构已被 Aspen Tech 公司的其他许多产品采用。"壳"组件提供了一个交互式的工作环境，方便用户控制显示界面。Aspen Plus 模拟环境界面如图 5-1 所示。

功能区 (ribbon) 包括一些显示不同功能命令集合的选项卡，还包括文件菜单和快捷访问工具栏。文件菜单包括打开、保存、导入和导出文件等相关命令。快捷访问工具栏包括其他常用命令，如取消、恢复和下一步。无论激活哪一个功能区选项卡，文件菜单和快捷访问工具栏总是可以使用的。

导航面板 (navigation panel) 为一个层次树，可以查看流程的输入、结果和已被定义的对象。导航面板总是显示在主窗口的左侧。

Aspen Plus 包含三个环境：物性环境、模拟环境和能量分析环境。其中，物性环境包含所有模拟所需的化学系统窗体，用户可定义组分、物性方法、化学集、物性集，并可进行数据回归、物性估算和物性分析；模拟环境包含流程和流程模拟所需的窗体和特有功能；能量分析环境包含用于优化工艺流程以降低能耗的窗体。

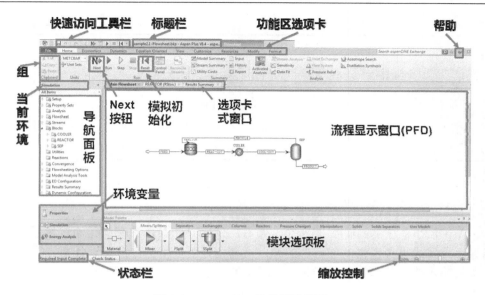

图 5-1　Aspen Plus 模拟环境界面

5.3.2　主要图标功能

Aspen Plus 界面主窗口中主要图标功能介绍见表 5-1。

表 5-1　Aspen Plus 界面主窗口中主要图标功能

图标	说明	功能
N▶	下一步(专家系统)(Next)	指导用户进行下一步的输入
▶	开始运行(Run)	输入完成后，开始计算
	控制面板(Control Panel)	显示运行过程，并进行控制
◀	初始化(Reset)	不使用上次的计算结果，采用初值重新计算
	物流调谐(Reconcile Stream)	使输入变量与计算结果一致

5.3.3　状态指示符号

在整个流程模拟过程中，左侧的导航面板会出现不同的状态指示符号，其意义列于表 5-2。

表 5-2　状态指示符号及其意义

符号	意义
	该表输入未完成
	该表输入完成

续表

符号	意义
	该表中没有输入，是可选项
	对于该表有计算结果
	对于该表有计算结果，但有计算错误
	对于该表有计算结果，但有计算警告
	对于该表有计算结果，但生成结果后输入发生改变

5.3.4　Aspen Plus 专家系统

　　Aspen Plus 中 Next（N）是一个非常有用的工具，其作用有：①通过显示信息，指导用户完成模拟所需的或可选的输入；②指导用户下一步需要做什么；③确保用户参数输入的完整和一致。表 5-3 所列为在不同情况下点击 N 的结果。

表 5-3　点击 Next 的结果

如果	使用 Next N
所在工作表输入不完整	提示所在工作表下用户未完成的输入信息
所在工作表输入完整	进入当前对象下的下一个需要输入的工作表
选择一个已经完成的对象	进入下一个对象或者运行的下一步
选择一个未完成的对象	进入下一个必须完成的工作表

5.4　Aspen Plus 自带示例文件

　　Aspen Plus 提供了多种不同类型的示例文件，可以帮助用户开发流程或学习如何使用 Aspen Plus 的功能。

　　当打开或导入一个文件时，点击窗口左侧 Aspen Plus V8.4 的 Favorites（图 5-2 所示），将出现几种示例文件夹，如表 5-4 所示。

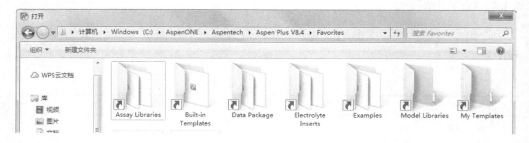

图 5-2　打开 Aspen Plus V8.4 收藏夹

表 5-4　示例文件夹

文件夹	描述
原油评价数据库 （Assay Libraries）	原油评价数据库包含来自世界各地的典型原油的评价数据，这些数据可用于原油模拟
内置模板 （Built-in Templates）	当启动 Aspen Plus 并选择从模板中建立一个新的流程，以及使用 File New 命令时，模板都是可用的，模板已经设置了单位、流量基准、物流报告选项和其他全局设置，也可以包括组分、物性方法和其他规定
物性数据包 （Date Package）	将物性数据包导入模拟中用于添加组分、物性方法、数据以及在某些工业过程中涉及与化学组分相关的电解质化学或反应
电解质嵌入包 （Electrolyte Inserts）	电解质嵌入包与物性数据包相同，但强调的是电解质系统
案例 （Examples）	案例库包含了一些模拟文件，用于展示如何利用 Aspen Plus 解决过程工业中遇到的问题
测试文件 （Testprod.bkp）	该备份文件直接在收藏夹中生成，用于验证 Aspen Plus 已被正确安装
模型库 （Model Libraries）	应用该文件夹储存用户创建的模型库
我的模板 （My Templates）	应用该文件夹储存用户创建的模板文件

5.5　Aspen Plus 物性环境

下面以苯和丙烯反应合成异丙苯为例，介绍流程模拟的搭建步骤。

例 5-1　含苯（BENZENE，C_6H_6）和乙烯（ETHYLENE，C_2H_4）的原料物流（FEED）进入反应器（REACTOR），经反应生成乙苯（ETHYLBENENE，C_8H_{10}），反应后的混合物经冷凝器（COOLER）冷凝，再进入分离器（SEP），分离器顶部物流循环（RECYCLE）回反应器，分离器底部物流作为产品（PRODUCT）流出，如图 5-3 所示。求产品中乙苯的摩尔流量。物性方法选择 RK-SOAVE。

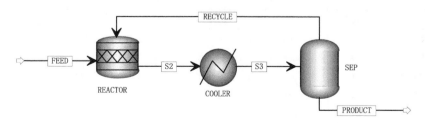

图 5-3　流程示意图

　　原料物流温度为 95℃、压力为 0.3 MPa，苯和乙烯的摩尔流量均为 20 kmol·h^{-1}。反应器绝热操作，压力 0.2 MPa，反应方程式为 $C_6H_6+C_2H_4 \longrightarrow C_8H_{10}$，乙烯的转化率为 80%。冷凝器的出口温度 55℃、压力 0.8 kPa；分离器绝热操作，压力为 0。

　　本例模拟步骤如下：

1. 启动 Aspen Plus

　　依次点击开始→程序→所有程序→**Aspen Tech**→**Process Modeling V8.4** →**Aspen Plus**→**Aspen Plus 8.4**，点击 **File | New** 或者使用快捷键 Ctrl+N 新建模拟，如图 5-4 所示。进入模板选择对话框中，系统会提示用户建立空白模拟（Blank Simulation）、使用系统模拟（Installed Templates）或者用户自定义模板（My Template…）。

图 5-4　新建模拟

　　模板设定了工程计算通常使用的缺省项，这些缺省项一般包括测量单位、所要报告的物流组成信息和性质、物流报告格式、自由水选项默认设置、物性方法以及其他特定的应用。对于每个模板，用户可以选择使用公制或英制单位，也可以自行设定常用的单位。

　　表 5-5 列出了内置模板可供选择的单位集。其中 ENG 和 METCBAR 分别为英制单位模板和公制单位模板默认的单位集。

表 5-5　可供选择的单位集

单位集	温度	压力	质量流量	摩尔流量	焓流	体积流量
ENG	F	psia	1b·h^{-1}	1bmol·h^{-1}	Btu·h^{-1}	cuft·h^{-1}
MET	K	atm	kg·h^{-1}	kmol·h^{-1}	cal·s^{-1}	1·min^{-1}
METCBAR	C	bar	kg·h^{-1}	kmol·h^{-1}	MMkcal·h^{-1}	cum·h^{-1}
METCKGGM	C	kg·sqcm^{-1}	kg·h^{-1}	kmol·h^{-1}	MMkcal·h^{-1}	cum·h^{-1}
SI	K	n·sqm^{-1}	kg·s^{-1}	kmol·h^{-1}	watt	cum·s^{-1}
SI-CBAR	C	bar	kg·h^{-1}	kmol·h^{-1}	watt	cum·h^{-1}

选择 **Chemical Processes | Chemicals with Metric Units** 或者选择 **Chemical Processes | Specialty Chemicals with Metric Units**，在右侧 Preview 窗口会显示两种模板的不同物流报告基准和不同压力、体积流量和能量单位，如图 5-5 所示。

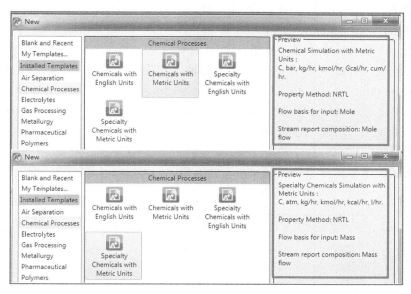

图 5-5　选择不同模板

本例选择空白模拟（Blank Simulation），然后点击 **Create** 按钮，如图 5-6 所示。

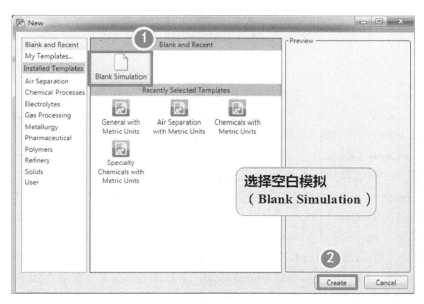

图 5-6　新建空白模拟

2. 保存文件

建立流程之前，为防止文件丢失，一般先将文件保存。点击 **File | Save As**，选择保存文件类型、存储位置、命名文件，点击保存即可，如本题文件保存为 Example5.1-Flowsheet.bkp。

系统设置了三种文件保存类型，其中*.apw(Aspen Plus Document)格式是一种文档文件，系统采用二进制存储，包含所有输入规定、模拟结果和中间收敛信息；*.bkp(Aspen Plus Backup)格式是 Aspen Plus 运行过程的备份文件，采用 ASCⅡ存储，包含模拟的所有输入规定和结果信息，但不包含中间的收敛信息；*.apwz(Compound File)是综合文件，采用二进制存储，包含模拟过程中的所有信息。本题选择保存为.bkp 文件。

系统默认保存文件类型是*.apwz，可在 **File | Options | Files** 页面进行修改，如图 5-7 所示。

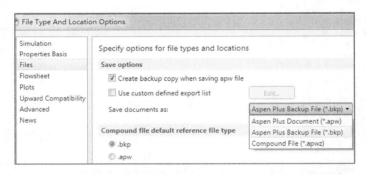

图 5-7　设置文件保存类型与位置设置

3. 输入组分

完成上述准备工作后，系统默认进入物性环境中 **Components | Specifications | Selection** 页面，用户需在此页面输入组分。用户也可以直接点击 Home 功能区选项卡中的 ⬤**Components** 按钮，进入组分输入页面。熟悉软件之后，用户可以直接在物性环境中左侧的导航面板点击 **Components**，进入组分输入页面。

在 Component ID 一栏输入乙烯的名称 ETHYLENE，点击回车键，由于这是系统可识别的组分 ID，所以系统会自动将类型(Type)、组分名称(Component Name)和分子式(Formula)栏输入。同样输入苯的名称 BENZENE，点击回车键，也可自动输入。在第三行 Component ID 中输入 ETH-BEN 作为异丙苯的标识，点击回车键后，系统并不识别，这时需要用查找(Find)功能。首先选中第三行，然后点击 **Find** 按钮，在 **Find Compounds** 页面上输入乙苯的分子式C_8H_{10}或者输入乙苯CAS号(100-41-4)，

点击 **Find now**，系统会从纯组分数据库中搜索出符合条件的物质，输入分子式时，若该物质含有同分异构体，如本题中的乙苯，则可以输入 C_8H_{10}-。从列表中选择所需要的物质，点击下方的 **Add selected compounds** 按钮，然后点击 **Close** 按钮，回到 **Components | Specifications | Selection** 页面，如图 5-8 所示。

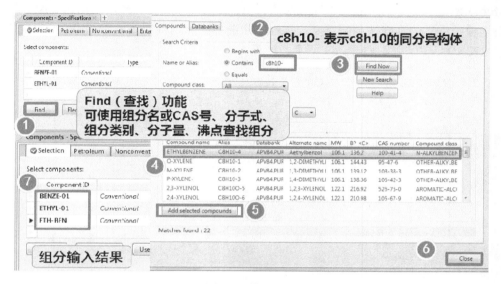

图 5-8   输入组分

在 Component ID 一栏中设置物质的标识时，最多可以输入 8 个字符；在 Databanks 页面或者 Enterprise Database 页面选择纯组分数据库

Aspen plus 提供的组分类型包括：

(1) 常规组分(Conventional)：单一特定流体(气体或液体)，可能参与气液相平衡的典型组分。

(2) 固体组分(Solid)：单一特定固体，通过固体模型计算性质的常规固体。

(3) 非常规组分(Nonconventional)：不能以分子组分表示的非常规固体，如煤或木纤维，而是用组分属性表征并且不参与化学平衡和相平衡。

(4) 虚拟组分(Pseudocomponent)：油品评价数据(Assay)和石油馏分混合数据(Blend)，表示石油馏分的组分，根据沸点、分子量、密度和其他性质表征。

(5) 熔融液体(Hypothetical liquid)：需要根据固体性质推测的液体组分模型，主要应用于冶金，如模拟钢水中的碳。

(6) 聚合物(Polymer)、低聚物(Oligomer)和链段(Segment)：在聚合物模型中使用的组分。

4. 选择物性方法及查看二元交互作用参数

组分定义完成后，点击 Next ▶ 或者快捷键 F4，进入 **Methods | Specifications |Global** 页面，选择物性方法。同样，由导航面板或点击 Home 功能区选项卡中的 **Methods** 按钮均可直接进入物性方法选择页面。物性方法的选择是模拟的关键步骤，对于模拟结果的准确性至关重要，物性方法选择的原则将在 5.9 节作介绍，本题选择 RK-SOAVE 方法，如图 5-9 所示。

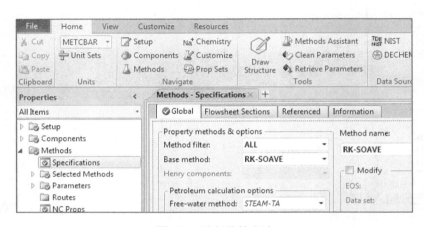

图 5-9　选择物性方法

注意：Aspen 物性系统为活度系数模型（WILSON、NRTL 和 UNIQUAC）、部分状态方根模型以及亨利定律提供了内置的二元参数。在完成组分和物性方法的选择后，Aspen Plus 自动使用这些内置参数。图 5-9 选择的物性方法为 RK-SOAVE，系统没有提供内置的二元参数。

5.6　Aspen Plus 模拟环境

输入组分及选择物性方法后，即可开始建立流程图及输入数据。

5.6.1　设置全局规定

物性方法选择完成后，点击快捷访问或 Home 功能区选项卡中的（Next ▶），出现如图 5-10 所示的 **Properties Input Complete** 对话框，选择 Go to Simulation environment，点击 OK。

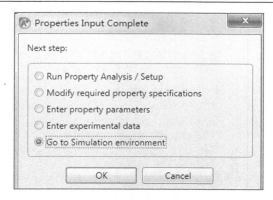

图 5-10　信息提示对话框

进入 **Setup | Specifications | Global** 页面，设置全局规定。用户可以在全局规定页面中的 Title（名称）框中为模拟命名，本题输入 ETH-BEN，用户还可以在此页面选择全局单位制、更改运行类型（稳态或动态）等，本例均采用默认设置，不作修改，如图 5-11 所示。

图 5-11　设置全局规定

输入过程中，鼠标放置到输入框时，鼠标下方会有相应的说明和提示，用户也可以通过 F1 键打开帮助文件寻求帮助。

5.6.2　建立流程图

在完成前述的准备工作后，用户即可开始建立流程图。

添加的物流或模块可以不采用自动命名。点击菜单栏 **File | Options**，在 Flowsheet 页面下的 **Stream and unit operation labels** 中，将复选框的第一项和第三项去掉，如图 5-12 所示，即对于物流和模块，用户自行定义标识名称，不采用系统生成的默认标识，点击 OK。本题采用默认标识。

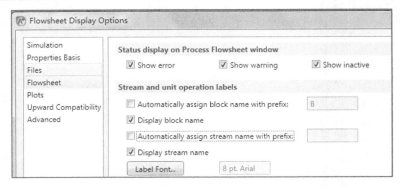

图 5-12　设置流程显示选项

（1）添加模块。首先从界面主窗口下端的模块选项板 **Model Palette** 中点击 **Reactors | RStoic** 右侧的下拉箭头、选择 ICON1 图标（各种反应器模块将在第 8 章中讲述），然后移动鼠标至窗口空白处，点击左键放置模块 B1，如图 5-13 所示。

注意：如果模块选项板没有出现在界面主窗口上，可以使用快捷键 F10，或由功能区选项卡选择 **View | Model Palette**，显示模块选项板，点击 OK，即到主窗口。

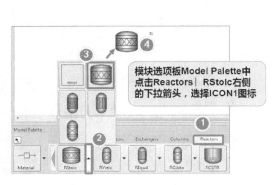

图 5-13　添加反应器模块

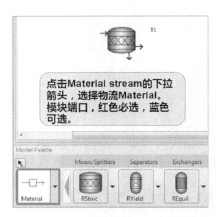

图 5-14　模块显示的物流端口

（2）添加物流和连接模块。放置完模块后，需要给模块添加对应的输入、输出物流。点击模块选项板左侧 Material stream 的下拉箭头，选择物流 Material，将鼠标移至主窗口，模块上会出现亮显的端口，如图 5-14 所示，红色表示必选物流，用户必须添加，蓝色为可选物流，用户在需要时可以自行添加。

点击亮显的输入端口连接物流，然后点击流程窗口空白处放置物流，即可成功连接输入物流，同上述操作，点击亮显的输出物流端口，然后点击流程窗口的空白处，连接输出物流，如图 5-15 所示，连接完毕后，点击鼠标右键，可退出物流连接模式。

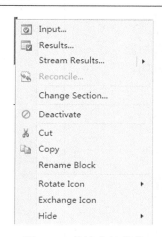

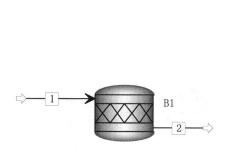

图 5-15　添加模块输入输出物流　　　　　　图 5-16　物流右键菜单

若需要对单元模块或物流进行更改名称、删除、更换图标、输入数据、输出结果等操作时，可以在模块或物流上点击左键，选中对象，然后点击右键，在弹出菜单中选择相应的项目，如图 5-16 所示。也可以选中模块或者物流，使用快捷键 Ctrl+M 进行修改。

添加冷凝器模块 B2，选择模块选项板中的 **Exchangers | Heater | HEATER** 图标，点击鼠标左键，放置冷凝器模块。物流 S2 既是反应器的输出物流，又是冷凝器的输入物流，选中物流 S2，右击选择 Reconnect Destination，如图 5-17 所示，此时冷凝器模块 B2 上出现亮显的端口，点击输入物流连接端口，即可将物流 S2 连接到冷凝器模块 B2 上。

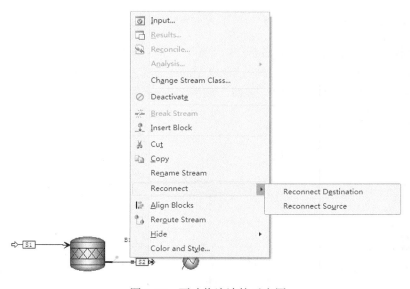

图 5-17　更改物流连接示意图

添加分离器模块 B3,选择模块选项板中的 **Separators | Flash2 | V-DRUM1** 图标,同时连接物流, 如图 5-18 所示。注意分离器模块 B3 项部的物流 S4 作为循环物流,即反应器的另一股进料。

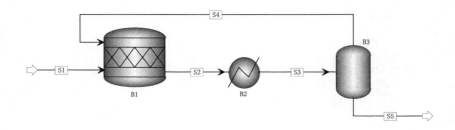

图 5-18 流程添加分离器模块 B3

对于流程中的物流和模块, 通常取有实际意义的名称。分别点击物流和模块,右键选择 Rename Stream 及 Rename block 修改名称, 最终的流程如图 5-19 所示。至此, 流程建立完毕。

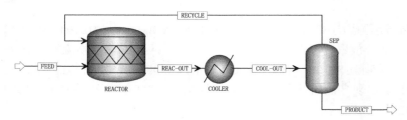

图 5-19 最终流程图

每个模块、物流以及其他模拟对象都有一个特定的 ID, 点击导航面板中的某一文件夹时, 会出现一个对象管理器(Object Manager)。例如, 点击本例导航面板中的 Streams 文件夹, 弹出物流对象管理器, 如图 8-20 所示。

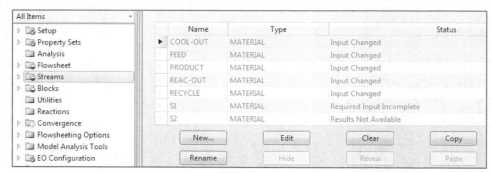

图 5-20 查看物流对象管理器

　　对象管理器可以执行如下功能：新建、重命名、编辑、隐藏、删除、清除、显示、复制和粘贴，但对某些对象，上述功能并不都是可用的。

5.6.3　输入物流数据

　　点击 Next 图标，选入 **Streams | FEED | Input | Mixed** 页面，需要输入物流的温度、压力或气相分数三者中的两个以及物流的流量或组成，Total Flow 一栏用于输入物流的总流量，可以是质量流量、摩尔流量、标准液体体积流量或体积流量；输入总流量后，需要在 Composition 一栏中输入各组分流量或物流组成，用户也可以不输入物流总流量，在 Composition 一栏中选择输入类型为流量，即输入物流中各组分的流量。本例输入进料物流 FEED 温度 95℃、压力 0.3 MPa，丙烯和苯的流量均为 20 kmol·h^{-1}，如图 5-21 所示。

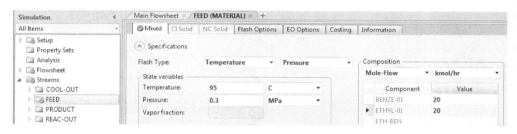

图 5-21　输入进料物流 FEED 数据

　　标准液体体积流量(STDvol)是液体在 15.6℃(60℉)和 1 atm(101325Pa)下的体积流量。

5.6.4　输入模块数据

　　进料物流的数据输入完成后，需要输入模块的数据，模块不同，输入的数据有异，后续章节会详细介绍如何输入各种模块的数据，本题只简要介绍输入步骤。

　　(1) 模块 REACTOR。点击 Next ，进入 **Blocks | REACTOR | Setup | Specifications** 页面，输入模块 REACTOR 数据，压力(Pressure)为 0.2 MPa，热负荷(Duty)为 0(绝热)，如图 5-22 所示。

　　点击 Next ，进入 **Blocks | REACTOR | Setup | Reactions** 页面，定义化学反应，点击 **New…** 按钮，出现 **Edit Stoichiometry** 对话框，输入反应物(Reactants-Component)、产物(Products-Component)及化学反应式计量系数(Coefficient)，指定丙烯的转化率(Fractional conversion)为 0.8，如图 5-23 所示。点击对话框下方的 **Close** 或 Next ，回到 **Blocks | REACTOR | Setup | Reactions** 页面。

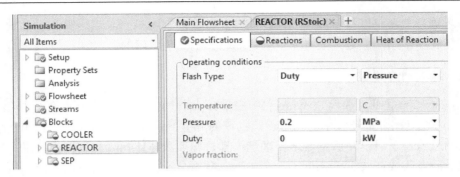

图 5-22 输入模块 REACTOR 数据

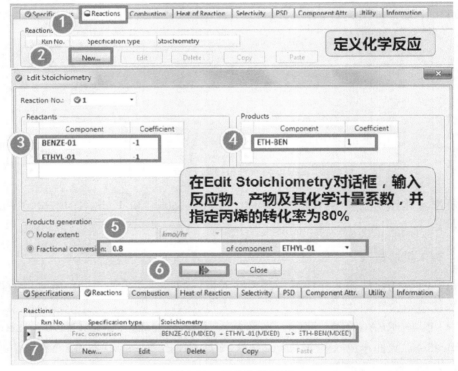

图 5-23 定义化学反应

(2) 模块 COOLER。点击 Next N▶，进入 **Blocks | COOLER | Input | Specifications** 页面，输入模块 COOLER 数据，其中 Temperature(冷凝器出口温度) 为 55℃，Pressure(冷凝器压力) 为-0.8 kPa，即表示压降为-0.8 kPa，如图 5-24 所示。

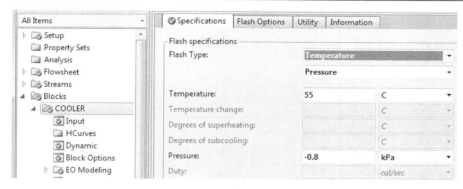

图 5-24　输入模块 COOLER 数据

注意：若输入的压力＞0，则表示模块的操作压力；若输入的压力≤0，则表示模块的压降。

(3)模块 SEP。点击 Next **N⇒**，进入 **Blocks | SEP | Input | Specifications** 页面，输入模块 SEP 数据，如图 5-25 所示，表示压降和热负荷均为 0。可以看到，图 5-25 左下角的状态栏显示 Required Input Complete，表示模拟所必需的数据输入完成，可以运行模拟。

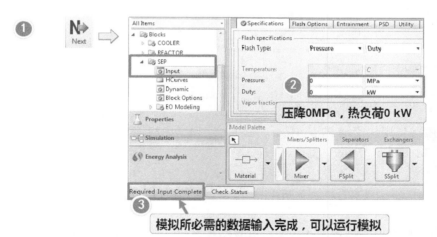

图 5-25　输入模块 SEP 数据

5.7　运　行　模　拟

点击 Next **N⇒**，出现如图 5-26 所示的 **Required Input Complete** 信息提示对话框。点击 **OK**，即可运行模拟。用户也可以点击 Home 功能区选项卡中的运行(Run)按钮或使用快捷键 F5 直接运行模拟。用户在输入过程中有改动，需要重新运行模拟时，可以先点击 Home 功能区选项卡中的初始化(Rest)按钮，对模拟初始化后，再运行模拟，运行中出现的警告和错误均会在控制面板中显示，如图 5-27 所示，本题显示没有错误和警告。

图 5-26　信息提示对话框

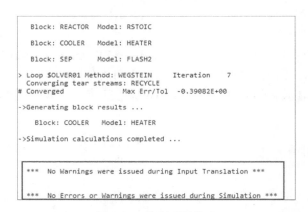

图 5-27　控制面板信息

注意：使用快捷键 F7 或 Home 功能区选项卡中的控制面板(Control Panel)按钮，打开控制面板。

5.8　查 看 结 果

由导航面板选择对应选项即可查看结果。例如，查看各物流的信息，进入 **Results | Summary | Streams | Material** 页面，可以看到 PRODUCT 中乙苯的摩尔流量为 19.5593 kmol·h^{-1}。点击 **Material** 页面中 **Stream Table** 按钮，物流表出现在 Main Flowsheet 中，如图 5-28 所示。

点击功能区选项卡 Modify，在 Stream Results 组中可勾选温度、压力、汽化分率选项，在 Unit Operation 组中勾选 Heat/Work，使其在流程图中显示，流程显示选项可在对话框启动器中进行勾选，如图 5-29 所示，或者在 **File | Options | Flowsheet** 页面进行修改，如图 5-30 所示。

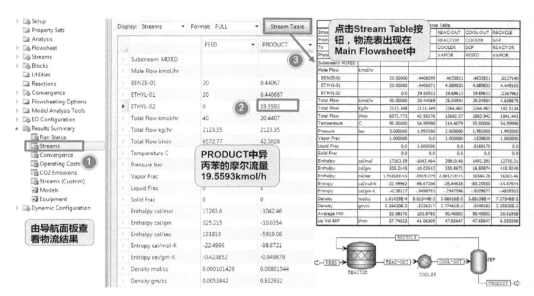

图 5-28　查看物流结果

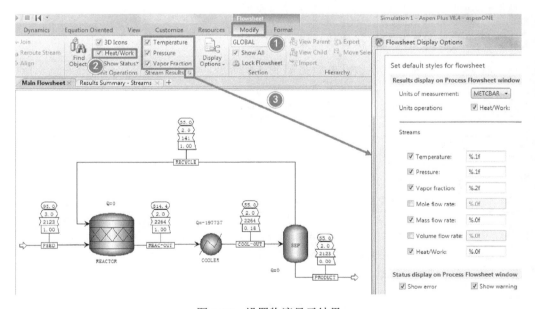

图 5-29　设置物流显示结果

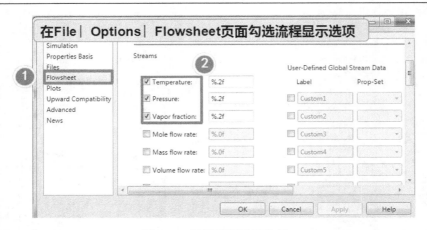

图 5-30　设置流程显示选项

5.9　模拟的物性方法选择

物性方法（Property Method）是指模拟计算中所需方法（Method）和模型（Model）的集合。物性方法的选择是决定模拟结果准确性的关键步骤。物性方法选择不同，模拟结果可能大相径庭。因此，进行过程模拟必须选择合适的物性方法。

5.9.1　状态方程法和活度系数法比较

状态方程法和活度系数法的特点如表 5-6 所示。

表 5-6　状态方程法和活度系数法的特点

方法	状态方程法	活度系数法
优点	①不需要标准态 ②可将 pVT 数据用于相平衡的计算 ③易采用对比态原理 ④可用于临界区和近临界区	①活度系数方程和相应的系数较全 ②温度的影响主要反映在 f_i^L 上，对 γ_i 影响不大 ③适用于多种类型的化合物，包括聚合物、电解质体系
缺点	①状态方程需要同时适用于气、液两相，难度大 ②需要搭配使用混合规则，且其影响较大 ③对极性物质、大分子化合物和电解质体系难以应用	①需要其他方法求取偏摩尔体积，进而求算摩尔体积 ②需要确定标准态 ③对含有超临界组分的体系应用不便，在临界区使用困难
适用范围	原则上可适用于各种压力下的汽液平衡，但更常用于中、高压汽液平衡	中、低压（<10 atm）下的汽液平衡，当缺乏中压汽液平衡数据时，中压下使用很困难

5.9.2　常见体系物性方法推荐

对于常见的体系，推荐使用的物性方法见表 5-7 和表 5-8。

表 5-7　对于常见体系所推荐的物性方法（一）

工业过程	推荐的物性方法
空分	PR，SRK
气体处理	PR，SRK
气体净化	Kent-Eisnberg，ENRTL
炼油	BK10，Chao-Seader，Grayson-Streed，PR，SRK，LK-PLOCK
石油化工中 VLE 体系	PR，SRK，PSRK
石油化工中 LLE 体系	NRTL，UNIQUAC
化学	NRTL，UNIQUAC，PSRK
电解质体系	ENRTL，Zemaitis
低聚物	Polymer NRTL
高聚物	Polymer NRTL，PC-SAFT
蒸汽	NBS/NRC
环境	UNIFAC+Henry Law

表 5-8　对于常见体系所推荐的物性方法（二）

工业过程	体系	推荐的物性方法
油气生产	油藏系统	PR-BM，RKS-BM
	平台分离系统	PR-BM，RKS-BM
	油气管道运输系统	PR-BM，RKS-BM
炼油	低压（直至几个大气压）：常压塔、减压塔	BK10，CHAO-SEA，GRAYSON
	中压（直至几十个大气压）：焦化主分馏塔、催化裂化主分馏塔	CHAO-SEA，GRAYSON，PENGROB，RK-SOAVE
	富氢系统：重整装置、加氢精制	GRAYSON，PENG-ROB，RK-SOAVE
	润滑油装置、脱沥青装置	PENG-ROB，RK-SOAVE
气体处理	烃分离：脱甲烷塔、C_3 分离塔	PR-BM，RKS-BM，PENG-ROB，RK-SOAVE
	天然气深冷处理：空分	PR-BM，RKS-BM，PENG-ROB，RK-SOAVE
	用乙二醇进行气体脱水	RWS，RKSWS，PRMHV2，RKSMHV2，PSRK，SR-POLAR
	用甲醇或 NMp 进行酸性气体吸收	PRWS，RKSWS，PRMHV2，RKSMHV2，PSRK，SR-POLAR
	用水、氨水、胺、胺+甲醇、碱、石灰或热碳酸盐进行酸性气吸收	ELECNRTL
	克劳斯工艺	PRWS，RKSWS，PRMHV2，RKSMHV2，PSRK，SR-POLAR

续表

工业过程	体系		推荐的物性方法
石油化工	乙烯装置	初馏塔	CHAO-SEA，GRAYSON
		轻烃分离塔、急冷塔	PENG-ROB，RK-SOAVE
	芳烃：BTX 抽提		基于 WILSON，NRTL，UNIQUAC 的物性方法
	取代烃：VCM、丙烯腈装置		PENG-ROB，RK SOAVE
	醚生产：MTBE、ETBE、TAME		基于 WILSON，NRTL，UNIQUAC 的物性方法
	乙苯和苯乙烯装置		基于 PENG-ROB，RK-SOAVE 或 WILSON，NRTL，UNIQUAC 的物性方法
	对苯二甲酸		基于 WILSON，NRTL，UNIQUAC 的物性方法
化学	共沸分离：醇分离		基于 WILSON，NRTL，UNIQUAC 的物性方法
	羧酸：醋酸装置		WILS-HOC，NRTL-HOC，UNIQ-HOC
	苯酚装置		基于 WILSON，NRTL，UNIQUAC 的物性方法
	液体反应：酯化反应		基于 WILSON，NRTL，UNIQUAC 的物性方法
	合成氨装置		PENG-ROB，RK-SOAVE
	含氟化合物		WILS-HF
	无机化学：碱、酸(磷酸、硫酸、硝酸、盐酸)		ELECNRTL
	氢氟酸		ENRTL-HF
煤加工	减小颗粒大小：压碎、研磨		SOLIDS
	分离和清洁：筛分、旋风分离、沉淀、洗涤		SOLIDS
	燃烧		PR-BM，RKS-BM
	用甲醇或 NMP 进行酸性气吸收		PRWS，RKSWS，PRMHV2，RKSMHV2，PSRK，SR-POLAR
	用水、氨水、胺、胺+甲醇、碱、石灰或热碳酸盐进行酸性气吸收		ELECNRTL
	煤气化和液化		见后面的"合成燃料"
发电	燃烧：煤、石油		PRBM，RKS-BM
	蒸汽循环：压缩、透平		STEAMNBS，STEAM-TA
	酸性气吸收		见前面"气体处理"
合成燃料	合成气体		PR-BM，RKS-BM
	煤气化		PR-BM，RKS-BM
	煤液化		PR-BM，RKS-BM，BWR-LS
环境	溶剂回收		基于 WILSON，NRTL，UNIQUAC 的物性方法
	(取代)烃汽提		基于 WILSON，NRTL，UNIQUAC 的物性方法
	用甲醇、NMP 进行酸性气汽提		PRWS，RKSWS，PRMHV2，RKSMHV2，PSRK，SR-POLAR
	用水、氨水、胺、胺+甲醇、碱、石灰、热碳酸盐进行酸性气汽提		ELECNRTL
	酸：汽提、中和		ELECNRTL

续表

工业过程	体系	推荐的物性方法
水和蒸汽	蒸汽系统 冷却剂	STEAMNBS，STEAM-TA
矿物和冶金 物的加工	机械加工：压碎、研磨、筛分、洗涤	SOLIDS
	湿法冶金：矿物浸取	ELECNRTL
	热冶金：熔炉，转炉	SOLIDS

5.9.3　经验选取

图 5-31 和图 5-32 给出了根据经验选择物性方法的过程。

以例 5.1 为例，题中涉及的物系为丙烯、苯以及乙苯体系，是非极性体系，考虑到为真实物系，可以选择 PENG-ROB、RK-SOAVE、PR-BM、RKS-BM 等物性方法。

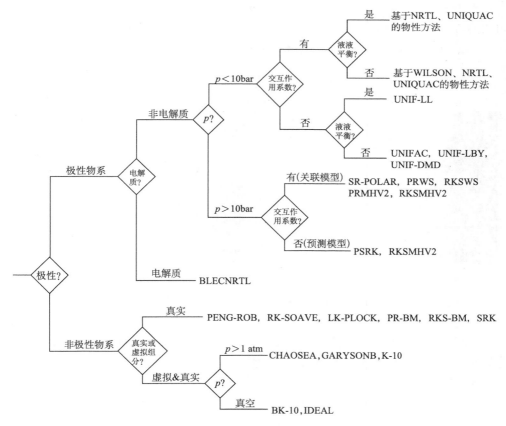

图 5-31　物性方法的选择示意（一）

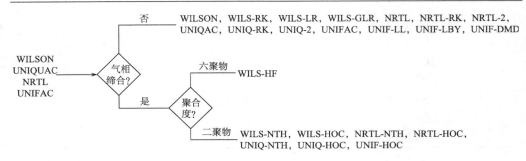

图 5-32　物性方法的选择示意（二）

5.9.4　使用帮助系统进行选择

　　Aspen Plus 为用户提供了选择物性方法的帮助系统，系统会根据组分的性质或工业过程的特点为用户推荐不同类型的物性方法，用户可以根据提示进行选择，同样以例 5.1 为例进行说明。

　　点击 Home 功能区选项卡中的 **Methods Assistant**，启动物性选择帮助系统，如图 5-33 所示。系统提供了两种方法，可以通过组分类型或工业过程的类型进行选择。以指定组分类型（Specify component type）为例，选择第一项，如图 5-34 所示。

图 5-33　启动物性选择帮助系统

图 5-34　方法选项

　　系统提供了四种组分类型：化学系统、烃类系统、特殊系统以及制冷剂，这里选择烃类系统（Hydrocarbon system），如图 5-35 所示。

図 5-35　选择组分系统类型　　　　　　図 5-36　信息提示对话框

　　选择完成后，系统提示用户是否含有石油评价数据或虚拟组分，点击 No，如图 5-36 所示。选择完成，系统会给用户提供几种物性方法作为参考，如图 5-37 所示，点击每种方法的链接，就会得到对应物性方法的详细介绍。

　　注意：用户可以仅规定使用全局的物性方法，也可以另外规定流程段、单元操作模块或物性分析等使用的物性方法。

図 5-37　方法选择结果

习　　题

　　化工分离系统流程如图 5-38 所示，物流 FEED 经加热器 HEATER 进入两相闪蒸器 FLASH1，底部液相经节流阀 VALVE 减压至 0.04 MPa 后再进入两相闪蒸器 FLASH2。进料温度 20℃，压力 0.2 MPa，流量 150 kmol·h^{-1}，摩尔组成为氯苯 0.31、苯 0.63、二氯苯 0.06。物性方法选择 RK-SOAVE。

　　两相闪蒸器 FLASH1（选择 Flash1 模块）操作温度 130℃、压力为 0；两相闪蒸器 FLASH2（选择 Flash2 模块）操作温度 80℃、压力为 0；加热器 HEATER（选择 Heater 模块）热负荷为 1600 kW、压力为 0.005 MPa。

　　要求完成此流程模拟并查看各物流结果。

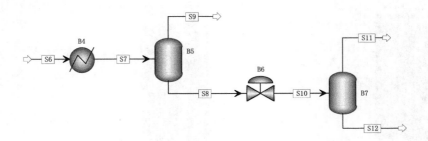

图 5-38　化工分离系统流程

第 6 章　换热器模拟

换热器模拟可以确定带有一股或多股进料物流混合物的热力学状态和相态，还可以模拟加热器/冷却器或两股/多股物流换热器的性能，并可以生成加热/冷却曲线。

在 Aspen Plus 模拟可以设置公用工程（Utilities），公用工程包括煤、电、天然气、油、制冷剂、蒸汽和水等。Aspen Plus 中的公用工程可用于计算单个单元模块的能耗、能源费用和各种类型公用工程的用量（如高压、中压和低压蒸气）。

本章只讲述两股物流换热器的模拟。两股物流换热器 HeatX 模块可以进行以下计算：①简捷法，简捷设计或模拟；②详细法，大多数两股物流换热器的详细校核或模拟；③严格法，通过与 Aspen EDR 程序接口进行严格的设计、校核或模拟。这三种计算方法的主要区别在于计算总传热系数的程序不同，用户可以在 **Setup| Specifications** 中指定合适的计算方法。

简捷法采用用户指定（或缺省）的总传热系数，可以使用最少的输入模拟一台换热器，不需要提供换热器的结果参数。

详细法采用严格传热关联式计算传热膜系数，并结合壳侧和管侧的热阻与管壁热阻计算总传热系数。采用详细法时需要提供换热器的结构参数，程序根据给定的换热器结构和流动情况计算换热器的传热面积、传热系数、对数平均温差校正因子和压降等参数。详细法提供了很多的缺省选项，用户可以通过改变缺省的选项来控制整个计算过程，详见表 6-1。

表 6-1　HeatX 计算变量以及使用准则

变量	计算方法	简捷法	详细法	严格法
对数平均温差校正因子 （LMTD Correction Factor）	常数（Constant）	Default（单程管时可用）	Yes	No
	根据几何结构计算（Geometry）	No	Default	No
	用户子程序（User subroutine）	No	Yes	No
	计算法（Calculated）	单程管时可用	单程管时可用	No
传热系数 （U Methods）	常数（Constant U value）	Yes	Yes	No
	相态法（Phase specific values）	Default	Yes	No
	指数函数（Power law expression）	Yes	Yes	No
	换热器几何结构（Exchanger geometry）	No	Default	No
	传热膜系数（Film coefficients）	No	Yes	No
	用户子程序（User subroutine）	No	Yes	No

变量	计算方法	简捷法	详细法	严格法
传热膜系数 (Film Coefficients)	常数 (Constant value)	No	Yes	No
	相态法 (Phase specific values)	No	Yes	No
	指数函数 (Power law expression)	No	Yes	No
	由几何结构计算 (Calculate from geometry)	No	Default	No
压降 (Pressure Drop)	由出口压力计算 (Outlet pressure)	Default	Yes	No
	由几何结构计算 (Calculate from geometry)	No	Default	No

　　严格法采用 Aspen EDR 模型计算传热膜系数，并结合壳侧和管侧的热阻及管壁热阻计算总传热系数，对于不同的 EDR 程序计算传热膜系数的方法不同。用户可以采用严格法对现有的换热设备进行校核或模拟，也可以对新的换热器进行设计计算及成本计算。除了更加严格的传热计算和水力学分析外，程序也可以确定振动或流速过大等可能的操作问题。对管壳式换热器分析时，严格法所使用的模块与 Aspen EDR 软件中的相同。

　　HeatX 模块有 12 种换热器规定 (Exchanger specification) 可供用户选择，如表 6-2 所示。在具体的计算过程中，用户可根据实际情况进行选择。

表 6-2　HeatX 工艺规定

换热器规定	说明	适用情形
Hot stream outlet temperature	指定热物流出口温度	适用于热流侧没有相变发生的模拟
Hot stream outlet temperature decrease	指定热物流出口温降	所有换热模拟
Hot outlet-cold inlet temperature difference	指定热物流出口与冷物流进口温差	适用于逆流换热
Hot stream outlet degrees subcooling	指定热物流出口过冷度	适用于沸腾或冷凝模拟
Hot stream outlet vapor fraction	指定热物流出口气相分数	适用于沸腾或冷凝模拟
Hot inlet-cold outlet temperature difference	指定热物流进口与冷物流出口温差	适用于逆流换热
Cold stream outlet temperature	指定冷物流出口温度	所有换热模拟
Cold stream outlet temperature increase	指定冷物流出口温升	所有换热模拟
Cold stream outlet degrees superheat	指定冷物流出口过热度	适用于沸腾或冷凝模拟
Cold stream outlet vapor fraction	指定冷物流出口气相分数	适用于沸腾或冷凝模拟
Exchanger duty	指定热负荷	所有换热模拟
Hot/cold outlet temperature approach	指定热物流与冷物流出口温差	适用于逆流换热

　　下面通过例 6-1 与例 6-2 分别介绍 HeatX 的设计计算 (简捷设计和严格设计) 及校核计算 (详细校核和严格校核)。

6.1　两股物流换热器简捷设计

例 6-1　在逆流操作的管壳式换热器中，用温度 35℃、压力 0.5 MPa 和流量 250000 kg·h^{-1} 的冷物流（正辛烷）将温度 200℃、压力 1.5 MPa 和流量 70000 kg·h^{-1} 的热物流（苯）冷却至 100℃，热物流走壳程。采用 HeatX 模块进行简捷设计计算，估计换热器的总传热系数为 500 W·(m^2·K)$^{-1}$。试求两股物流出口状态及换热器热负荷，并生成换热器 HEX 的加热曲线。将计算模式定为严格设计模式，管程和壳程的污垢热阻均为 0.00018 m^2·K·W^{-1}，管程和壳程的允许压力分别为 0.05 MPa 和 0.03 MPa，换热管 ϕ19 mm×2 mm，管心距 25 mm，比较两种设计方法的设计结果。热力学方法选择 PENG-ROB。

本例模拟步骤如下：

启动 Aspen Plus，点击 **File | New | User** 页面，选择模板 General with Metric Units，点击 **Create** 按钮新建文件，将文件保存为 Example6.1-Shortcut Design.bkp。进入 **Components | Specifications | Selection** 页面，输入组分 C$_8$H$_{18}$（正辛烷）和 BENZENE（苯）。

点击 Next $\blacktriangleright$，进入 **Methods | Specifications | Global** 页面，热力学方法选择 PENG-ROB。

点击 Next $\blacktriangleright$，弹出 **Properties Input Complete** 对话框，点选 Go to Simulation environment，点击 OK 按钮，进入模拟环境。

建立如图 6-1 所示流程图，其中换热器 HEATX 采用模块选项板中的 **Exchangers| HEATX | GEN-HS** 图标，并注意查看模块中冷热物流进料位置提示。

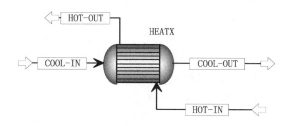

图 6-1　换热器 HEATX 流程

点击 Next $\blacktriangleright$，进入 **Streams | COLD-IN | Input | Mixed** 页面，输入冷物流 COLD-IN 数据：温度 35℃、压力 0.5 MPa、流量 250000 kg·h^{-1}，组分只含有 C$_8$H$_{18}$。

点击 Next $\blacktriangleright$，进入 **Streams | HOT-IN | Input | Mixed** 页面，输入热物流 HOT-IN 数据：温度 200℃、压力 1.5 MPa、流量 70000 kg·h^{-1}，组分只含有 BENZENE。

点击 Next $\blacktriangleright$，进入 **Blocks | HEATX | Setup | Specifications** 页面，进行模块

HEATX 设置，如图 6-2 所示。

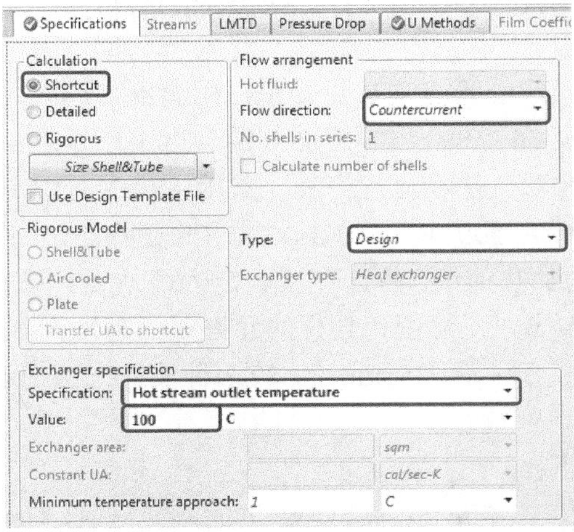

图 6-2　输入换热器 HEATX 参数

在 HEATX 的 **Specifications** 页面中有五组参数可供设置：Calculation（计算方法）、Flow arrangement（流动布置）、Rigorous Model（严格模型）、Type（计算类型）及 Exchanger specification（换热器规定）。

Calculation 中有三个选项：Shortcut（简捷计算）、Detailed（详细计算）和 Rigorous（严格计算）。其中严格计算采用外部计算程序 Rigorous Model（严格模型），包括 Shell&Tube（管壳式换热器）、AirCooled（空冷器）、Plate（板式换热器）。

Flow arrangement 包括以下设置选项：①Hot fluid（热流体）流动位置：Shell（壳程）或 Tube（管程）；②Flow direction（流动方向）：Countercurrent（逆流）、Co-current（并聚）或 Multiple Passes（多管程流动）。

Type 包括以下设置选项：Design（设计）、Rating（校核）、Simulation（模拟）及 Maximum Fouling（最大污垢）。Calculation 中的详细计算只能与 Type 中的校核或模拟选项配合，设计模式不能用于详细计算。

进入 **Blocks | HEATX| Setup | U Methods** 页面，点选 Constant U value，表示对模块 HEX 进行简捷设计时的总传热系数为恒定值，输入估计的总传热系数 500 $W\cdot(m^2\cdot K)^{-1}$，如图 6-3 所示。点击 Next **▶**，弹出 **Required Input Complete** 对话框，点击 OK 按钮，运行模拟流程收敛。

进入 **Blocks | HEATX| Thermal Results | Summary** 页面。查看模块 HEATX 的模拟结果，如图 6-4 所示，冷物流出口温度为 62.2653℃，换热器的热负荷为 4187.58 kW。

图 6-3　输入总传热系数

Summary	Balance	Exchanger Details	Pres Drop/Velocities	Zones	Utility Usage	Status

Heatx results

Calculation Model	Shortcut					
		Inlet		Outlet		
Hot stream:	HOT-IN			HOT-OUT		
Temperature:	200	C		100	C	
Pressure:	1.5	MPa		1.47	MPa	
Vapor fraction:	0			0		
1st liquid / Total liquid	1			1		
Cold stream:	COOL-IN			COOL-OUT		
Temperature:	35	C		62.2653	C	冷物流出口温度
Pressure:	0.5	MPa		0.45	MPa	
Vapor fraction:	0			0		
1st liquid / Total liquid	1			1		
Heat duty:	4187.58	kW		换热器热负荷		

图 6-4　查看模块 HEATX 模拟结果

进入 **Blocks | HEATX | Thermal Results | Exchanger Details** 页面，查看模块
HEATX 的设计细节，如图 6-5 所示，换热面积为 86.4684 m²。

Summary	Balance	Exchanger Details	Pres Drop/Velocities	Zones	Ut

Exchanger details

	Calculated heat duty:	4187.58	kW
	Required exchanger area:	86.4684	sqm
	Actual exchanger area:	86.4684	sqm
	Percent over (under) design:	0	
▶	Average U (Dirty):	500	Watt/sqm-K

图 6-5　查看模块 HEATX 设计细节

　　进入 **Blocks | HEATX | Hot HCurves** 页面，点击 **New...** 按钮，弹出 **Create New ID** 对话框，如图 6-6 所示。

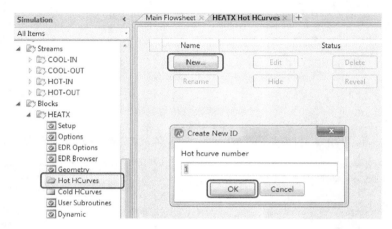

图 6-6　创建加热曲线

　　点击 OK 按钮，进入 **Blocks | HEATX | Hot HCurves|1| Setup** 页面。如图 6-7 所示，用户可以选择加热曲线对应的独立变量(热负荷、温度和气相分数)，可设置曲线的点数或步长，可设置曲线起始点与终点间压力分布为常数或线性分布，本例采用缺省值，不作更改。

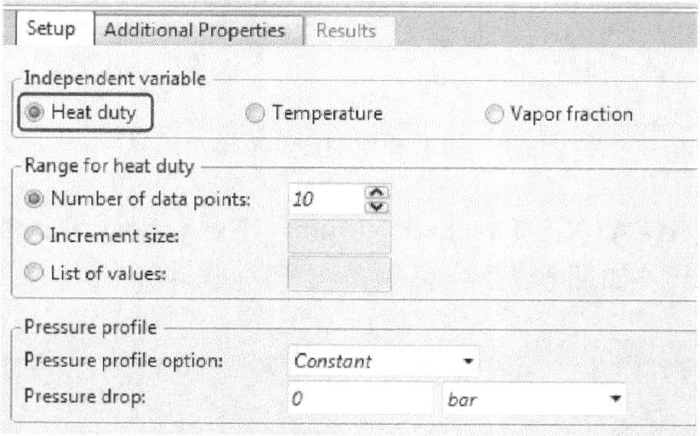

图 6-7　设置加热曲线参数

　　点击 Next ⏭️，弹出 **Required Input Complete** 对话框，点击 OK 按钮，运行模拟，流程收敛。

　　进入 **Blocks | HEATX | Hot HCurves | 1 | Results** 页面，用户可以查看加热曲线计算结果，如图 6-8 所示。

Point No.	Status	Heat duty cal/sec ▼	Pressure bar ▼	Temperature C ▼	Vapor fraction ▼
1	OK	0	14.7	199.988	0
2	OK	-90926	14.7	192.098	0
3	OK	-181850	14.7	183.965	0
4	OK	-272780	14.7	175.596	0
5	OK	-363700	14.7	166.996	0
6	OK	-454630	14.7	158.163	0
7	OK	-545560	14.7	149.097	0
8	OK	-636480	14.7	139.791	0
9	OK	-727410	14.7	130.239	0
10	OK	-818330	14.7	120.431	0
11	OK	-909260	14.7	110.356	0
12	OK	-1.0002e+06	14.7	100	0

图 6-8　查看加热曲线计算结果

　　点击 Home 选项卡下的 plot 组中的 Custom，弹出 Custom 对话框，在 X Axis 对应的下拉列表中选择 Temperature C，在 Y Axis 对应的下拉列表中勾选 Heat duty cal/sec，如图 6-9 所示，点击 OK 按钮，生成如图 6-10 所示加热曲线图。

图 6-9　设置绘图选项

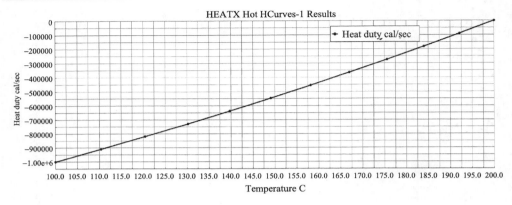

图 6-10　加热曲线图

6.2　两股物流换热器严格设计

点击按钮，保存文件。点击 **File | Save As** 将文件另存为 Example6.1-Rigorous Design.bkp。

进入 **Blocks | HEATX | Setup | Specifications** 页面，计算方法选择 Rigorous 热流体在壳程一侧，相关设置如图 6-11 所示。

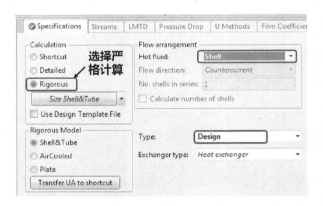

图 6-11　调整换热器 HEATX 参数

点击 Next **N**，进入 **Blocks | HEATX | EDR Options | Input File** 页面，在 EDR input File 下的文本框中输入新的 EDR 文件 HEX-DESIGN.EDR，点击 **Transfer geometry to Shell & Tube** 按钮，将 Aspen Plus 对换热器的简捷设计计算的结果传导到 EDR 文件中，如图 6-12 所示。

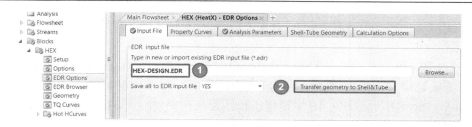

图 6-12　输入 EDR 文件

进入 **Blocks | HEATX | EDR Options | Analysis Parameter** 页面，在 Side 对应的下拉列表中选择 Hot stream 并输入热流侧参数，Fouling factor（污垢热阻）为 0.00018 $m^2 \cdot K \cdot W^{-1}$，Maximum delta-P（允许压力）为 0.05 MPa，如图 6-13 所示。同理，输入冷流侧 Fouling factor 为 0.00018 $m^2 \cdot K \cdot W^{-1}$ 和 Maximum delta-P 为 0.03 MPa。

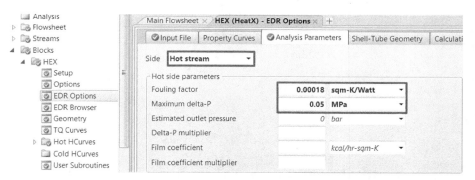

图 6-13　输入热流侧参数

进入 **Blocks | HEATX | EDR Browser Geometry** 页面，输入 Tube OD\Pitch（管外径和管心距）分别为 19 mm 和 25 mm，其余参数采用缺省值，如图 6-14 所示。

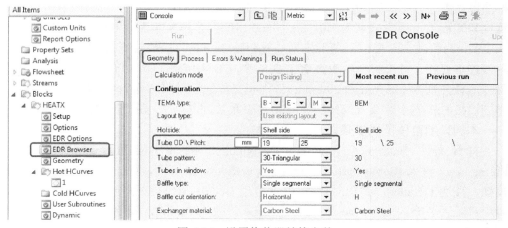

图 6-14　设置换热器结构参数

点击 Next 📭，弹出 **Required Input Complete** 对话框，点击 OK 按钮，运行模拟，流程收敛。

进入 **Blocks | HEATX | Thermal Results | Exchanger Details** 页面，查看换热器 HEX 的设计细节，如图 6-15 所示，换热器的面积为 55.7054 m²，总传热系数为 760.44 W·(m²·K)⁻¹，与图 6-10 中简捷设计结果相比差别较大，比简捷设计计算时输入的总传热系数估计值大。

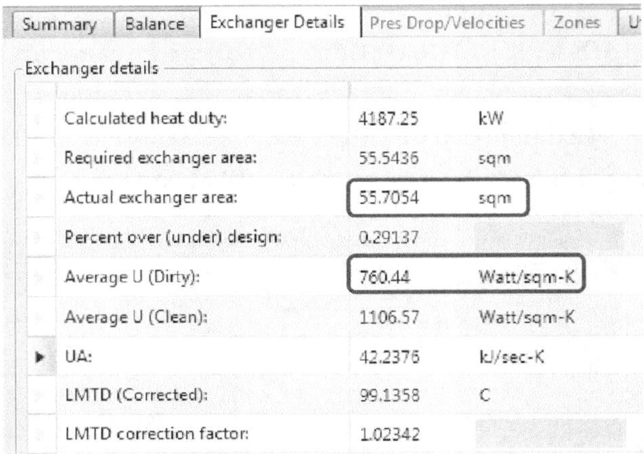

图 6-15　换热器严格设计结果

进入 **Blocks | HEATX | EDR Browser Geometry** 页面，用户可以修改结构输入参数与查看结构相关设计结果，如图 6-16 所示。

例 6-2　对例 6-1 中设计的换热器进行详细校核和严格校核。参照 GB/T 28712.2—2012《热交换器型式与基本参数　第 2 部分：固定管板式热交接器》选择标准系列换热器，型号为 BEM450-1.0/2.5-83-6/19-1 Ⅰ。可拆封头管箱，公称直径 450 mm，管程和完程设计压力分别为 1.0 MPa 和 2.5 MPa，公称换热面积 62 m²，换热管公称长度 6 m，管数 237 根，三角形排列，管心距 25 mm，换热管规格 φ19 mm×2 mm，单管程单壳程。弓形折流板板数 27，圆缺率 0.3，中心板间距 200 mm；壳程与管程管嘴内径分别为 158 mm 和 200 mm。管程和壳程的污垢热阻均为 0.00018 m²·K·W⁻¹，详细校核时根据换热器几何结构计算传热膜系数，其余采用缺省设置。

本例详细校核模拟步骤如下：

打开文件 Example6.1-Shortcut Design.bkp，将其另存为 Example6.2-Detail Rating.bkp。进入 **Blocks | HEX | Setup | Specifications** 页面，将计算模式调整为详细校核，点选 Detailed，弹出对话框(提示用户 Detailed 计算法不能用于设计计算，询问用户是否忽略)，点击 Yes 按钮，将 Type 修改为 Rating，规定热物流在壳程，如图 6-17 所示。

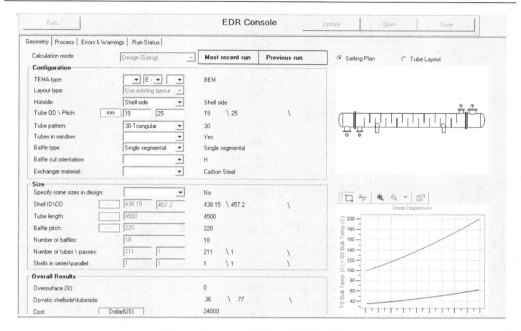

图 6-16　EDR 页面换热器设计的结果

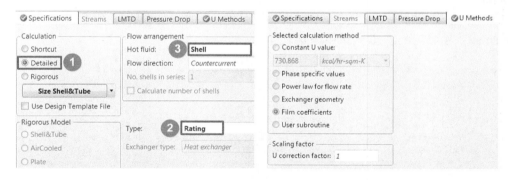

图 6-17　调整计算模式　　　　图 6-18　设置总传热系数计算方法

进入 **Blocks | HEX | Setup | U Methods** 页面，点选 Film coefficients，如图 6-18 所示。表示根据传热面两侧的传热膜系数计算总传热系数。

进入 **Blocks | HEX | Setup | Film Coefficients** 页面，在 Side 对应的下拉列表中选择 Hot stream 并输入热流侧参数，点选 Calculate from geometry，表示根据换热器的几何结构计算传热膜系数，输入热流侧 Fouling factor（污垢热阻）$0.00018 \ \mathrm{m^2 \cdot K \cdot W^{-1}}$（图 6-19）；在 Side 对应的下拉列表中选择 Cold stream，点选 Calculate from geometry，并输入 Fouling Factor 为 $0.00018 \ \mathrm{m^2 \cdot K \cdot W^{-1}}$。

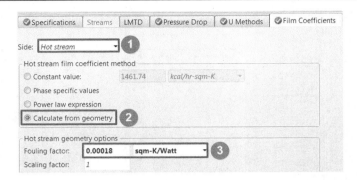

图 6-19　设置传热膜系数计算方法

点击 Next ，进入 **Blocks | HEX | Geometry Shell** 页面，对换热器的几何结构进行详细设置，具体包括 Shell（壳程）、Tubes（管程）、Tube Fins（翅片管）、Baffles（折流板）和 Nozzles（管嘴）等。

在 **Shell** 页面可以设置以下参数：TEMA shell type（壳程类型）、No. of tube passes（管程数）、Exchanger orientation（换热器方位）、Number of sealing strip pairs（密封条数）、Direction of tubeside flow（管程流向）、Inside shell diameter（壳径）、Shell to bundle clearance（壳/管束间隙）、Number of shells in series（串联壳程数）、Number of shells in parallel（并联壳程数）。本例换热器壳程参数设置如图 6-20 所示，Inside shell diameter 为 450 mm，其余采用缺省设置。

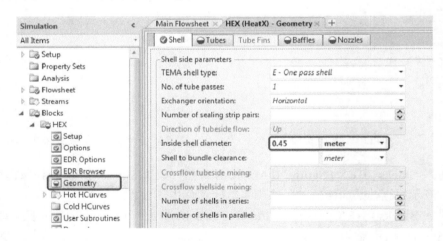

图 6-20　设置管程参数

点击 Next，进入 **Blocks | HEX | Geometry | Tubes** 页面，设置管程参数。在 Tubes 页面可以设置以下参数：Select tube type（管子类型）、Tube layout（管程布置）、Tube size（管子尺寸，实际尺寸 Actual 或公称尺寸 Nominal）。本例换热器管程参数

设置如图 6-21 所示，Total number（管子总数）237，Tube layout|Pattern 为 Triangle（三角形排列），Length（管长）6 m，Pitch（管心距）25 mm，Outer diameter（管子外径）19 mm，Tube thickness（管壁厚）2 mm，其余采用缺省设置。

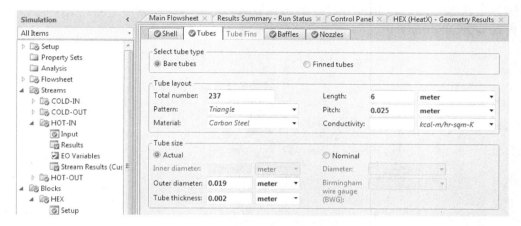

图 6-21　换热器管程参数设置

点击 Next 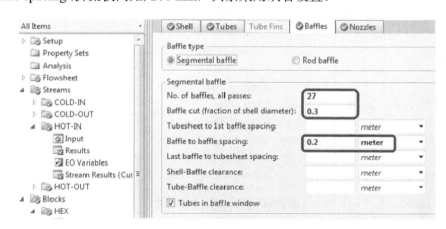，进入 Blocks | HEX | Geometry | Baffles 页面，设置折流板参数。在 Baffles 页面中有两种类型的折流板可供选用：Segmental baffle（弓形折流板）和 Rod baffle（折流板）。本题换热器折流板参数设置如图 6-22 所示，采用 Segmental baffle，NO. of baffle，all passes（折流板数）27，Baffle cut（折流板圆缺率）0.3，Baffle to baffle spacing（折流板间距）200 mm，其余采用缺省设置。

图 6-22　设置折流板参数

点击 Next 。进入 **Blocks | HEX | Geometry | Nozzles** 页面，设置管嘴参数，在 **Nozzles** 页面，可以设置以下参数：Enter shell side nozzle diameters（壳程管嘴内

径)，包括 Inlet nozzle diameter(进口管嘴内径)、Outlet nozzle diameter(出口管嘴内径)；Enter tube side nozzle diameters(管程管嘴内径)，包括 Inlet nozzle diameter(进口管嘴内径)、Outlet nozzle diameter(出口管嘴内径)。本例换热器管嘴参数设置如图 6-23 所示，壳程进出口管嘴内径均为 150 mm，管程进出口管嘴内径均为 200 mm。

图 6-23　输入管嘴参数

点击 Next，出现 **Required Input Complete** 对话框。点击 OK 按钮，运行模拟，流程收效。

进入 **Blocks | HEX | Thermal Results | Exchanger Details** 页面，查看换热器详细校核结果，如图 6-24 所示，换热面积余量为 25.1367%，总传热系数为 637.358 W·$(m^2·K)^{-1}$，计算得到所需的换热面积与简捷设计计算结果差别不大。

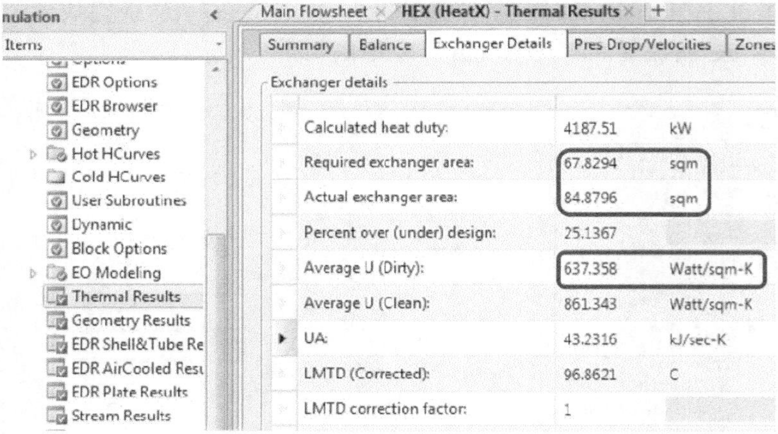

图 6-24　查看详细校核结果

进入 **Blocks | HEX |Thermal Results | Pres Drop/Velocities** 页面，查看换热器压力，如图 6-25 所示，壳程压力为 0.0235369 MPa，管程压力为 0.0268673 MPa，均小于允许压力。点击按钮，保存文件。

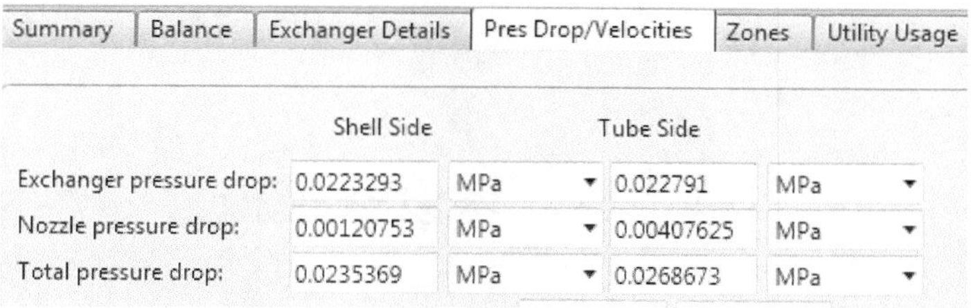
Summary
Balance
Exchanger Details
Pres Drop/Velocities
Zones
Utility Usage
Shell Side
Tube Side
Exchanger pressure drop: 0.0223293 MPa 0.022791 MPa
Nozzle pressure drop: 0.00120753 MPa 0.00407625 MPa
Total pressure drop: 0.0235369 MPa 0.0268673 MPa

图 6-25　详细校核压降

习　　题

6-1　采用简捷设计模拟逆流操作的管壳式换热器中，热物流为饱和水蒸气(压力 0.5 MPa，流量 1000 $kg \cdot h^{-1}$)，冷物流为乙醇(温度 25℃，压力 0.3 MPa，流量 2000 $kg \cdot h^{-1}$)。热物流压降为 0.02 MPa，出口过冷度 3℃，冷物流压降为 0.02 MPa。总传热系数计算方法设为 Phase Specific Values。试求冷物流的出口温度、相态和需要的换热面积。热力学方法选择 PENG-ROB。

6-2　对习题 6.1 所述换热器进行详细校核，冷热物流逆流换热，热物流走管程。换热器水平放置，采用单壳程的管壳换热器，壳体内径 325 mm；管子总数 99 根，管长 3 m，管子规格 ϕ19 mm× 2 mm，正三角排列，管心距 25 mm；折流板数 19 块，折流板间距 150 mm，折流板圆缺率 0.3；所有管嘴直径均为 150 mm。采用膜传热系数法计算总传热系数，根据几何结构计算膜传热系数，管程和壳程的污垢热阻均为 0.00018 $m^2 \cdot K \cdot W^{-1}$。

第7章 塔设备模拟

7.1 简　介

Aspen Plus 提供了 DSTWU、Distl、RadFrac、Extract 等塔单位模块，这些模块可以模拟精馏、吸收、萃取等过程；可以进行操作型计算，也可以进行设计型计算；可以模拟普通精馏，也可以模拟复杂精馏，如萃取、共沸精馏、反应精馏等。各个塔单元模块的介绍见表 7-1。

表 7-1　塔模块介绍

模块	说明	功能	适用对象
DSTWU	使用 Winn-Underwood-Gilliland 方法的多组分精馏简捷设计模块	确定最小回流比、最小理论板数以及实际回流比、实际理论板数等	仅用一股进料和两股产品出料的简单精馏塔
Distl	使用 Edmister 方法的多组分精馏简捷校核模块	基于回流比、理论板数及 D/F (塔顶采出与进料比值)确定分离情况	仅有一股进料和两股产品出料的简单精馏塔
SCFrac	复杂石油分馏单元简捷设计模块	确定产品组成和流量，估算每个塔段理论板数和热负荷等	原油常减压蒸馏塔等
RadFrac	单塔精馏严格计算模块	进行每个精馏塔的严格校核和设计计算	常规精馏、吸收、汽提、萃取精馏、共沸精馏、三相精馏、反应精馏等
MultiFrac	多塔精馏严格计算模块	进行复杂多塔的严格校核和设计计算	原油常减压蒸馏塔、吸收/汽提塔组合等
PetroFrac	石油蒸馏模块	进行石油炼制工业中复杂塔的严格校核和设计计算	预闪蒸塔、原油常减压蒸馏塔、催化裂化主分馏塔、乙烯装置初馏塔和急冷塔组合等
Extract	溶剂萃取模块	萃取剂与原料液在塔内逆流完成原料液中所需组分的萃取	液-液萃取塔

7.2　精馏塔简捷设计

多组分精馏的简捷设计模块 DSTWU 假定恒摩尔流和恒定的相对挥发度，采用 Winn-Underwood-Gilliland 方法计算仅有一股进料和两股出料的简单精馏塔，其中，采用 Winn 方程计算最小理论板数，通过 Underwood 公式计算最小回流比，依据

Gilliland 关联式确定指定回流比下所需的理论板数及进料位置，或指定理论板数下所需要的回流比及进料位置。塔的理论板数由冷凝器开始自上向下进行编号，DSTWU 模块要求一股进料、一股塔顶产品出料及一股塔底产品出料，其中，塔顶产品允许在冷凝器中分出水相，其连接如图 7-1 所示。

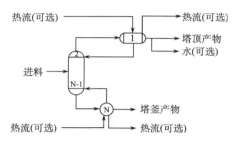

图 7-1　DSTWU 模块连接示意图

DSTWU 模块通过计算可给出最小回流比、最小理论板数、实际回流比、实际理论板数（包括冷凝器和再沸器）、进料位置、冷凝器热负荷和再沸器热负荷等参数，但其计算精度不高，常用于初步设计，其计算结果可为严格精馏计算提供初值。

DSTWU 模块有两个计算选项，分别为生成回流比随理论板数变化表（**Blocks | DSTWU | Input | Calculation Options** 页面下的 Generate table of reflux ratio vs number of theoretical stages 选项）和计算等板高度（**Blocks | DSTWU | Input | Calculation Options** 页面下的 Calculate HELP 选项）。

回流比随理论板数变化表对选取合理的理论板数具有很大的参考价值。在实际回流比对理论板数（Table of actual reflux ratio vs number of theoretical stage）一栏中输入要分析的理论板数的初值（Initial number of stages）、终值（Final number of stages），并输入理论板数变化量（Increment size for number of stages）或者表中理论板数值的个数（Number of values in table），据此可以计算出不同理论板数下的回流比，并可以绘制回流比——理论板数关系曲线。

下面通过例 7-1 介绍精馏塔简捷设计模块 DATWU 的应用。

例 7-1　简捷法设计苯-氯苯精馏塔。进料量 10000 kg·h^{-1}，温度 80℃，压力 120 kPa，苯 0.6843（质量分数，下同），氯苯 0.3153，水 0.0004，塔顶为全凝器，冷凝器压力 110 kPa，再沸器压力 130 kPa，回流比为最小回流比的 1.5 倍。要求塔顶产品中苯含量不低于 0.99，塔底产品中氯苯量不低于 0.995。物性方法采用 NRTL。求最小回流比、最小理论板数、实际回流比、实际理论板数、进料位置以及塔顶温度，并生成回流比随理论板数变化图。

本例模拟步骤如下：

（1）建立和保存文件。启动 Aspen Plus，选择模板 General with Metric Units，将

文件保存为 Example7.1-DSTWU.bkp。

（2）输入组分。进入 **Components | Specifications | Selection** 页面，输入组分苯、氯苯和水，具体如图 7-2 所示。

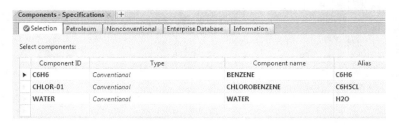

图 7-2　　输入组分

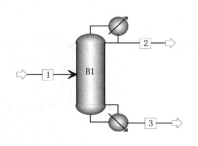

（3）选择物性方法。点击 ►，进入 **Methods | Specifications | Global** 页面，选择 NRTL，查看方程的二次交互作用参数，本例采用缺省值。

（4）点击 ►，出现 **Properties Input Complete** 对话框，选择 Go to Simulation environment，点击 OK，进入模拟环境。

（5）建立流程图。建立如图 7-3 所示的流程图，其中 DSTWU 采用模块选项板中的 **Columns| DSTSWU| ICON1** 图标。

图 7-3　DSTWU 模块流程图

（6）全局设定。进入 **Setup | Specifications | Global** 页面，在 Title 中输入 DSTWU。

（7）输入进料条件。点击 ►，进入 **Streams | FEED | Input | Mixed** 页面，按题目信息输入进料物流数据，如图 7-4 所示。

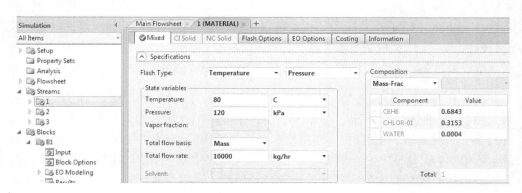

图 7-4　进料物流数据

（8）输入模块参数。点击 ►，进入 **Blocks | DSTWU | Input | Specifications** 页面，输入模块 DSTWU 参数，如图 7-5 所示。Reflux ratio（回流比）中输入–1.5，表示实际

回流比是最小回流比的 1.5 倍, 若输入 1.5 则表示实际回流比是 1.5。本例中苯为 Light key(轻关键组分), 氯苯为 Heavy key(重关键组分)。根据产品纯度要求, 计算可得塔顶苯的摩尔回收率为 98.9%, 塔底氯苯的摩尔回收率为 98.54%, 氯苯在塔顶中的摩尔回收率为 1-0.9854=0.0146。Pressure 项中输入 Condenser(冷凝器)110 kPa, Reboiler(再沸器)130 kPa。

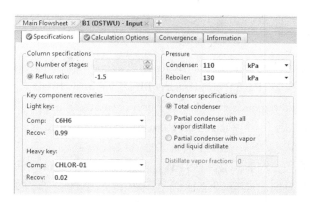

图 7-5　DSTWU 模块参数

关于 DSTWU 四组模块参数设定的说明。

(i) 塔设定(Column specifications)包括理论板数(Number of stages)和回流比(Reflux ratio), 回流比与理论板数仅允许规定一个。理论板数包括冷凝器和再沸器。选择规定回流比时, 输入值>0, 表示实际回流比; 输入值<-1, 其绝对值表示实际回流比与最小回流比的比值。

(ii) 关键组分回收率(Key component recoveries)包括轻关键组分在塔顶产品中的摩尔回收率(塔顶产品中的轻关键组分摩尔流量/进料中的轻关键组分摩尔流量)和重关键组分在塔顶产品中的摩尔回收率(塔顶产品中的重关键组分摩尔流量/进料中的重关键组分摩尔流量)。

由用户指定浓度或者提出分离要求的两个组分称为关键组分(Key component), 易挥发的低沸点组分称为轻关键组分(Light key component), 难挥发的高沸点组分称为重关键组分(Heavy key component)。假定塔内存在组分 A、B、C 和 D, 其沸点依次升高, 表 7-2 可清楚地表示不同的分离要求下所对应的轻重关键组分情况。

(iii) 压力(Pressure)包括冷凝器压力、再沸器压力。塔压的选择实质上是塔顶、塔底温度选取的问题, 塔顶、塔底产品的组成是由分离要求规定的, 故据此及公用工程条件和物系性质确定塔顶、塔底温度, 继而确定塔压, 塔的压降是由塔的水力学计算决定的, 操作压力可以采用简化法计算, 即先假设一操作压力, 若温度未满足要求则调整压力, 直至温度要求满足为止。

表 7-2　　不同分离要求对应的轻重关键组分情况一览表

项目 案例	1	2	3
塔顶	A	AB	ABC
塔底	BCD	CD	D
轻关键组分	A	B	C
重关键组分	B	C	D

（iv）冷凝器设定（Condenser specifications）包括全凝器（Total condenser）、带气相塔顶产品的部分冷凝器（Partial condenser with all vapor distillate）、带汽液相塔顶产品的部分冷凝器（Partial condenser with vapor and liquid distillate）。

（9）运行模拟。点击 ，出现 **All Required Input Complete** 对话框，点击 OK，运行模拟。

（10）查看结果。进入 **Blocks | DSTWU | Results | Summary** 页面，可看到计算出的最小回流比为 0.3121，实际回流比为 0.4682，最小理论板数为 6（包括全凝器和再沸器），实际理论板数为 12（包括全凝器和再沸器），进料位置为第 7 块板，塔顶温度为 80.33℃，如图 7-6 所示。一般来说，使用循环水作为冷却介质时塔顶温度需大于 40℃，本例中塔顶温度为 80.33℃，说明在该操作压力下可以使用循环水进行冷却。

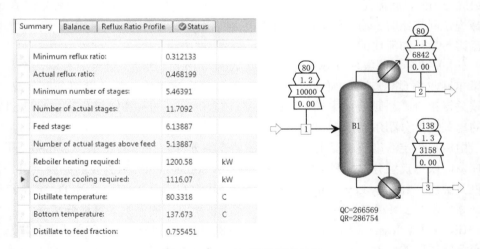

图 7-6　DSTWU 模块模拟结果

（11）生成回流比随理论板数变化表。进入 **Blocks | DSTWU | Input | Calculation Options** 页面，选中 Generate table of reflux ratio vs number of theoretical stages，输入初值 6，终值 25，变化量 1，如图 7-7 所示。点击 ，出现 **All required Input Complete**

对话框，点击 OK，运行模拟，进入 **Blocks | DSTWU | Result | Reflux Ratio Profile**
页面，可看到回流比随理论板数变化表，如图 7-8 所示。

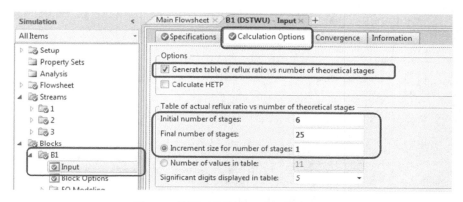

图 7-7　设置回流比随理论板数变化表

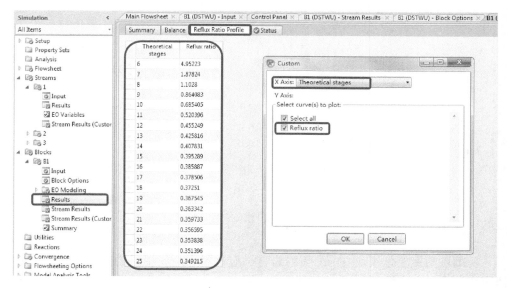

图 7-8　回流比随理论板数变化表

　　(12) 作图。点击右上角 Plot 工具栏中的 **Custom** 按钮，选择 Theoretical stages
为 X-Axis，选择 Reflux ratio 为 Y-Axis，点击 OK 即可得到回流比与理论板数关系曲
线，如图 7-9 所示，合理的理论板数应在曲线斜率绝对值较小的区域内选择。
　　通过作理论板数与回流比乘积 vs.理论板数 (N×RR vs. N) 关系曲线，可较为明显
地找出最低点，其对应的数值即为合理的理论板数，将理论板数与回流比数据粘贴
至 Excel 中，另起一列完成理论板数与回流比乘积的计算 (N×RR)，并在 Excel 中生
成该乘积与理论板数的关系曲线，如图 7-10 所示，理论板数取 12 最为合适。

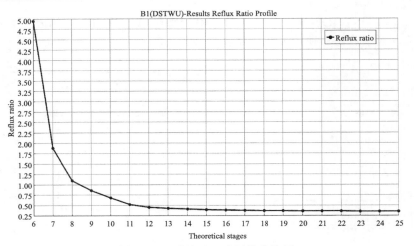

图 7-9 回流比随理论板数曲线图

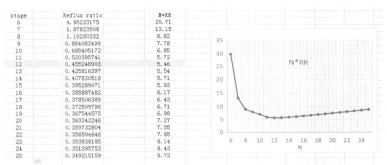

图 7-10 理论板数与回流比乘积随理论板数变化曲线图

7.3 精馏塔简捷校核

精馏塔简捷校核模块 Distl 可对带有一股进料和两股出料的简单精馏塔进行简捷校核计算，该模块假定恒定的摩尔流和恒定的相对挥发度，采用 Edmister 方法计算精馏塔的产品组成。Distl 模块的连接如图 7-11 所示。

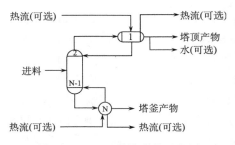

图 7-11 Distl 模块连接示意图

下面通过例 7-2 介绍精馏塔简捷校核模块 Dsitl 的应用。

例 7-2　用简捷校核苯–氯苯精馏塔，进料条件及物性方法与例 7.1 相同。实际回流比 0.4682，理论板数 12（包括全凝器和再沸器），进料位置 7，塔顶产品与进料摩尔流量比（Distillate to Feed mole ratio）0.7555。求冷凝器及再沸器的热负荷、塔顶产品及塔底产品的质量纯度。

本例模拟步骤如下：

(1)建立和保存文件。启动 Aspen Plus，选择模板 General with Metric Units，将文件保存为 Example7.2-Distl.bkp。

(2)输入组分，选择物性方法，与例 7-1 完全相同。

(3)建立流程图。建立如图 7-12 所示的流程图，其中 Distl 采用模块选项板中的 **Columns | Distl | ICON1** 图标。

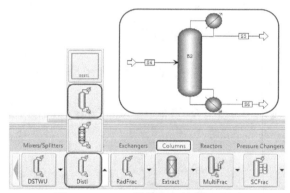

图 7-12　Distl 模块流程绘制示意图

(4)全局设定并设置物流报告。如图 7-13 所示，进入 **Setup | Specifications | Global** 页面，在 Title 中输入 Distl，进入 **Setup | Report Options | Stream** 页面，在 Fraction basis 项中勾选 Mole 和 Mass。

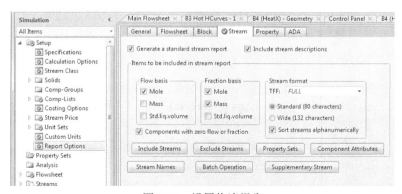

图 7-13　设置物流报告

(5) 输入进料条件。与例 7-1 完全相同。

(6) 输入模块参数。进入 **Blocks | DISTL | Input | Specifications** 页面，输入模块 Distl 参数，如图 7-14 所示。

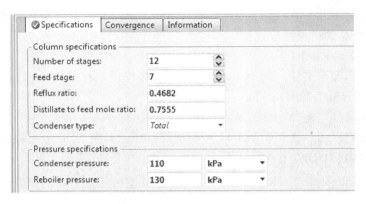

图 7-14　设置模块 Distl 参数

(7) 运行模拟。点击 **N**，出现 **Required Input Complete** 对话框，点击 OK，运行模拟。

(8) 查看结果。进入 **Blocks | DISTL | Results | Summary** 页面，查看冷凝器的热负荷为 1115.44 kW，再沸器的热负荷为 1200.72 kW，如图 7-15 所示。

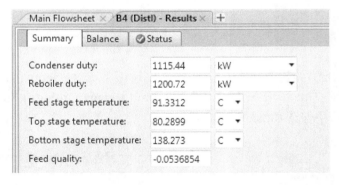

图 7-15　模块 DISTL 模拟结果

进入 **Results Summary | Streams | Material** 页面，可看到物流的信息，将 Format 改为 FULL，即可看到每股物流的详细信息，其中塔顶产品物流 2 中苯的质量分数为 0.9926，塔底产品物流氯苯的质量分数为 0.9820，如图 7-16 所示。

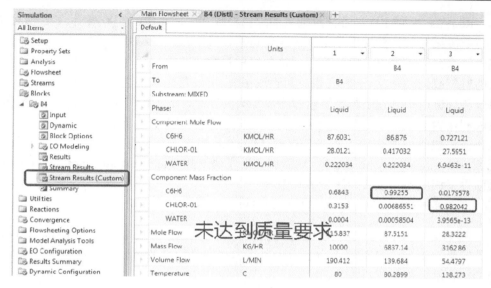

图 7-16　物流模拟结果

7.4　精馏塔严格计算

精馏塔严格计算模块 RadFrac 可对下述过程进行严格模拟计算：普通精馏、吸收、再沸吸收、汽提、再沸汽提、萃取精馏、共沸精馏。除此之外，该模块也可模拟反应精馏，包括固定转化率的反应精馏、平衡反应精馏、速率控制反应精馏以及电解质反应精馏，且在平衡级模式下，该模块还可模拟塔内进行两液相反应同时发生的精馏过程，此时对两液相模拟采用不同的动力学反应，该模块适用于两相体系、三相体系、窄沸程和宽沸程物系以及液相表现为强非理想性的物系。RadFrac 模块的连接如图 7-17 所示。

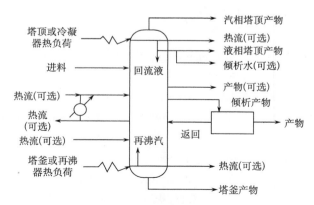

图 7-17　RadFrac 模块连接示意图

　　RadFrac 模块允许设置任意数量的理论板数、中间再沸器和冷凝器、液-液分相器、中段循环。该模块要求至少一股进料，一股汽相或液相塔顶出料，一股液相塔底出料，允许塔顶出一股倾析水。每一级进料物流的数量没有限制，但每一级至多只能有三股侧线产品(一股汽相，两股液相)，可设置任意数量的虚拟产品物流，虚拟产品物流用来创建于精馏塔内部物流相关的物流，方便用户查看任意塔板的流量、组成和热力学状态，还可连接至其他单元模块，但其并不影响塔内的质量衡算。虚拟物流模拟时与常规物流类似，点击 Material 物流连接至塔身蓝色光标处[Pseudo Stream(Optional；any number)]，然后在该塔模块下的 **Specifications | Setup | Streams** 页面设置相应采出位置及流量等参数。

　　下面通过例 7-3 介绍精馏塔严格计算模块 RadFrac 的应用。

　　例 7-3　在例 7.1 简捷设计的基础上，对苯-氯苯精馏塔进行严格计算，进料条件、冷凝器形式、冷凝器压力、再沸器压力、产品纯度要求以及物性方法与例 7.1 相同，再沸采用釜式再沸器。

　　(1)根据例 7.1 的设计结果，利用 RadFrac 模块计算塔顶及塔底产品的质量纯度。

　　(2)求满足产品纯度要求所需的回流比和塔顶产品流量以及冷凝器和再沸器的热负荷。

　　(3)在满足产品纯度的基础上，绘制塔内温度分布曲线、塔内液相质量组成分布曲线。

　　(4)在满足产品纯度的基础上，分析进料位置和总理论板数变化对再沸器热负荷的影响。

　　(5)求达到分离要求的最小回流比。

　　(6)求达到分离要求的最小理论板数。

　　简捷计算得到的回流比 0.4682、理论板数 12、进料位置 7、塔顶产品与进料的摩尔流量比(D/F)0.7555，只作为严格计算的初值。在理论板数和进料位置一定的情况下，由分离要求严格计算出回流比、塔顶产品与进料的流量比。合理的理论板数、适宜的进料位置需要进一步优化得到。

　　本例模拟步骤如下：

　　(1)建立和保存文件。启动 Aspen Plus，选择模板 General with Metric Units，将文件保存为 Example7.3a-RadFrac.bkp。

　　(2)输入组分，选择物性方法，与例 7-1 完全相同。

　　(3)建立流程图。RadFrac 采用模块选项板中的 **Columns | RadFrac | FRACT1** 图标。

　　(4)输入进料条件。物流进料条件与例 7-1 相同。

　　(5)输入模块参数。点击 ，进入 **Blocks | RADFRAC | Specifications | Setup | Configuration** 页面，按照例 7.1 计算结果输入模块配置参数，如图 7-18 所示。

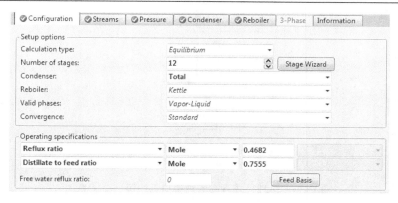

图 7-18　RadFrac 模块参数设置

关于 **Configuration** 页面下各选项的说明：

(i) 计算类型 (Calculation type) 包括平衡模式 (Equilibrium) 和非平衡模式 (Rate-Based)。平衡模式的计算基于平衡假定，即离开每块理论板的汽液相完全达到平衡，非平衡模式的计算基于热量交换和能量交换，不需要如塔效、HETP 之类的经验因子。本例采用缺省的平衡模式。

(ii) 塔板数 (Number of stages)。要求输入的塔板数既可以是理论板数，也可以是实际塔板数。若输入的是实际塔板数，需要设置塔的效率，此处的塔板数包括冷凝器和再沸器。本例输入的塔板数指理论塔板数，后续例题中如果没有特别说明，板数均指理论板数。

(iii) 冷凝器 (Condenser) 包括四个选项：全凝器 (Total)、部分冷凝器-汽相塔顶产品 (Partial-Vapor)、部分冷凝器-汽相和液相塔顶产品 (Partial-Vapor-Liquid)、无冷凝器 (None)。本例采用全凝器。

(iv) 再沸器 (Reboiler) 包括三个选项：釜式再沸器 (Kettle)、热虹吸式再沸器 (Thermosiphon)、无再沸器 (None)。本例采用缺省的釜式再沸器。

釜式再沸器作为塔的最后一块理论板来模拟，其气相分数高，操作弹性大，但造价也高。热虹吸式再沸器作为一个塔底带加热器的中段回流来模拟，如图 7-19 所示，其造价低，易维修，工业中应用较广泛。热虹吸式再沸器的模拟包括带挡板和不带挡板两类，模拟时均需通过勾选 "Specify reboiler flow rate"（指定再沸器流量）、"Specify reboiler outlet condition"（指定再沸器出口条件）或者 "Specify both flow outlet condition"（指定再沸器流量和出口条件），以设置下列参数之一：温度、温差、气相分数、流量、流量和温度、流量和温差、流量和气相分数，当勾选 "Specify both flow outlet condition" 时，必须在 Configuration 界面给定再沸器热负荷，RadFrac 模块将其作为初值进行计算。图 7-20 所示为热虹吸式再沸器的结构形式。

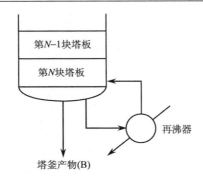

图 7-19　热虹吸式再沸器被模拟为中段回流示意图

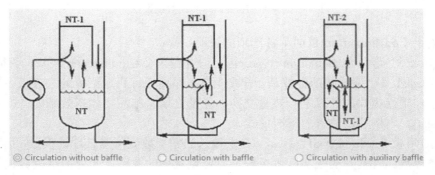

图 7-20　热虹吸式再沸器结构示意图

选用 Kettle 还是 Thermosiphon 再沸器的一个重要原则是看塔底液相产品是否与返塔的汽相成相平衡：如果成相平衡选用 Kettle，否则选用 Thermosiphon；如果塔底产品是从再沸器出口流出的液体，选用 Kettle；如果塔底产品与进入再沸器的液体条件完全一致，那么选用 Thermosiphon。选择带挡板和不带挡板的热虹吸式再沸器时，通常气相分数控制在 5%～35%，若低于 5%，因出口管线阻力降过大，将导致再沸器物料无法循环；若高于 35%，应当采用釜式再沸器。针对本例，读者可取气相分数为 20%，分别采用釜式再沸器和热虹吸式再沸器，可以发现两者对模拟结果几乎没有影响。但对于某些物系，不同的再沸器对于模拟结果有一定的影响，需谨慎选择。

可使用 HeatX 模块及 Flash2 模块严格模拟 RadFrac 中的再沸器，此时在 Exchanger Design and Rating(EDR)环境中创建合适 EDR 模块，然后通过 **Blocks | RADFRAC | Specifications | Setup | Reboiler | Reboiler Wizard** 进行 EDR 文件的调整与设置。

(v)RadFrac 模块的有效相态有六种，包括汽－液(Vapor-Liquid)、汽－液－液(Vapor-Liquid-Liquid)、汽－液－冷凝器游离水(Vapor-Liquid-Free Water Condenser)、汽－液－任意塔板游离水(Vapor-Liquid-Free Water Any Stage)、汽－液－冷凝器污水相

（Vapor-Liquid-Dirty Water Condenser）以及汽-液-任意塔板污水相（Vapor-Liquid-Dirty Water Any Stage），其各自特点如表7-3所示。本例的有效相态为汽-液两相。

表 7-3　有效相态类型及各自特点

相态类型	特点
Vapor-Liquid	液相不分离，反应在每一相发生
Vapor-Liquid-Liquid	完全严格法计算，选择的所有板上均进行三相计算；对两个液相的性质不做任何假设；任意板上均可设置分相器
Vapor-Liquid-Free Water Condenser	只在冷凝器处进行自由水的计算；分相器只能设置在冷凝器处；通过参数 Free Water ReFluX Ratio（缺省值为0）规定自由水回流量与全部流出量的比值
Vapor-Liquid-Free Water Any Stage	选择的所有板上均进行三相计算，即可在任意塔板上进行自由水的计算，任意板上均可设置分相器
Vapor-Liquid-Dirty Water Condenser	允许水相中含有很低浓度的可溶性有机组分，但仍将其当作水相处理，只在冷凝器处进行水相的计算；分相器只能设置在冷凝器处
Vapor-Liquid-Dirty Water Any Stage	允许水相中含有很低浓度的可溶性的有机组分；选择的所有板上均进行三相计算；任意板上均可设置分相器

（vi）RadFrac 模块的收敛方法有六种：标准方法（Standard）、石油/宽沸程物系（Petroleum/Wide-boiling）、强非理想液体（Strongly non-ideal liquid）、共沸物系（Azeotropic）、深冷体系（Cryogenic）以及用户自定义（Custom）。本例物系为乙苯和苯乙烯，采用缺省的标准方法即可。

（vii）RadFrac 模块操作规定（Operating specifications）。在进料、压力、塔板数、进料位置一定的情况下，精馏塔的操作规定有十个待选项，即回流比（Reflux ratio）、回流量（Reflux rate）、再沸量（Boilup rate）、再沸比（Boilup ratio）、冷凝器热负荷（Condenser duty）、再沸器热负荷（Reboiler duty）、塔顶产品流量（Distillate rate）、塔底产品流量（Bottoms rate）、塔顶产品与进料流量比（Distillate to feed ratio）、塔底产品与进料流量比（Bottoms to feed ratio）。一股首先选择回流比和塔顶产品与进料流量比（Distillate to feed ratio）或塔顶产品流量（Distillate rate），当获得收敛的模拟结果后，为了满足设计规定的要求，有时需要重新选择合适的操作规定，并予初值。

精馏塔各工艺参数之间是相互影响的，明确它们之间的相互关系，有助于更好地设计精馏塔，精馏塔各工艺参数之间的相互关系见表7-4。

表 7-4　精馏塔各工艺参数之间的相互关系

参数变化	冷凝器温度变化趋势	釜温变化趋势	说明
塔顶采出量加大	升高	升高	塔顶采出量加大，使更多重组分从塔顶出去，故冷凝器温度升高，重组分从塔顶馏出越多，塔底组分就会更重，故釜温升高

续表

参数变化	冷凝器温度变化趋势	釜温变化趋势	说明
塔顶采出量减小	降低	降低	塔顶采出量减少，塔顶采出变轻，故冷凝器温度降低，塔底的轻组分也随之增加，故釜温降低
回流比增加	降低	升高	回流比增加，顶、底采出变轻，塔底采出变重，故冷凝器温度降低，釜温升高
塔板数增加	降低	升高	塔板数增加，顶、底分离更好，塔顶采出变轻，塔底采出变重，故冷凝器温度降低，釜温升高，但需进料板位置仍然保持在原有比例

点击 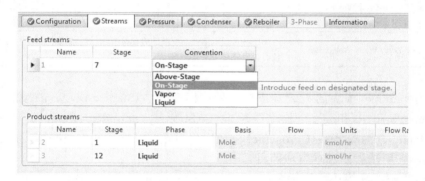，进入 **Blocks | RADFRAC | Specifications | Setup | Streams** 页面，输入进料位置及进料方式，如图 7-21 所示。

图 7-21　RadFrac 模块进料参数设置

进料方式有如下几种：

(i)板上方进料(Above-Stage)，指在理论板间引入进料物流，液相部分流动到指定的理论板，气相部分流动到上一块理论板，缺省情况下为 Above-Stage。若气相自塔底进入可使用 Above-Stage，将塔板数设为 $N+1$。

(ii)在板上进料(On-Stage)，指汽液两相均流动到指定的理论板，若规定为 On-Stage，只有存在水力学计算和默弗里效率计算时，才进行进料闪蒸计算。因此，如果没有水力学计算和默弗里效率计算，单相进料时选择 On-Stage，可减少闪蒸计算，同时避免超临界体系的闪蒸问题。

(iii)汽相(Vapor)在板上进料以及液相(Liquid)在板上进料，即 Vapor on stage 和 Liquid on stage，不对进料进行闪蒸计算，完全将进料处理为规定的相态，仅在最后一次收敛计算时对进料进行闪蒸计算，以确认规定的相态是否正确，这避免了在进行默弗里效率计算和塔板/填料设计或校核计算时不必要的进料闪蒸计算。

点击 ，进入 **Blocks | RADFRAC | Specifications | Setup | Pressure** 页面，输入相关压力，如图 7-22 所示。

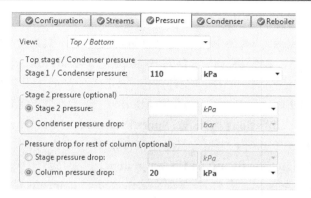

图 7-22　RadFrac 模块压力设置

压力的设置有以下三种方式：

(i) 顶塔/底 (Top/Bottom)，用户可以仅指定第一块板压力；当塔内存在压降时，用户需指定第二块板压力或冷凝器压降，同时还可以指定单板压降或是全塔压降。

(ii) 内压力分布 (Pressure profile)，指定某些塔板压力。

(iii) 段压降 (Section pressure drop)，指定每一塔段的压降。本例采用第一种方式。

(6) 运行模拟。点击 $\mathbb{N}$，出现 **Required Input Complete** 对话框，点击 OK，运行模拟，流程收敛，保存文件。

(7) 查看模拟结果。进入 **Blocks | RADFRAC | Stream Result** 页面，查看物流结果，如图 7-23 所示，塔顶产品物流 2 中苯的质量分数为 0.9906。塔底产品物流 3 中氯苯的质量分数为 0.9791，塔底产品没有满足产品纯度要求。

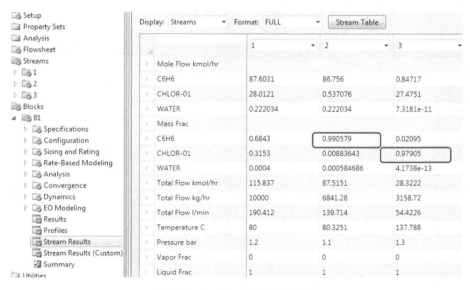

图 7-23　RadFrac 物流模拟结果

(8) 添加塔内设计规定。RadFrac 模块可通过添加 Design Specs 达到分离要求，如产品的纯度或回收率。本例中要求塔顶产品苯的质量分数为 0.99，塔底产品氯苯的质量分数为 0.995，首先将文件另存为 Example7.3b-RadFrac.bkp。

按图 7-24 所示添加第一个塔内设计规定，规定塔顶产品中苯的质量纯度为 0.99，进入 **Blocks | RADFRAC | Design Specifications** 页面，点击下方的 New…按钮；进入 **RADFRAC | Specifications | Design Specifications | 1 | Specifications** 页面，选择 Design specification Type 为 Mass purity，在 Target 中输入 0.99；进入 **RADFRAC |Specifications|Design Specifications|1| Components** 页面，选中 Available components 栏中的 C_6H_6，点击＞图标，将 C_6H_6 移动至 Selected components 栏：进入 **RADIRAC |Specifications| Design Specifications |1| Feed/ Product Streams** 页面，选中 Available streams 栏中的物流 2，点击＞图标，将物流 2 移动至 Selected stream 栏。

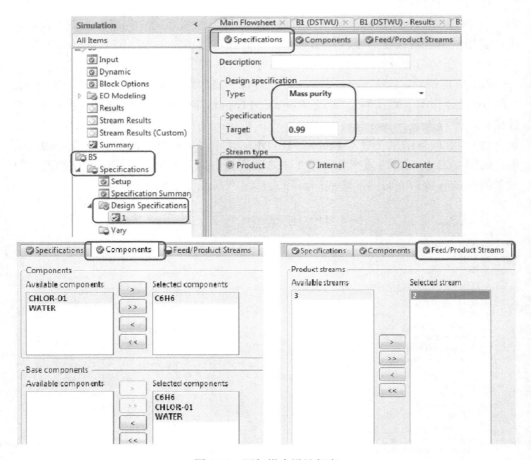

图 7-24　添加塔内设计规定

按图 7-25 所示添加第一个调节变量，规定回流比变化范围为 0.35～0.70。进入 **Blocks| RADFRAC | Specifications| Vary** 页面，点击 New...按钮，进入 **RADFRAC | Specifications| Vary |1| Specifications** 页面，Adjusted variable Type 选择 Reflux ratio，输入 Lower bound 为 0.35，输入 Upper bound 为 0.7。

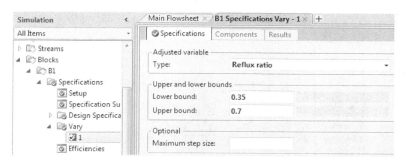

图 7-25　添加塔内设计规定的一个调节变量

至此，第一个塔内设计规定(塔顶产品中苯的质量纯度为 0.99)和一个调节变量(回流比)已添加完毕。接下来添加第二个塔内设计规定(塔底产品中氯苯的质量分数为 0.995)和第二个调节变量(塔底产品与进料的流量比)。

由于塔底流量小于塔顶流量，故第二个调节变量选择 Bottoms to feed ratio(塔底产品与进料的流量比)，既然选择 Bottoms to feed ratio 作为调节变量，则在塔模块的 **Setup|Configuration** 页面应赋予 Bottoms to feed ratio 初值，因此将 **Blocks| RADFRAC|Setup|Configuration** 页面中的 Distillate to feed ratio 改为 Bottoms to feed ratio，其数值为添加设计规定前的严格计算结果。

添加精馏塔的设计规定时，需考虑以下几点：

(i) 与规定热负荷相比优先考虑规定流量，尤其是对于宽沸程物系。

(ii) 规定塔顶产品或塔底产品与进料的流量比[Distillate(or Bottoms)to feed ratio]是一种很有效的方法，特别是在进料流量不明确的情况下。与规定产品流量相比，塔顶产品与进料流量比(Distillate to feed ratio)或塔底产品与料的流量比(Bottoms to feed ratio)的值和边界条件更容易估计。规定塔顶产品或塔底产品与进料的流量比适合进行流量灵敏度分析的场合。

(iii) 当两个规定等价时，优先考虑数值较小者。如果没有侧线采出，塔顶采出与塔底采出等价，应优先规定数值较小者。一般情况下，规定下面参数中数值较小者：回流量(Reflux rate)或再沸量(Boilup rate)；回流比(Reflux ratio)或再沸比(Boilup ratio)；塔顶产品流量(Distillate rate)或塔底产品流量(Bottoms rate)；塔顶产品与进料流量比(Distillate to feed ratio)或塔底产品与进料流量比(Bottoms to feed ratio)。

(9) 运行模拟并查看结果(图 7-26)。两个塔内设计规定和调节变量添加完毕，点击 **N▸**，出现 **Required Input Complete** 对话框，点击 OK，运行模拟，流程收敛。

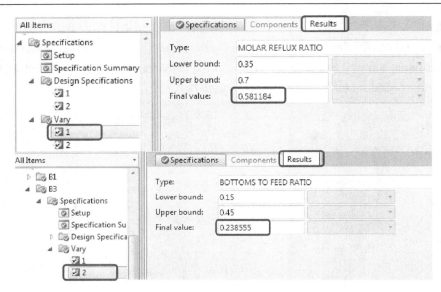

图 7-26　塔内设计规定的调节变量模拟结果

　　进入 **Blocks | RADFRAC | Stream Results | Material** 页面，可查看物流结果，如图 7-27 所示，塔顶与塔底产品均符合要求。进入 **Blocks | RADFRAC | Results** 页面查看模拟结果，如图 7-28 所示，冷凝器热负荷为–1205.62kW，塔顶产品流量为 6896.45 kg·h^{-1}，满足分离要求所需的回流比为 0.5814，再沸器热负荷为 1292.51 kW。

		1	2	3
Mole Flow				
	C6H6	87.6031	87.4045	0.198656
	CHLOR-01	28.0121	0.577162	27.435
	WATER	0.222034	0.222034	5.2215e-11
Mass Frac				
	C6H6	0.6843	0.99	0.005
	CHLOR-01	0.3153	0.00941999	0.995
	WATER	0.0004	0.000580009	3.031e-13
	Total Flow kmol/hr	115.837	88.2037	27.6336
	Total Flow kg/hr	10000	6896.45	3103.55
	Total Flow l/min	190.412	140.829	53.405
	Temperature C	80	80.3557	140.482

图 7-27　物流模拟结果

　　(10)绘制曲线。进入 **Blocks | RADFRAC | Profiles | TPFQ** 页面查看塔内温度、组成、流量分布以及热负荷。如图 7-29 所示，在该页面查看温度分布，在 **Compositions**

页面查看塔内组成分布。可利用功能区选项卡中的 Plot 生成塔内温度分布曲线和组成分布曲线。

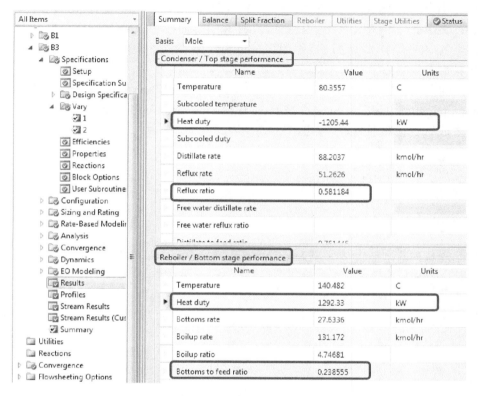

图 7-28　塔参数模拟结果

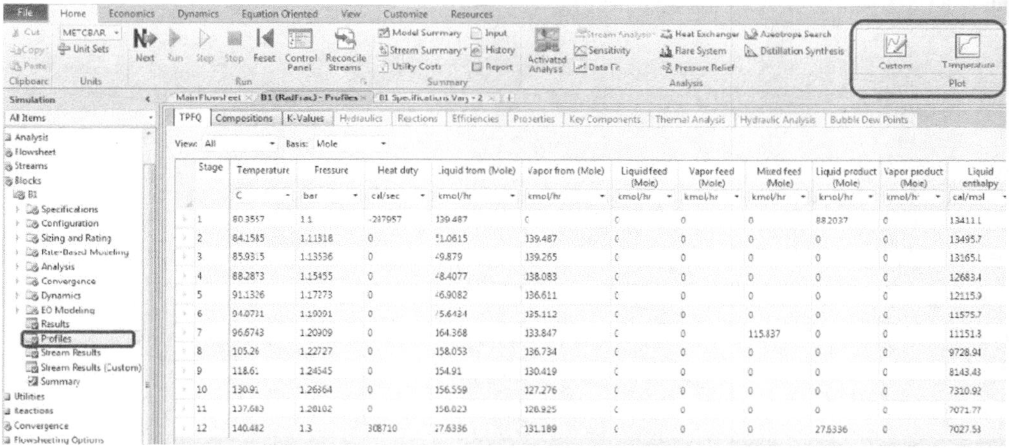

图 7-29　塔内温度、压力、流量分布和热负荷

　　功能区选项卡 Plot 中给出了 14 种 Aspen Plus 可生成的图形类型，分别为用户（Custom）、参量（Parametric）、温度（Temperature）、组成（Composition）、流量（Flow Rate）、压力（Pressure）、K 值（K-Values）、相对挥发度（Relative Volatility）、分离因子（Sep Factor）、流量比（Flow Ratio）、T-H 总组合曲线［CGCC（T-H）］、S-H 总组合曲线［CGCC（S-H）］、水力学分析（Hydraulics）、有效能损失曲线（Exergy）（后四种图用于精馏塔的热力学分析），如图 7-30 所示。

　　应注意，只有勾选了 **Blocks | RADFRAC | Analysis | Analysis Option** 中的 Include column targeting thermal analysis 与 Include column targeting hydraulic analysis 选项，才可生成后四种图形类型，如图 7-31 所示。

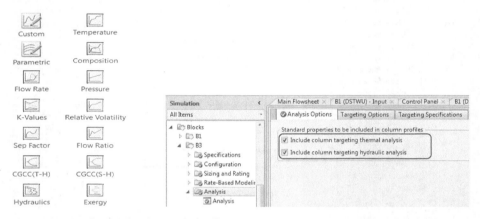

图 7-30　可生成的图形类型　　　　　　　　图 7-31　选择 Analysis Option 对应选项

　　绘制塔内温度分布曲线。点击右上角功能区选项卡 Plot 中的 Temperature 按钮，即生成如图 7-32 所示的温度分布曲线。

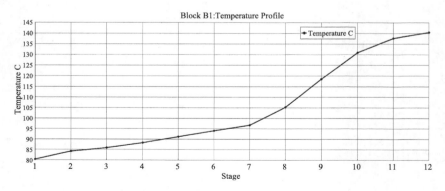

图 7-32　精馏塔温度分布曲线

　　生成塔内液相质量组成分布线，点击功能区选项卡 Plot 中的 Composition 按钮，按图 7-33 所示，选择生成苯、氯苯液相质量组成分布线。保存文件。

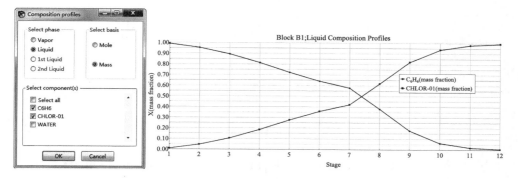

图 7-33　苯、氯苯液相质量组成分布曲线

　　(11)灵敏度分析。分析进料位置和理论板数变化对再沸器热负荷的影响，可选用 Model Analysis Tools(模型分析工具)中的 Sensitivity(灵敏度分析)。

　　将文件 Example7.3b- RadFrac. bkp 另存为 Example7.3c-RadFrac. bkp。

　　添加灵敏度分析，由于目前理论板数不一定是最优，需要进一步调整，故先将 Blocks | RADFRAC | Specifications | Setup | Configuration 中的理论板数增大为 20，进入 **Model Analysis Tools | Sensitivity** 页面，点击 New…，出现 Create new ID 对话框，点击 OK，接受缺省的 ID-S-1；进入 **Model Analysis Tools | Sensitivity | S-1 | Input | Vary** 页面，定义操纵变量，分别为理论板数和进料位置，定义 NSTAGE(理论板数)从 12 增加到 20，Increment(增量)为 1，如图 7-34 所示。

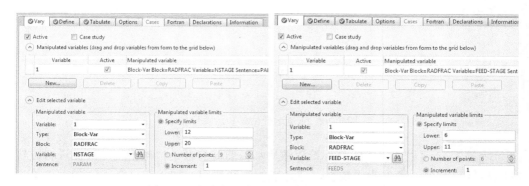

图 7-34　定义操纵变量——塔板数和进料位置

　　点击 ，进入 **Model Analysis Tools | Sensitivity| S-1 |Input Define** 页面，按照图 7-35 所示，点击下方的 New…按钮，出现 **Create new variable** 对话框，输入采集变量名称 QREB(再沸器热负荷)，点击 OK，定义采集变量 QREB。

图 7-35　定义变量和表达式的列位置

点击 ，进入 **Model Analysis Tools | Sensitivity | S-1 | Input | Tabulate** 页面，在 Column No. 中输入 1，在 Tabulated variable or expression 中输入 QREB（或点击右下方 Fill Variables），如图 7-35 所示。

点击 ，出现 **Required Input Complete** 对话框，点击 OK，运行模拟，流程收敛。进入 **Model Analysis Tools | Sensitivity | S-1| Results | Summary** 页面查看结果。

对灵敏度分析结果作图。点击 **Plot** 工具栏中的 **Results Curve**，按图 7-36 所示 X Axis（自变量）选择理论板数，勾选纵坐标为 QREB，点击 OK 即可生成不同理论板数时再沸器热负荷的变化曲线图。

图 7-36　变量运行结果和绘图设置

从图 7-37 可以看出，随着理论板数增加，曲线的最小值减小，即最佳进料位置时的热负荷减少，操作费用减少，但是塔的制造费用增加，综合考虑，最优理论板数为 17。

同理，点击 New…按钮，继续定义操纵变量 FEED STAGE（进料位置），从 6 变化到 11，Increment（增量）为 1。对灵敏度分析结果作图。点击 **Plot** 工具栏中的 **Results Curve**，X Axis（自变量）选择理论板数，勾选纵坐标为 QREB，勾选 Parametric Variable（参变量）为进料位置，点击 OK 即可生成不同理论板数时再沸器热负荷随进料位置的变化曲线图。从图 7-38 可以看出，综合考虑，最优理论板数为 17，此时进料位置为 9。

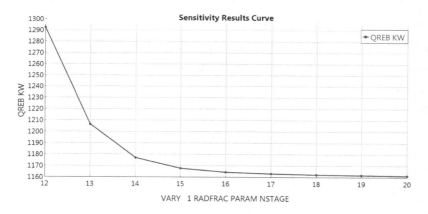

图 7-37　不同理论板数对再沸器热负荷的变化关系

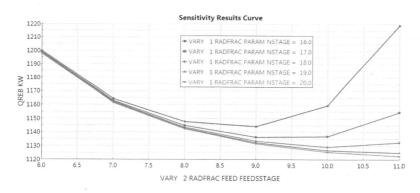

图 7-38　不同进料位置对理论板数与再沸器热负荷的变化关系的影响

（12）求最小回流比。首先将文件 Example7.3b-RadFrac.bkp 另存为 Example 7.3d-RadFrac.bkp。

理论板数增加，回流比会减少，当回流比随理论板数的增加而基本不变时，即可视为最小回流比。在理论板数增大的过程中，可以假设进料位置与理论板数的比值是个定值，已知理论板数 17，最佳进料位置为 9，所以，此定值可取 9/17＝0.53，灵敏度分析计算时理论板数上限大于 17，因此，需要在 **Blocks | RADFRAC | Specifications | Setup | Configuration** 页面将理论板数改为 40，相应的进料板位置也进行修改为 21。

因进料位置随理论板数而变，故进行灵敏度分析的同时还要添加计算器（Calculator），按图 7-39 所示，进入 **Flowsheeting Options | Calculator** 页面，点击左下方的 New...按钮，出现 **Create new ID** 对话框，点击 OK，接受缺省的 **ID-C-1**；

进入 **Flowsheeting Options | Calculator | C-1 | Input | Define** 页面，点击左下方的 New…，按钮，出现 **Create new variable** 对话框，输出变量名称 FSTAGE（进料位置），完成进料位置的定义。同理，继续添加一个新的输入变量 NSTAGE（理论板数）。完成后，Define 页面如图 7-39 所示。

按图 7-40 所示，点击 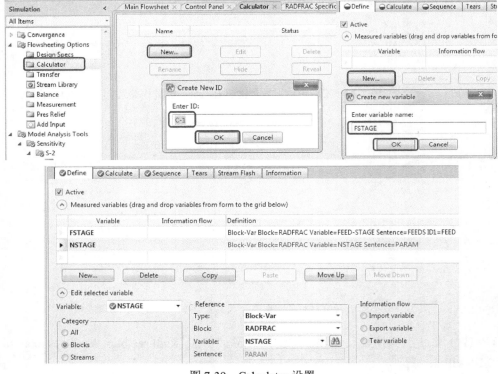，进入 **Flowsheeting Options | Calculator | C-1 | Input | Calculate** 页面，输入 Fortran 语句 FSTAGE=0.53*NSTAGE，注意，Fortran 语句的书写要从第七列开始（缺省），点击 ，进入 **Flowsheeting Options|Calcutor|C-1|Input| Sequence** 页面，规定执行顺序。至此，完成进料位置随理论板数变化的计算器设置。

图 7-39　Calculator 设置

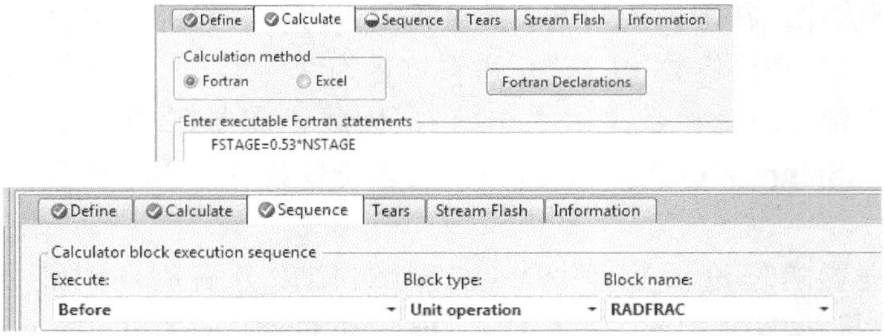

图 7-40　Calculator 输入变量与输出变量关系式和执行顺序设置

按照(11)添加灵敏度分析,设置操纵变量 NSTAGE 从 11 增加至 40,Increment(增量)为 3。定义灵敏度分析的采集变量为回流比,如图 7-41 所示。运行模拟,流程收敛。进入 **Model Analysis Tools | Sensitivity | S-1 | Results | Summary** 页面,查看结果,如图 7-42 所示,最小回流比可取 0.35,保存文件。

图 7-41　塔板数与最小回流比关系的灵敏度设置

(13)求最小理论板数。将文件 Example7.3d-RadFrac.bkp 另存为 Example7.3e-RadFrac.bkp。

回流比很大时的理论板数可认为是最小理论板数。通过进行回流比及理论板数

的灵敏度分析，可找到最小理论板数。定义灵敏度分析的采集变量为回流比。在灵敏度分析过程中同样假设进料位置与理论板数的比值是个定值 0.53，另外，需要在 **Blocks | RADFRAC | Specifications | Vary | 1 | Specifications** 页面将 Upper bound 设为 200，且在 **Blocks | RADFRAC Specifications | Setup | Configuration** 页面将理论板数改回为 17，进料板位置改为 9，灵敏度分析结果如图 7-43 所示，最小理论板数为 8。

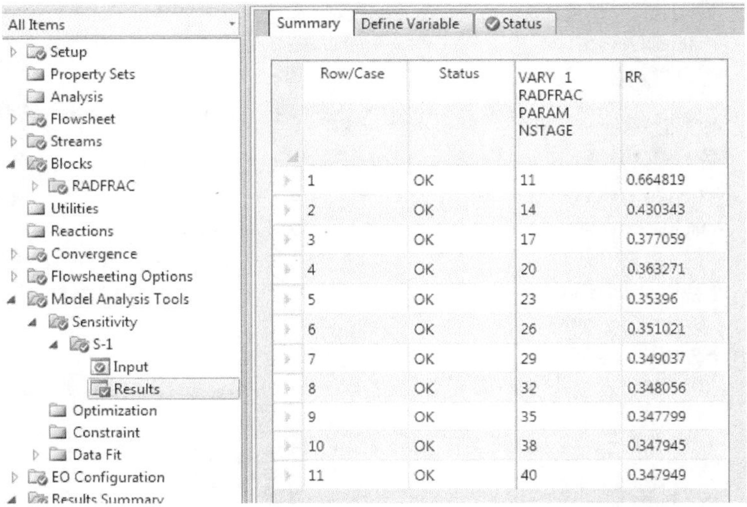

All Items
- Setup
- Property Sets
- Analysis
- Flowsheet
- Streams
- Blocks
  - RADFRAC
  - Utilities
  - Reactions
- Convergence
- Flowsheeting Options
- Model Analysis Tools
  - Sensitivity
    - S-1
      - Input
      - Results
- Optimization
- Constraint
- Data Fit
- EO Configuration
- Results Summary

Summary | Define Variable | Status

Row/Case	Status	VARY 1 RADFRAC PARAM NSTAGE	RR
1	OK	11	0.664819
2	OK	14	0.430343
3	OK	17	0.377059
4	OK	20	0.363271
5	OK	23	0.35396
6	OK	26	0.351021
7	OK	29	0.349037
8	OK	32	0.348056
9	OK	35	0.347799
10	OK	38	0.347945
11	OK	40	0.347949

图 7-42　灵敏度分析结果——最小回流比的确定

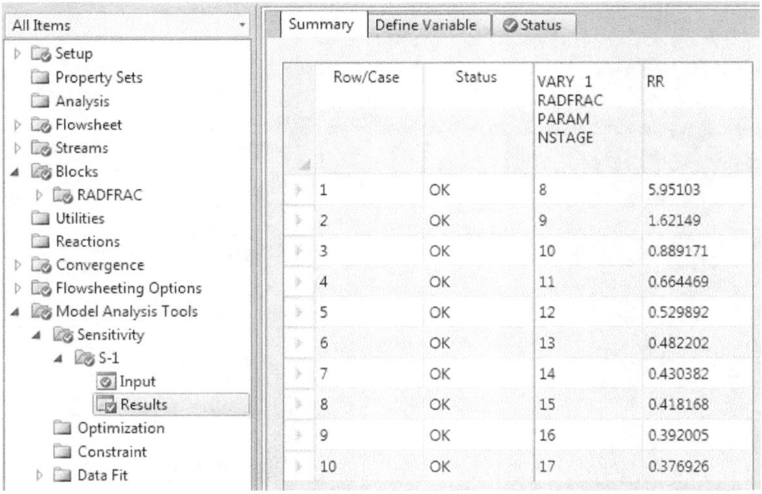

All Items
- Setup
- Property Sets
- Analysis
- Flowsheet
- Streams
- Blocks
  - RADFRAC
  - Utilities
  - Reactions
- Convergence
- Flowsheeting Options
- Model Analysis Tools
  - Sensitivity
    - S-1
      - Input
      - Results
- Optimization
- Constraint
- Data Fit

Summary | Define Variable | Status

Row/Case	Status	VARY 1 RADFRAC PARAM NSTAGE	RR
1	OK	8	5.95103
2	OK	9	1.62149
3	OK	10	0.889171
4	OK	11	0.664469
5	OK	12	0.529892
6	OK	13	0.482202
7	OK	14	0.430382
8	OK	15	0.418168
9	OK	16	0.392005
10	OK	17	0.376926

图 7-43　灵敏度分析结果——理论塔板数的确定

7.5　气体吸收模拟

下面通过例 7-4 介绍 RadFrac 模块在气体吸收模拟中的应用。

例 7-4　用 20℃、110 kPa 的水吸收空气中的甲醇。已知进料空气温度 30℃，压力 110 kPa，流量 20 kmol·h^{-1}，含甲醇 0.045（摩尔分数，下同）、氮气 0.754、氧气 0.201，吸收塔常压操作，理论板数 11。要求净化后的空气中甲醇的体积分数为 1×10^{-6}，求所需水的用量。物性方法采用 NRTL。

本例模拟步骤如下：

（1）建立和保存文件。启动 Aspen Plus，选择模板 General with Metric Units，将文件保存为 Example7.4-Absorber.bkp。

（2）输入组分并添加亨利组分。进入 **Components | Specifications | Selection** 页面，输入组分 METHANOL（甲醇）、WATER（水）、N$_2$（氮气）和 O$_2$（氧气）。稀溶液前提下，一般对于不凝性、超临界气体（如 H$_2$、CO$_2$、CO、CH、N$_2$、SO$_2$ 等），需将其选作亨利组分，本例按图 7-44 所示添加亨利组分。

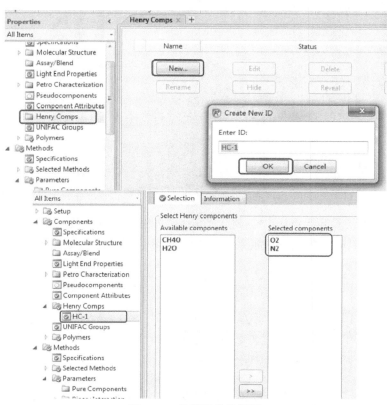

图 7-44　亨利组分的设置

(3)选择物性方法。点击 ▶，进入 **Methods | Specifications | Global** 页面，选择 NRTL。

(4)查看方程的二元交互作用参数。点击 ▶，出现二元交互作用参数页面，本例采用缺省值，不做修改。

(5)点击 ▶，选择 Go to Simulation environment，点击 OK，进入模拟环境。

(6)建立流程图。建立如图 7-45 所示的流程图，其中 ABSORBER 采用模块选项板中的 **Columns | Radfrac |ABSBR1** 图标。

(7)全局设定。进入 **Setup | Specifications | Global** 页面，在 Title 中输入 absorber。

(8)输入进料条件。点击 ▶，进入 Streams| GASIN |Input| Mixed 页面，输入物流 GASIN，温度 30℃，压力 10 kPa，流量 20 kmol·h^{-1}，摩尔分数甲醇 0.045、氮气 0.754、氧气 0.201。点击 ▶，进入 Streams |WATER |Input |Mixed 页面，输入物流 WATER，温度 20℃，压力 10 kPa，组成为纯水，设定用水量初值为 45 kmol·h^{-1}。

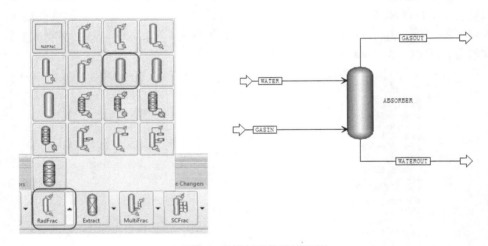

图 7-45　绘制吸收塔流程图

(9)输入模块参数。点击 ▶，进入 **Blocks | ABSORBER | Specifications | Setup | Configuration** 页面，输入理论板数 11，冷凝器和再沸器为 None，如图 7-46 所示。

图 7-46　设置 ABSORBER 模块参数

点击 ，进入 **Blocks | ABSORBER | Specifications | Setup | Streams** 页面，输入进料位置。进料物流 GASIN 的进料位置为 12，物流 WATER 的进料位置为 1。注意：塔底进料物流 GASIN 从第 12 块板上方进料，相当于由第 11 块板下方进料，如图 7-47 所示。

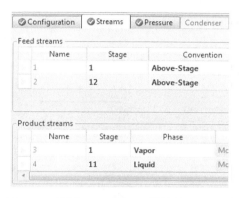

图 7-47　设置 ABSORBER 模块的进料位置

点击 ，进入 **Blocks | ABSORBER | Specifications | Setup | pressure** 页面，输入 ABSORBER 第一块塔板压力 110 kPa，如图 7-48 所示。

图 7-48　设置 ABSORBER 模块的压力参数

对于宽沸程物系，在使用 RadFrac 模块模拟时需指定以下两种情况中的一种：

(ⅰ) 算法 (algorithm)：在 **Blocks | ABSORBER | Convergence | Convergence | Basic** 页面中选择算法为 Sum-Rate，但前提是先选用收敛方法 Custom 才可进行该选择。

(ⅱ) 收敛 (convergence)：在 **Blocks | ABSORBER | Specification | Setup | Configuration** 页面选择 Convergence 为 Standard，并将 **Blocks | ABSORBER | Convergence | Convergence | advanced** 页面中左列第一个选项 Absorber 的 No 改为 Yes。

对于该例，可将 **Blocks | ABSORBER | Convergence | Convergence | Basic** 页面中的 Maximum iterations 设置为 200，并按照 (ⅱ) 中方法进行选择，如图 7-49 所示。

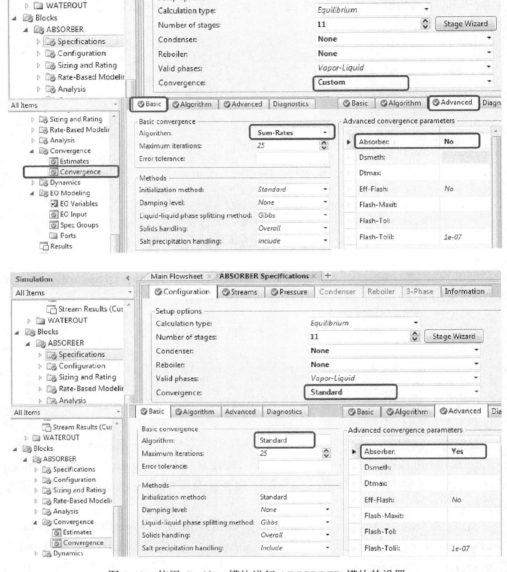

图 7-49　使用 Radfrac 模块进行 ABSORBER 模块的设置

　　(10)运行模拟。点击 **▶**，出现 **Required Input Complete** 对话框，点击 OK，运行模拟，流程收敛，进入 **Blocks| ABSORBER |Stream| results |Material** 页面，可查看塔顶气相中丙酮的体积分数为 $0.00068×10^{-6}$（图 7-50），比题目中的要求低。这里通过添加塔内设计规定，求取水的合理用量，如图 7-51 和图 7-52 所示。

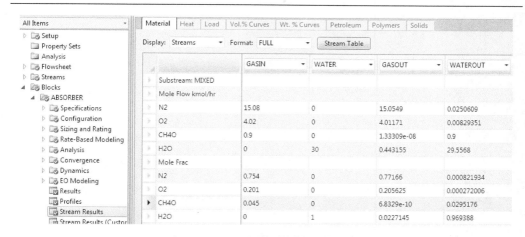

图 7-50　ABSORBER 模拟的物流结果

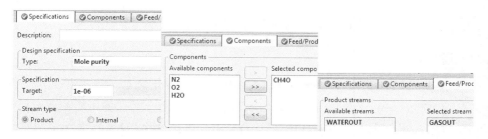

图 7-51　设置 ABSORBER 塔的设计变量

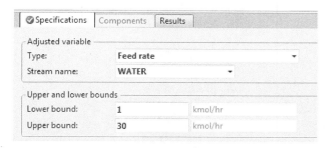

图 7-52　设置 ABSORBER 塔的调节变量

（11）再次运行模拟。进入 **Blocks | ABSORBER | Stream | results | Material** 页面，可看到净化后的物流 GASOUT 中甲醇的摩尔分数为 0.000001，所需水的量为 18.8727 kmol·h^{-1}，如图 7-53 所示。

		GASIN	WATER	GASOUT	WATEROUT
	Mole Flow kmol/hr				
	N2	15.08	0	15.0639	0.0160906
	O2	4.02	0	4.01466	0.00533608
	CH4O	0.9	0	1.96864e-05	0.89998
	H2O	0	18.8727	0.607759	18.2649
	Mole Frac				
	N2	0.754	0	0.765196	0.000838652
	O2	0.201	0	0.203931	0.000278119
▶	CH4O	0.045	0	1e-06	0.0469073
	H2O	0	1	0.0308721	0.951976

图 7-53　ABSORBER 模拟计算结果

7.6　塔板和填料的设计与校核

7.6.1　塔效率

Aspen plus 中塔效率有三种，分别为全塔效率、汽化效率、默弗里效率。

（1）全塔效率（overall section efficiency），指完成一定分离任务所需的理论板数和实际板数之比。在 **Blocks | RADFRAC | Tray Rating | Setup | Design/Pdrop** 页面进行设置，如图 7-54 所示。

图 7-54　设置全塔效率

（2）汽化效率（vaporization efficiency），指汽相经过一层实际塔板后的组成与设想该板为理论板的组成的比值。在 **Blocks | RADFRAC | Specifications | Efficiencies** 页面设置，如图 7-55 所示。

（3）默弗里效率（Murphree efficiency），严格说指的是气相默弗里板效率，即气相经过一层实际塔板前后的组成变化与设想该板为理论板前后的组成变化的比值，在 Blocks | RADFRAC | Efficiencies 页面设置，如图 7-55 所示。

设计塔时，为了确定所需的实际板数必须输入全塔效率，此数据或取自工厂的实际经验数据，或取自实验装置的试验数据。通常吸收塔效率最低，只有 20%～30%；解吸塔和吸收蒸出塔效率稍高,可达 40%~50%;各种形式的精馏塔效率较高,一般在 50%~95%,还有少数塔的塔板效率可超过 100%。表 7-5 列出某些精馏塔的全塔效率值。

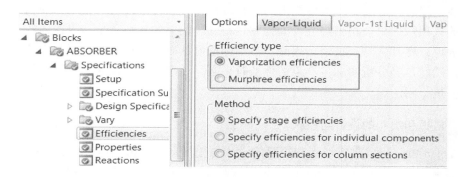

图 7-55　设置塔效率选项

表 7-5　全塔效率值

塔类型	全塔效率值	应用装置	塔类型	全塔效率值	应用装置
吸收塔	20%~30%	催化裂化	胺类解析塔	40%~50%	脱硫装置
吸收蒸出塔,解析塔	40%~50%	焦化装置	常压塔	—	炼油装置
脱甲烷塔	50%~60%	乙烯装置	气提段	30%	
脱乙烷塔	60%~65%	乙烯装置气体分离装置	闪蒸段到重柴油采出	30%	—
脱丙烷塔	65%~75%		重柴油采出到轻柴油采出	40%~50%	—
脱丁烷塔	75%~85%		轻柴油采出到煤油采出	45%~55%	—
脱异丁烷塔	85%~95%		塔顶段	55%~60%	
乙烯精馏塔	80%~90%		主分馏塔	—	催化裂化焦化装置
丙烯精馏塔	85%~95%		急冷塔	20%	—
碳四组分分离	85%~95%	—	塔中段	30%~45%	
碳五组分分离	85%~95%		塔顶段	45%~55%	

当没有可靠的实验数据时,可根据一些经验公式估算全塔效率:

(1) Drickamer-Bradford 方法。该方法是通过大量烃类及非烃类工业装置的精馏塔实际数据回归而得到计算公式:

$$E_o = 0.17 - 0.616 \lg \mu \tag{7-1}$$

式中, μ 为进料的液相黏度(mPa·s); E_o 为全塔效率。

(2) O'Connell 方法。O'Connell 在汇总 32 个工业塔和 5 个实验塔的基础上得到计算公式:

$$E_o = 49 (\mu \alpha)^{-0.25} \tag{7-2}$$

式中, μ 为进料的液相黏度(mPa·s); α 为塔顶、塔底温度算术平均值下轻、重关键组分的相对挥发度。

全塔效率和某块塔板的气相默弗里效率是不相同的，两者关系取决于平衡线和操作线之间的相对斜率，当精馏塔同时具有精馏段和提馏段时，全塔效率值和全塔平均的气相默弗里值相当接近，因为此时精馏段较大的默弗里值和提馏段较小的默弗里值可以相互弥补和抵消。因此，在精馏塔设计时，可以取默弗里效率等于全塔效率。然而，当分析实际生产塔的性能时，必须注意到两者的区别，不同塔段的效率数值是不同的。

7.6.2　塔板和填料的设计与校核

Aspen Plus 可以进行塔板和填料的设计与校核。基于塔负荷(column loading)、传递性质(transport property)、塔板结构(tray geometry)以及填料特性(packing characteristic)，可计算出塔径、清液层高度以及压降等结构和性能参数。压降以及液相持液量等参数的计算需使用液相流出量(liquid from)以及气相流入量(vapor to)，非平衡级速率模型精馏(Rate-Based)除外。应注意，一些物理性质在计算物料平衡以及能量平衡中不常用，在塔的设计与校核中却十分重要，例如，液相和气相密度(liquid and vapor density)，液相表面张力(liquid surface tension)以及液相和气相黏度(liquid and vapor viscosity)。

Aspen Plus 进行设计与校核时一般根据开发商推荐的程序进行计算，如果没有开发商提供的程序，则采用文献上成熟的方法。在进行塔板或填料的设计和校核计算时，可将塔分为任意数量的塔段进行，塔段之间可以是不同的塔板类型、填料类型和塔径，塔段间塔板的详细参数也可以不同。同一塔段可以设计和校核多种类型的塔板和填料。

下面通过例 7-5 介绍塔板和填料的设计与校核。

例 7-5　对例 7-3 中的苯–氯苯精馏塔进行塔板的校核和填料的设计。(1)初步设计的板式塔结构为塔径 1.2 m，板间距 500 mm，塔板类型为浮阀、单溢流，溢流堰高 50 mm，校核该塔板的水力学性质；(2)采用诺顿公司的 D_g50 的金属英特洛克斯(IMTP)填料，确定塔径。

本例模拟步骤如下：

(1)添加塔板校核。将 Example7.3b-RadFrac.bkp 另存为 Example7.5-Tray.bkp。按图 7-56 所示添加一个新的塔板校核任务，进入 **Blocks | RADFRAC | Sizing and Rating | Tray Rating | Sections** 页面，点击左下角的 New…按钮，出现 **Create new ID** 对话框，点击 OK，接受缺省 ID-1；进入 **Blocks | RADFRAC | Sizing and Rating | Tray Rating |1| Setup | Specifications** 页面，Starting stage 输入 2，Ending stage t 输入 16，Tray type 选择 Glitsch Ballast，Number of Passes(溢流程数)1，Diameter(直径)1.2 m，Tray spacing(板间距)500 mm，Weir heights(溢流堰高)50 mm。因冷凝器为第一块塔

板、再沸器为最后一块塔板，所以塔板计算的 Starting stage 选择 2，Ending stage 选择 16。如果采用变径塔，这里可以输入第一段塔的起止序号。

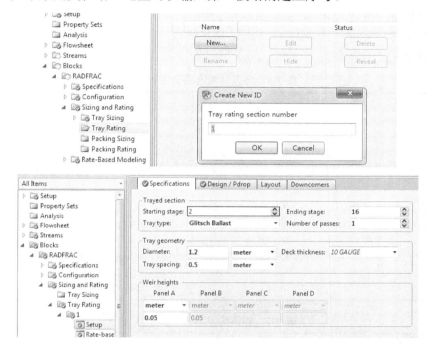

图 7-56　设置塔板校核参数

（2）运行模拟。流程收敛，查看塔板校核结果，进入 **Blocks | RADFRAC | Sizing and Rating | Tray Rating |1| Results** 页面，查看塔板校核结果，如图 7-57 所示。

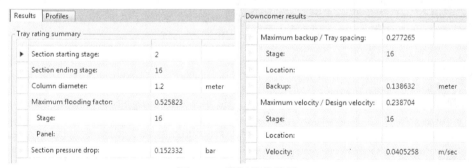

图 7-57　塔板校核结果

塔板校核结果中有三个参数应重点关注：最大液泛因子（Maximum flooding factor），一般应小于 0.8；塔段压力降（Section pressure drop）；清液层高度间距（Maximum backup/ Tray spacing），一般应在 0.2～0.5。

（3）设置塔效率。进入 **Blocks | RADFRAC | Sizing and Rating | Tray Rating |1|**

Setup | Design/drop 页面，输入全塔效率，如图 7-54 所示。图中曝气系数乘数（Aeration factor multiplier）用于调整压降计算；过度设计因子（Over-design factor）用于反映最大或最小的塔负荷，但若 RadFrac 模块在计算过程中更新了塔内压力分布，该因子不可用；System foaming factor 指物系的发泡因子，常见物系的发泡因子列于表 7-6 和表 7-7，这些值不仅适用于塔板的计算，也适用于填料的计算。

表 7-6　物系的发泡因子值（一）

塔板类型	物系	发泡因子	塔板类型	物系	发泡因子
Ballast trays（Glitsch 圆形浮阀，F1 浮阀）	非发泡物系	1.00	Flexi trays（Koch 圆形浮阀）	脱丙烷塔	0.85～0.95
	含氟物系	0.90		吸收塔	0.85
	中等发泡物系，如石油吸收塔，胺、乙二醇再生塔	0.85		减压塔	0.85
				胺再生塔	0.85
	发泡体系，如胺、乙二醇吸收塔	0.73		胺接触塔	0.70～0.80
	严重发泡体系，如 MEK 装置	0.60		高压脱乙烷塔	0.75～0.80
	稳定发泡物系，如烧碱再生塔	0.30		乙二醇接触塔	0.70～0.75
				不发泡物系	1.00
			Float valve trays（Sulzer[Nutter]）条形浮阀	低发泡物系	0.90
				中等发泡物系	0.75
				高发泡物系	0.60

表 7-7　物系的发泡因子值（二）

物系	发泡因子	物系	发泡因子
不发泡物系		中等发泡物系	
一般情况	1.0	脱甲烷塔	
高压（$\rho_v > 29$ kg·m^{-3}）	2.94/$\rho_v^{0.32}$	吸收类，塔顶部分	0.85
低发泡物系		吸收类，塔底部分	1.0
脱丙烷塔	0.9	深冷类，塔顶部分	0.8～0.85
H$_2$S 解吸塔	0.85～0.9	深冷类，塔底部分	1.0
含氟物系	0.9	脱乙烷塔	
热碳酸盐再生塔	0.9	吸收类，塔顶部分	0.85
塔底部分	1.0	热碳酸盐吸收塔	0.85
深冷类，塔顶部分	0.8～0.85	碱洗塔	0.65
塔底部分	0.85～1.0	重发泡物系	
中等发泡物系		胺吸收塔	0.73～0.8
石油吸收塔（>−18℃）	0.85	乙二醇接触塔	0.5～0.73
石油吸收塔（<−18℃）	0.8～0.95	酸性水汽提塔	0.5～0.7
原油常减压	0.85～1.0	甲乙酮装置	0.6
糠醛精制塔	0.8～0.85	油品回收设备	0.7
环丁砜系统	0.85～1.0	稳定发泡物系	
胺再生塔	0.85	烧碱再生塔	0.3～0.6
乙二醇再生塔	0.65～0.85	合成醇类吸收塔	0.35

(4)添加填料设计。进入 **Blocks | RADFRAC | Sizing and Rating | Pack Sizing** 页面,新建 ID 为 1 的填料设计任务,在 **Blocks | RADFRAC | Sizing and Rating | Pack Sizing |1| Specifications** 页面中输入如图 7-58 所示的信息。理论板当量高度 HETP 表示与一块理论板相当的填料层高度。

图 7-58　设置填料设计参数

进入 **Blocks | RADFRAC | Sizing and Rating | Pack Sizing |1| Design** 页面,输入 Fractional approach to maximum capacity(液泛分率)0.8, 如图 7-59 所示。

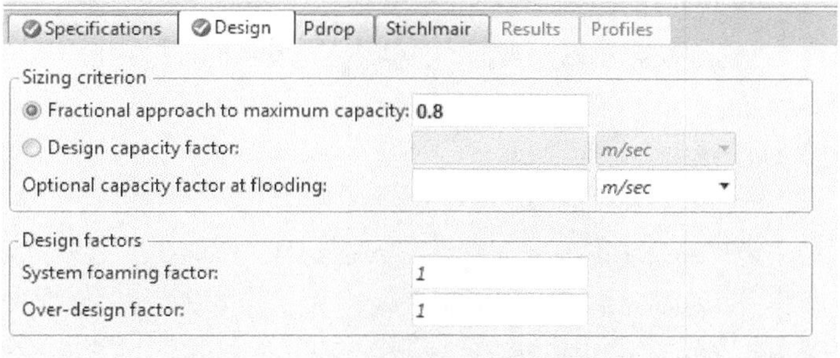

图 7-59　设置填料液泛分率

对 Norton IMTP 和 Intalox 规整填料, 最大通量(maximum capacity)指最大有效通量(maximum efficient capacity), 此时液体的夹带使填料效率开始变差。一般, 最大有效通量比泛点低 10%~20%。对苏尔寿规整填料(BX、CY、Kerapak、Mellapak), 最大通量指的是填料压降达到 12 mbar·m^{-1}(即 1200 Pa·m^{-1})时的操作点,最大通量时的气相负荷比泛点低 5%~10%。对 Raschig 散装填料和规整填料, 最大通量指的是载点(loading point); 对其他所有填料, 最大通量指的是泛点(fooding point)。

通量负荷因子(capacity factor)表达式为

$$C_S = V_S \sqrt{\frac{\rho_V}{\rho_L - \rho_V}} \tag{7-3}$$

式中，C_S 为通量负荷因子；V_S 为填料表观气速；ρ_V、ρ_L 分别为气、液相密度。

进入 **Blocks | RADFRAC | Sizing and Rating | Pack Sizing |1| Pdrop** 页面，输入填料的最大压降为 7 kPa，并将 Update section pressure profile 前的复选框选中，以更新塔内压力分布，如图 7-60 所示。

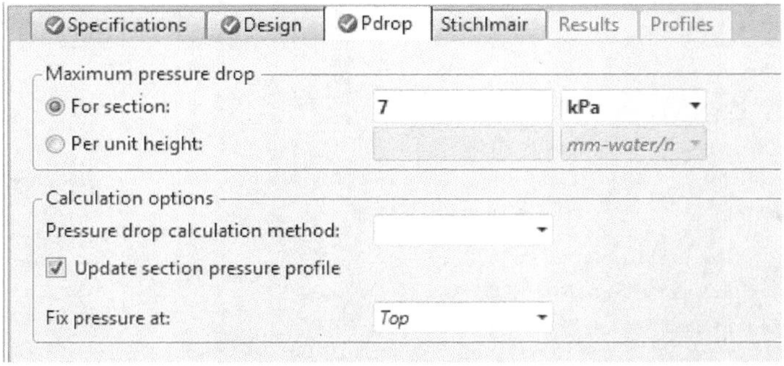

图 7-60　设置填料层最大压降

(5) 查看填料设计结果。点击 ▶ 按钮，运行模拟。进入 **Blocks | RADFRAC | Sizing and Rating | Pack Sizing |1| Results** 页面，查看填料设计结果，如图 7-61 所示，设计出的塔径为 1.00 m。

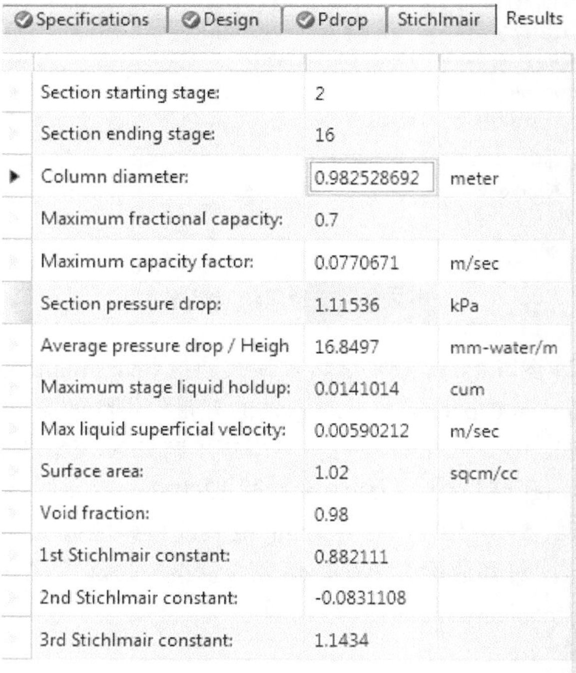

图 7-61　填料设计结果

习　题

7-1　苯与一氯苯精馏分离。泡点进料，进料压力 50 kPa，其中一氯苯 45 kmol·h^{-1}，苯 70 kmol·h^{-1}。全凝器，釜式再沸器，实际回流比为最小回流比的 1.3 倍。塔顶的操作压力为 40 kPa。要求塔底一氯苯的质量浓度为 98.5%。(1)采用的热力学方法是什么？(2)用简捷法计算最佳理论板数与进料位置。(3)用严格法计算塔顶与进料的摩尔流率。

7-2　甲醇与水精馏分离。进料 65℃，110 kPa，其中甲醇 45 kmol·h^{-1}、水 80 kmol·h^{-1}，采用 NRTL-RK 方法。全凝器，釜式再沸器，实际回流比为最小回流比的 1.3 倍。塔的操作压力为 100 kPa。要求塔顶甲醇的回收率为 98.38%，塔顶水的回收率 5.16%。(1)用简捷法求理论板数与进料位置。(2)用严格法计算塔顶与塔底的各物质摩尔流率，其分离率各为多少？(3)若不能达到或超过了规定的分离要求，需要什么参数调整到多少，才能刚好达到上述规定的分离要求？

第8章 反应器单元模拟

Aspen Plus 根据不同的反应器形式，提供了七种不同的反应器模块。这些反应器模块可以分为三类：

（1）物料平衡的反应器，包括化学计量反应器（RStoic）模块、产率反应器（RYield）模块。

（2）化学平衡的反应器，包括平衡反应器（REquil）模块、吉布斯反应器（RGibbs）模块。

（3）动力学反应器，包括全混釜反应器（RCSTR）模块、平推流反应器（RPlug）模块、间隙反应器（RBatch）模块。

各反应器模块具体介绍见表 8-1。对于任何反应器模块，均不需要输入反应热，Aspen Plus 根据生成热计算反应热。对于动力学反应器模块，使用化学反应功能定义反应的化学反应式计量关系和反应器模块数据。

表 8-1 反应器单元模块功能介绍

模块	说明	功能	适用对象
RStoic	化学计量反应器	模拟已知反应程度(或转化率)的反应器模块	反应动力学数据未知或不重要,但化学反应式计量系数和反应程度(或转化率)已知的反应器
RYield	产率反应器	模拟已知产率的反应器模块	化学反应式计量关系和反应动力学数据未知或不重要,但产率分布已知的反应器
REquil	平衡反应器	通过化学反应式计量关系计算化学平衡和相平衡	化学平衡和相平衡同时发生的反应器
RGibbs	吉布斯反应器	通过 Gibbs 自由能最小化计算化学平衡和相平衡	相平衡或者相平衡与化学平衡同时发生的反应器,对固体溶液和汽-液-固系统计算相平衡
RCSTR	全混釜反应器	模拟全混釜反应器	单相、两相和三相全混釜反应器,该反应器任一相态下的速率控制反应和平衡反应基于已知的化学计量关系和动力学方程
RPlug	平推流反应器	模拟平推流反应器	单相、两相和三相平推流反应器,该反应器任一相态下的速率控制反应基于已知的化学计量关系和动力学方程
RBatch	间歇反应器	模拟间歇或半间歇反应器	单相、两相或三相间歇和半间歇的反应器,该反应器任一相态下的速率控制反应基于已知的化学计量关系和动力学方程

8.1　化学计量反应器

化学计量反应器 RStoic 模块用于模拟反应动力学数据未知或不重要，每个反应的化学反应式计量关系和反应程度（或转化率）已知的反应器。RStoic 模块可以模拟平行反应和串联反应，还可以计算反应热和产物的选择性。

用 RStoic 模块模拟计算时，需要规定反应器的操作条件，并选择反应器的闪蒸计算相态，还需要规定在反应器中发生的反应，对每个反应必须规定化学反应式计量系数，并分别指定每一个反应的反应程度或转化率。

当反应生成固体或固体发生变化时，可以分别在 **Blocks | RSTOIC | Setup | Component Attr.** 页面和 **Blocks | RSTOIC | Setup | PSD** 页面规定出口物流组分属性和粒度分布。

如果需要计算反应热，可在 **Blocks | RSTOIC | Setup | Heat of Reaction** 页面对每个反应规定参考组分，反应器根据产物和生成物之间常值的差异来计算每个反应的反应热。该反应热是在规定基准条件下消耗单位摩尔或者单位质量参考组分计算得到的，默认的基准条件为 25℃、1atm 和气相状态。用户也可选择规定反应热，但该反应热可能与软件在参考条件下根据生成热计算的反应热不同，此时，RStoic 模块通过调整计算的反应器热负荷来反映该差异，但出口物流的数值不受影响，因此，在这种情况下，计算的反应器热负荷将与进出口物流的常值差异不一致。

如果需要计算产物的选择性，可在 **Blocks | RSTOIC | Setup | Selectivity** 页面规定所选择的产物组分和参考的反应物组分。

对参考组分 A 的选择性规定为

$$S_{P,A} = \frac{\left[\dfrac{\Delta P}{\Delta A}\right]_{\text{Real}}}{\left[\dfrac{\Delta P}{\Delta A}\right]_{\text{Ideal}}} \tag{8-1}$$

式中，ΔP 为选择组分 P 的改变量，mol；ΔA 为参考组分 A 的改变量，mol；下标 Real 表示反应器中的实际情况，Aspen Plus 通过入口和出口的质量平衡获得该值；下标 Ideal 表示一个理想反应系统的情况，理想反应系统假设只存在从参考组分生成所选择组分的反应，没有其他反应发生，即分母表示在一个理想化学反应式计量系数方程中消耗每摩尔的 A 生成 P 的物质的量。

多数情况下，选择性在 0～1 之间。如果所选择的组分由参考组分以外的其他组分生成，选择性会大于 1；如果所选择的组分在其他反应中消耗，选择性可能会小于 0。

下面通过例 8-1 介绍 RStoic 模块的应用。

例 8-1 用 RStoic 模块模拟 1-丁烯的异构化反应,涉及的反应及转化率如表 8-2 所示。进料温度为 20℃,压力为 200 kPa,进料中 1-丁烯(1-BUTENE)、顺-2-丁烯 (CIS-2-01)、反-2-丁烯(TRANS-01)、异丁烯(ISOBU-01)、正丁烷(N-BUTANE)的 流量分别为 15000 kg·h⁻¹、5000 kg·h⁻¹、7000 kg·h⁻¹、1500 kg·h⁻¹、20000 kg·h⁻¹,反 应器的温度为 420℃,压力为 200 kPa。求异丁烯对 1-丁烯的选择性以及每个反应的 反应热。物性方法选用 NRTL。

表 8-2　1-丁烯异构化涉及的反应及转化率

反应	转化率
1-BUTENE ⟶ ISOBU-01	0.38
4(1-BUTENE) ⟶ PROPY-01+2-MET-01+1-OCTENE	0.05
CIS-2-01 ⟶ ISOBU-01	0.38
4(CIS-2-01) ⟶ PROPY-01+2-MET-01+1-OCTENE	0.05
TRANS-01 ⟶ ISOBU-01	0.38
4(TRANS-01) ⟶ PROPY-01+2-MET-01+1-OCTENE	0.05

本例模拟步骤如下:

(1)启动 Aspen Plus,进入 **File | New | User**,选择模板 General with Metric Units, 将文件保存为 Example12.1-RStoic.bkp。

(2)进入 **Components | Specifications | Selection** 页面,输入组分 1-BUTENE(1- 丁烯)、CIS-2-01(顺-2-丁烯)、TRANS-01(反-2-丁烯)、ISOBU-01(异丁烯)、 N-BUTANE(正丁烷)、PROPY-01(丙烯)、2-MET-01(2-甲基-2-丁烯)、1-OCTENE(1- 辛烯)。

(3)点击 N▶,进入 **Methods | Specifications | Global** 页面,选择物性方法 NRTL。

(4)点击 N▶,进入 **Methods | Parameters | Binary Interaction | NRTL-1 | Input** 页面查看方程的二元交互作用参数,本例采用系统默认值,不做修改。

(5)点击 N▶,出现 **Properties Input Complete** 对话框,选择 Go to Simulation environment,点击 OK 按钮,进入模拟环境。

建立如图 8-1 所示流程图,其中反应器 RSTOIC 选用模块选项板中 **Reactors | Stoic | ICON1** 图标。

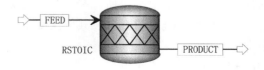

图 8-1　化学计量反应器流程图

（6）点击 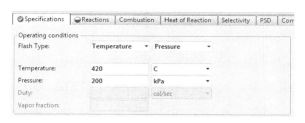，进入 **Streams | FEED | Input | Mixed** 页面，根据题中信息输入进料 FEED 数据。

（7）点击 ，进入 **Blocks | RSTOIC | Setup | Specifications** 页面，输入模块 RSTOIC 参数。在 Operating conditions（操作条件）项中输入温度 420℃、压力 200 kPa，如图 8-2 所示。

图 8-2　设置模块 RSTOIC 参数

（8）点击 ，进入 **Blocks | RSTOIC | Setup | Reactions** 页面，定义化学反应，点击 New…按钮，出现 **Edit Stoichiometry** 对话框，Reaction No. 默认为 1，输入第一个反应 1-BUTENE ——→ ISOBU-01 及转化率 0.38，如图 8-3 所示。需要注意的是，Reactants（反应物）中的 Coefficient（化学反应式计量系数）为负值，即使输入正值，系统也会自动将其改为负值，而 Products（产物）中的 Coefficient 为正值。

图 8-3　定义化学反应

从 Reaction No.下拉菜单中选择＜New＞，出现 **New Reaction No.**对话框，点击 OK 按钮，创建反应 2，输入第二个反应 4（1-BUTENE）→ PROPY-01＋2-MET-01＋1-OCTENE 及转化率 0.05。同理，定义其他反应及转化率，完成后点击对话框中的 Close 按钮，重新回到 **Blocks | RSTOIC | Setup |Specifications** 页面，如图 8-4 所示。

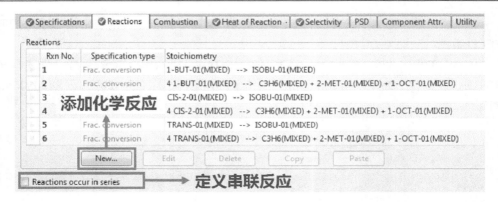

图 8-4　化学反应输入结果

（9）题目要求计算每个反应的反应热，因此，进入 **Blocks | RSTOIC | Setup |
Heat of Reaction** 页面，点选 Calculate heat of reaction（计算反应热），在 Reference
condition（参考条件）项中输入所有的 Rxn No.（反应序号）及各反应对应的 Reference
component（参考组分），其他均采用默认值，如图 8-5 所示。

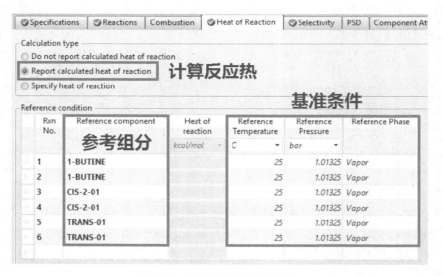

图 8-5　设置化学反应热计算

（10）题目要求计算异丁烯对 1-丁烯的选择性，因此，进入 **Blocks | RSTOIC |
Setup | Selectivity** 页面，Selected product 选择 ISOBU-01，Reference reactant 选择
1-BUTENE，如图 8-6 所示。

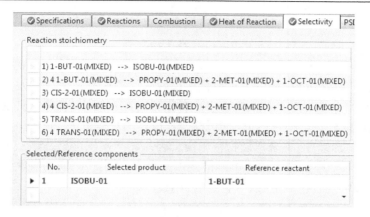

图 8-6　设置化学反应选择性

（11）点击 **N⇒**，出现 **Required Input Complete** 对话框，点击 OK，运行模拟，流程收敛。

（12）点击进入 **Blocks | Results | Reactions** 页面，可以查看各个反应的反应热，如图 8-7 所示。

	Rxn No.	Reaction extent	Heat of reaction	Reference component	Stoichiometry
		kmol/hr ▾	kJ/mol ▾		
▶	1	101.591	-16.6	1-BUT-01	1-BUT-01 --> ISOBU-01
	2	3.3418	-25.3775	1-BUT-01	4 1-BUT-01 --> C3H6 + 1-OCT-01 + 2-MET-01
	3	33.8636	-9.7	CIS-2-01	CIS-2-01 --> ISOBU-01
	4	1.11393	-18.4775	CIS-2-01	4 CIS-2-01 --> C3H6 + 1-OCT-01 + 2-MET-01
	5	47.409	-6.1	TRANS-01	TRANS-01 --> ISOBU-01
	6	1.55951	-14.8775	TRANS-01	4 TRANS-01 --> C3H6 + 1-OCT-01 + 2-MET-01

图 8-7　化学反应热计算结果

进入 **Blocks | RSTOIC | Results | Selectivity** 页面，可以看到异丁烯对 1-丁烯的选择性为 1.5907，如图 8-8 所示。

	Summary	Balance	Phase Equilibrium	Reactions	Selectivity	Utility Usage	⊘
	No.	Selectivity		Selected product		Reference reactant	
▶	1	1.5907		ISOBU-01		1-BUT-01	

图 8-8　异丁烯对 1-丁烯的选择性计算结果

8.2　产率反应器

产率反应器 RYield 模块用于模拟化学反应式计量关系和反应动力学数据未知或不重要，但产率分布已知的反应器，用户必须指定产物的产率(单位质量总进料量的产物物质的量或质量，不包括惰性组分)或者根据用户提供的 Fortran 子程序计算产率。RYield 模块归一产率来保证物料平衡，因此，产率规定只是建立了一个产率分布，而不是绝对产率。由于输入的是固定产率分布，因此 RYield 模块不保持原子平衡。RYield 模块可以模拟单相、两相和三相反应器。

产率设置有四个选项可选：组分产率(Component Yields)、组分映射(Component Mapping)、石油馏分表征(Petro Characterization)和用户子程序(User Subroutine)。当选择组分产率选项时，对于反应产物中的每一个组分进行产率规定。当选择组分映射选项时，需在 **Comp. Mapping** 页面设置各种结合(Lump)反应和分解(De-lump)反应所涉及的组分之间的定量关系。

当反应生成固体或固体发生变化时，可以在 **Comp. Atr.** 页面和 **PSD** 页面分别规定出口物流组分属性和粒子尺寸。

下面通过例 8-2 介绍 RYield 模块的应用。

例 8-2　已知反应 $4NH_3 + 5O_2 \longrightarrow 4NO + 6H_2O$，进料温度为 200℃，压力为 110 kPa，进料中 NH_3、O_2 的流量分别为 20 kmol·h^{-1}、60 kmol·h^{-1}，反应在恒温恒压条件下进行，反应温度与压力分别为 700℃、110 kPa，反应器出口物流中 NH_3、O_2、NO、H_2O 的摩尔比为 1：10：4：6。求反应器热负荷以及 NO 和 O_2 的流量。物性方法选用 RK-SOAVE。

本例模拟步骤如下：

(1)启动 Aspen Plus，进入 **File | New | User**，选择模板 General with Metric Units，将文件保存为 Examples8.2-RYield.bkp。

(2)进入 **Components | Specifications | Selection** 页面，输入组分 NH_3(氨气)、O_2(氧气)、NO(一氧化氮)、H_2O(水)。

(3)点击 ▶，进入 **Methods | Specifications | Global** 页面，选择物性方法 RK-SOAVE。

(4)点击 ▶，进入 **Methods | Parameters | Binary Interaction | RKSKBV-1 | Input** 页面查看方程的二元交互作用参数，本例采用系统默认值，不做修改。

(5)点击 ▶，出现 **Properties Input Complete** 对话窗，选择 Go to Simulation environment，点击 OK，进入模拟环境。

(6)建立如图 8-9 所示的产率反应器流程图，其中反应器 RYield 选用模块选项板中 **Reactors | RYield | ICON3** 图标。

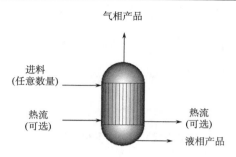

图 8-9　产率反应器 RYield 模块流程图

（7）点击 N→，进入 Streams | FEED | Input | Mixed 页面，输入进料 FEED 温度 700℃，压力 110 kPa，NH_3、O_2 的流量分别为 20 kmol·h^{-1}、60 kmol·h^{-1}。

（8）点击 N→，进入 Blocks | RYIELD | Setup | Specifications 页面，输入模块 RYIELD 参数，在 Operating conditions（操作条件）项中输入温度 700℃，压力 110 kPa，Valid phases（有效相态）选择 Vapor-Only，如图 8-10 所示。

（9）点击 N→，进入 Blocks | RYIELD | Setup | Yield 页面，设置组分产率参数。默认 Yield options（产率选项）为 Component yields（组分产率），输入 CH_4、H_2O、CO_2、H_2 的产率（分布）为 1∶10∶4∶6，没有惰性组分，如图 8-11 所示。

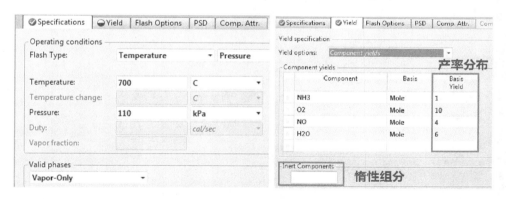

图 8-10　设置产率反应器 RYield 模块参数　　　图 8-11　设置产率参数

（10）点击 N→，出现 Required Input Complete 对话框，点击 OK，运行模拟，可看到控制面板中有一个 WARNING，提示定义的产率已被一个因子归一化来保证整体的物料平衡，如图 8-12 所示。

（11）进入 Blocks | RYIELD | Results | Summary 页面，可以看到反应器热负荷为 −594.61 kW，如图 8-13 所示。

```
 Block: RYIELD    Model: RYIELD
 *    WARNING
       SPECIFIED YIELDS HAVE BEEN NORMALIZED BY A FACTOR OF (565.135)
       TO MAINTAIN AN OVERALL MATERIAL BALANCE.

->Simulation calculations completed ...


 ***  No Warnings were issued during Input Translation ***
```

图 8-12　控制面板提示信息

Summary	Balance	Phase Equilibrium	Weight Distribution	Pse
Outlet temperature:	700	C		
Outlet pressure:	110	kPa		
Heat duty:	-594.61	kW		
Net heat duty:	-594.61	kW		
Vapor fraction:	1			
1st liquid / Total liquid:				

图 8-13　产率反应器 RYield 模块计算结果

(12)进入 **Blocks | RYIELD | Stream Results | Material** 页面，可以看到产物 PRODUCT 中 NO 的流量为 $16 \text{ kmol} \cdot \text{h}^{-1}$，$O_2$ 的流量为 $40 \text{ kmol} \cdot \text{h}^{-1}$，如图 8-14 所示。

	Units	FEED	PRODUCT
From			RYIELD
To		RYIELD	
Substream: MIXED			
Phase:		Vapor	Vapor
Component Mole Flow			
NH3	KMOL/HR	20	4
O2	KMOL/HR	60	40
NO	KMOL/HR	0	16
H2O	KMOL/HR	0	24
Mole Flow	KMOL/HR	80	84
Mass Flow	KG/HR	2260.54	2260.54
Volume Flow	L/MIN	47678.8	103003
Temperature	C	200	700
Pressure	BAR	1.1	1.1
Vapor Fraction		1	1
Liquid Fraction		0	0

图 8-14　物流计算结果

8.3　平衡反应器

平衡反应器 REquil 模块用于模拟化学反应式计量关系已知、部分或所有反应达到化学平衡的反应器，REquil 模块同时计算相平衡和化学平衡，能够限制某一化学反应不达到化学平衡，可以模拟单相和两相反应器，不能进行三相计算。

REquil 模拟计算时，需要定化学反应式计量关系和反应器的操作条件，如果没有给定其他规定，REquil 模块假定反应达到平衡。REquil 模块由 Gibbs 自由能计算平衡常数，可通过规定反应程度（Molar Extent）或平衡温距（Temperature Approach）来限制平衡。

如果规定平衡温差 ΔT，REquil 模块估算在 $T+\Delta T$（T 为反应器温度）时的化学平衡常数（Equilibrium Constant）。

REquil 模块处理常规的固体时，把每个参与反应的固体视为一个单独的纯固相。不参加反应的固体，包括非常规的组分，被视为惰性成分，这些固体不影响化学平衡，只影响能量平衡。

下面通过例 8-3 介绍 REquil 模块的应用。

例 8-3　由一氧化碳生产甲醇的反应为 $CO+2H_2 \longrightarrow CH_4O$；$CO_2+3H_2 \longrightarrow CH_4O+H_2O$。进料温度为 175℃，压力为 18 MPa，一氧化碳、二氧化碳与氢气的摩尔流量分别为 30 kmol·h^{-1}、10 kmol·h^{-1}、150 kmol·h^{-1}。反应器温度为 245℃，压力为 18 MPa。求当反应达到平衡时，甲醇与氢气的流量以及反应器热负荷。物性方法选用 SR-POLAR。

本例模拟步骤如下：

（1）启动 Aspen Plus，进入 **File | New | User**，选择模板 General with Metric Units，将文件保存为 Example8.3-REquil.bkp。

（2）进入 **Components | Specifications | Selection** 页面，输入组分 CH$_4$O（甲醇）、H$_2$O（水）、H$_2$（氢气）、CO（一氧化碳）和 CO$_2$（二氧化碳）。

（3）点击 **N⃗**，进入 **Methods | Specifications | Global** 页面，选择物性方法 SR-POLAR。

（4）点击 **N⃗**，进入 **Methods | Parameters | Binary Interaction | HOCETA-1 | Input** 页面，查看方程的二元交互作用参数，本例采用系统默认值，不做修改。

（5）点击 **N⃗**，出现 **Properties Input Complete** 对话框，选择 Go to Simulation environment，点击 OK 按钮，进入模拟环境。

建立如图 8-15 所示的流程图，其中反应器 REQUIL 选用模块选项板中 **Reactors | REquil | ICON2**。

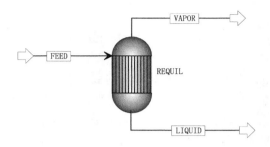

图 8-15 平衡反应器 REquil 流程图

（6）点击 **N⟩**，进入 **Streams | FEED | Input | Mixed** 页面，输入进料 FEED 温度 175℃，压力 18 MPa，一氧化碳、二氧化碳与氢气的摩尔流量分别为 30 kmol·h^{-1}、10 kmol·h^{-1}、150 kmol·h^{-1}。

（7）点击 **N⟩**，进入 **Blocks | REQUIL | Input | Specifications** 页面，输入模块 REQUIL 参数，在 Operating conditions（操作条件）项中输入温度 245℃，压力 18 MPa，Valid phases（有效相态）为 Vapor-Only。

（8）点击 **N⟩**，进入 **Blocks | REQUIL | Input | Reactions** 页面，定义反应点击 New…，定义第一个反应 $CO + 2H_2 \longrightarrow CH_4O$，反应中不包含固体，因此默认 Solid 为 No，默认 Temperature approach 为 0℃，如图 8-16 所示。同理，定义第二个反应，完成后点击对话框中的 **N⟩** 或 Close 按钮，重新回到 **Blocks | REQUIL | Input | Reactions** 页面，如图 8-17 所示。

（9）点击 **N⟩**，出现 **Required Input Complete** 对话框，点击 OK 按钮，运行模拟，流程收敛。

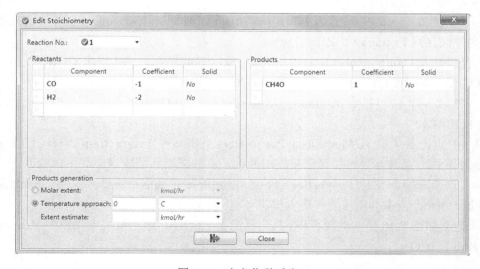

图 8-16 定义化学反应 1

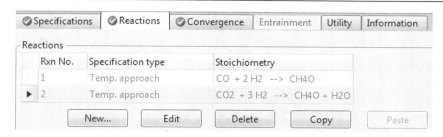

图 8-17　化学反应输入结果

(10)进入 **Blocks ｜ REQUIL ｜ Stream Results ｜ Material** 页面，可以看到产物 VAPOR 中氢气的流量为 70.6354 kmol·h^{-1}，甲醇的流量为 36.2924 kmol·h^{-1}，如图 8-18 所示。进入 **Blocks ｜ REQUIL ｜ Results ｜ Summary** 页面，可以看到反应器热负荷为 −865.007 kW，如图 8-19 所示。

Display: Streams	Format: FULL	Stream Table
	FEED	VAPOR
Substream: MIXED		
Mole Flow kmol/hr		
CO	30	0.487413
CO2	10	3.22019
H2	150	70.6354
H2O	0	6.77981
CH4O	0	36.2924
Total Flow kmol/hr	190	117.415
Total Flow kg/hr	1582.79	1582.79
Total Flow l/min	713.667	465.848
Temperature C	175	245
Pressure bar	180	180
Vapor Frac	1	1

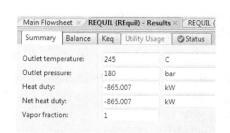

Summary	Balance	Keq	Utility Usage	Status
Outlet temperature:	245	C		
Outlet pressure:	180	bar		
Heat duty:	−865.007	kW		
Net heat duty:	−865.007	kW		
Vapor fraction:	1			

图 8-18　物流模拟计算结果　　　　　图 8-19　平衡反应器模块计算结果

8.4　吉布斯反应器

吉布斯反应器 RGibbs 模块根据分相后吉布斯自由能最小化的原则计算平衡，不需要确定化学反应式计量系数。RGibbs 模块用于模拟单相(气相或液相)化学平衡、无化学反应的相平衡、固溶相中的相平衡和/或化学平衡以及同时进行相平衡和化学平衡的反应器。RGibbs 模块也可以计算任意数量的常规固体组分和流体相之间的化学平衡，允许限制体系不达到完全的平衡。

RGibbs 模块可以将固体作为单凝聚物和/或固溶相。用户也可以分配组分，将其置于平衡中的特定相态，对每一个液相或固溶相使用不同的物性模型，这种功能使得 RGibbs 模块在火法冶金及模拟陶瓷和合金方面特别有价值。

RGibbs 模块可以限制平衡，用户可以通过如下几种方法限制平衡：固定任一产物的摩尔量，指定某一不参与反应的进料组分的百分比，指定整个系统的平衡温差，指定单个反应的平衡温差及固定反应程度。

下面通过例 8-4 介绍 RGibbs 模块的应用。

例 8-4 采用 RGibbs 模块对例 8-3 进行模拟。

本例模拟步骤如下：

(1) 打开 Example8.3-Requil.bkp，将文件另存为 Example8.4-RGibbs.bkp。

(2) 建立如图 8-20 所示的流程图，其中反应器 RGIBBS 选用模块选项板中 Reactors | RGibbs | ICON2 图标。

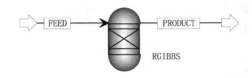

图 8-20　吉布斯反应器 RGibbs 流程图

(3) 点击 N▷，进入 **Streams | FEED | Input | Mixed** 页面，输入进料 FEED 温度 175℃，压力 18 MPa，一氧化碳、二氧化碳与氢气的摩尔流量分别为 30 kmol·h^{-1}、10 kmol·h^{-1}、150 kmol·h^{-1}。

(4) 点击 N▷，进入 **Blocks | RGIBBS | Setup | Specifications** 页面，输入模块 RGIBBS 参数，Calculation option（计算选项）默认 Calculate phase equilibrium and chemical equilibrium（计算相平衡和化学平衡），在 Operating conditions（操作条件）项中输入压力 18 MPa，温度 245℃，输入 Maximum number of fluid phases（存在的最大相态数）2，不存在固相，如图 8-21 所示。

(5) 进入 **Blocks | RGIBBS | Input | Products** 页面，默认选项 RGibbs considers all components as products，即 RGibbs 模块将所有的组分看作产物，如图 8-22 所示。

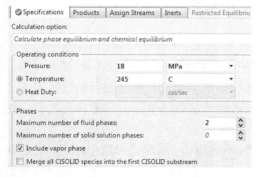

图 8-21　吉布斯反应器 RGibbs 模块参数设置

图 8-22　反应产物规定

（6）进入 **Blocks | RGIBBS | Input | Assign Streams** 页面，默认选项 RGibbs assigns phases to outlet streams，即 RGIBBS（吉布斯反应器）自动指定出口物流相态，如图 8-23 所示。没有惰性组分，故 **Inerts** 页面不做规定。

图 8-23　出料物流相态规定

（7）点击 **N▸**，出现 **Required Input Complete** 对话框，点击 OK，运行模拟，流程收敛。

（8）进入 **Blocks | RGIBBS | Stream Results | Material** 页面，可以看到 PRODUCT 中氢气的流量为 70.6357 kmol·h^{-1}，甲醇的流量为 36.2923 kmol·h^{-1}。进入 **Blocks | RGIBBS | Results | Summary** 页面，可以看到 Heat duty（反应热）为-865.005 kW，结果如图 8-24 和图 8-25 所示。

图 8-24　物流模拟计算结果

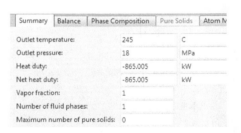

图 8-25　吉布斯反应器模块计算结果

8.5　化 学 反 应

化学反应（Reactions）用于定义化学反应，这些反应可以用于反应精馏（RadFrac）模块 RBatch、RCSTR、RPlug 等动力学反应器模块和反应系统中的泄压（Pressure relief）模块。化学反应是独立于反应器模块或塔模块的，可以同时应用于多个模块中，其在 Aspen Plus 中的位置如图 8-26 所示。

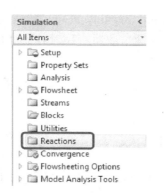

图 8-26　化学反应对象管理器页面　　　　　图 8-27　创建化学反应

基于速率的反应动力学模型包括：指数型动力学模型(Power Law Kinetic Model)、LHHW 型动力学模型(Langmuir-Hinshelwood Hougen-Watson Kinetic Model，该模型不适用于反应精馏系统)和用户自定义的动力学模型(User defined Kinetic Model)。

在化学反应对象管理器页面中点击 New…，出现 **Create New ID** 对话框，输入反应 ID 并选择反应动力学模型类型，如图 8-27 所示。点击 OK，进入化学反应 **R-1**，如图 8-28 所示。

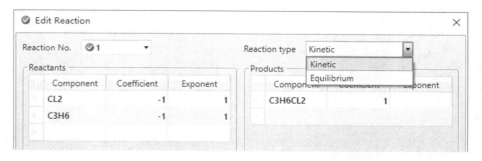

图 8-28　化学反应的定义

一个化学反应可以包含多个化学反应式，每个化学反应式均要定义化学反应式计量系数(Stoichiometry)，规定动力学参数(Kinetic)或者平衡参数(Equilibrium)。

进入 **Reactions | R-1 | Input | Stoichiometry** 页面，点击 New…，建立化学反应式，如图 8-28 所示，反应类型有两种：动力学(Kinetic)和平衡型(Equilibrium)，需输入反应组分(Reactants Component)、产物组分(Products Component)以及对应的化学反应式计量系数(Coefficient)。若反应动力学模型选择 POWERLAW，还要输入动力学方程式中每个组分的指数(Exponent)(若不输入则默认为 0，即反应速率大小与该组分无关)。

如果反应类型选择 Kinetic，在 **Kinetic** 页面，需要规定反应相态、反应速率控制基准动力学参数以及浓度基准。

对于指数型的化学反应（图 8-27 选择 POWERLAW），需要设置的动力学参数如图 8-29 所示。

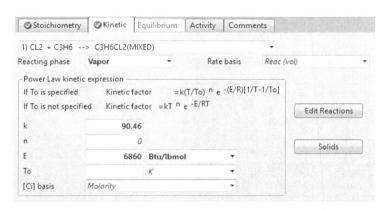

图 8-29　指数型化学反应动力学参数设置

对于 LHHW 型化学反应（图 8-27 选择 LHHW），需要设置的动力学参数如图 8-30 所示。

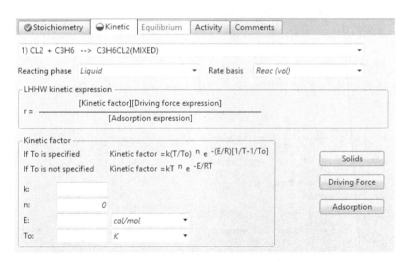

图 8-30　LHHW 型化学反应动力学参数设置

点击 **Driving Force**，弹出如图 8-31 所示窗口，Term1 相 Term2 分别代表正反应和逆反应的推动力。推动力表达式为

$$推动力 = K_1 \prod C_i^{\alpha_i} - K_2 \prod C_j^{\beta_j} \tag{8-2}$$

其中　　　　　　　　　　　$$\ln K_l = A_l + \frac{B_l}{T} + C_l \ln T + D_l T \tag{8-3}$$

点击 **Adsorption**，弹出如图 8-32 所示窗口，吸附表达式为

$$吸附 = \left[\sum K_i \left(\prod C_j^{\nu_j} \right) \right]^m \tag{8-4}$$

其中　　　　　　　　　　　$$\ln K_i = A_i + \frac{B_i}{T} + C_i \ln T + D_i T \tag{8-5}$$

如果不存在吸附过程的影响，则只需令 $m=0$ 即可。

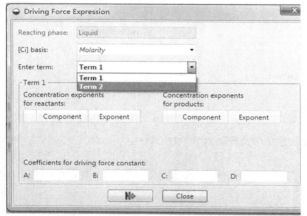

图 8-31　推动力表达式设置窗口　　　　　图 8-32　吸附表达式设置窗口

如果反应类型选择 Equilibrium，在 **Equilibrium** 页面需要规定反应相态、平衡温距，需要选择平衡常数的计算方法：Gibbs energies 或 Built-in Keq expression，如图 8-33 所示。

图 8-33　反应平衡常数设置窗口

8.6　全混釜反应器

全混釜反应器 RCSTR 模块严格模拟连续搅拌釜式反应器，可以模拟单相、两相或三相体系。RCSTR 模块假定反应器内为完全混合，即反应器内部与出口物流的性质和组成相同，可处理动力学反应和平衡反应，也可以处理带有固体的反应。用户可以通过内置反应模型或者通过用户自定义子程序提供反应动力学。

RCSTR 模块需要规定反应器压力、温度或者热负荷、有效相态、反应器体积或停留时间(Residence Time)等。若 RCSTR 模块连接了两股或三股出口物流，应在 **Streams** 页面中设定每一股物流的出口相态。RCSTR 模块中的化学反应式通过化学反应定义。

如果反应器的体积确定，全混釜反应器的停留时间由如下公式计算得到：

总停留时间
$$RT = \frac{V_R}{F \sum f_i V_i} \tag{8-6}$$

i 相停留时间
$$RT_i = \frac{V_{p_i}}{F f_i V_i} \tag{8-7}$$

式中，RT 为总停留时间；RT_i 为 i 相的停留时间；V_R 为反应器体积；F 为总摩尔流量(出口)；V_{p_i} 为 i 相的体积；V_i 为相的摩尔体积；f_i 为 i 相的摩尔分数。

下面通过例 8-5 介绍 RCSTR 模块的应用。

例 8-5　乙醇和乙酸的酯化反应为可逆反应：

$$乙醇(A) + 乙酸(B) \rightleftharpoons 乙酸乙酯(C) + 水(D)$$

进料为 0.1013 MPa 下的饱和液体，其中水、乙醇、乙酸的流量分别为 500 kg·h^{-1}、300 kg·h^{-1}、350 kg·h^{-1}，全混釜反应器的体积为 2 m^3，温度为 65℃，压力为 0.1013 MPa，化学反应动力学模型选用指数型。求产物乙酸乙酯的流量。物性方法选用 NRTL-HOC。

反应动力学方程：正反应，$r_1 = k_1 \exp(-E/RT) C_A C_B$；逆反应，$r_2 = k_2 \exp(-E/RT) C_C C_D$。其中 $k_1 = 1.9 \times 10^8$，$k_2 = 5.0 \times 10^7$，$E = 5.95 \times 10^7$ J·kmol^{-1}。

本例模拟步骤如下：

(1)启动 Aspen Plus，进入 **File | New | User**，选择模板 General with Metric Units，将文件保存为 Example8.5-RCSTR.bkp。

(2)进入 **Components | Specifications | Selection** 页面。输入组分 ETHAN-01(乙醇)、ACETI-01(乙酸)、ETHYL-01(乙酸乙酯)、WATER(水)。

(3)点击 N▸，进入 **Methods | Specifications | Global** 页面，选择物性方法 NRTL-HOC。

(4)点击 N▸，进入 **Methods | Parameters | Binary Interaction | HOCETA-1 |**

Input 页面，看方程的二元交互作用参数，本例采用默认值，不做修改。

(5) 点击 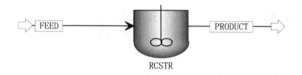，进入 **Methods | Parameters | Binary Interaction | NRTL-1 | Input** 页面，看方程的二元交互作用参数，本例采用默认值，不做修改。

(6) 点击 N⟶，出现 **Properties Input Complete** 对话框，选择 Go to Simulation environment，点 OK，进入模拟环境。

建立如图 8-34 所示流程图，其中反应器 RCSTR 选用模块选项板中 **Reactors | RCSTR | ICON1** 图标。

图 8-34　全混釜反应器 RCSTR 模块流程图

(7) 点击 N⟶，进入 **Streams | FEED | Input | Mixed** 页面，输入进料 FEED 压力 0.1013 MPa，温度 65℃，水、乙醇和乙酸的流量分别为 500 kg·h⁻¹、300 kg·h⁻¹、350 kg·h⁻¹。

(8) 点击 N⟶，进入 **Blocks | RCSTR | Setup | Specifications** 页面，输入 RCSTR 模块参数，压力为 0.1013 MPa，热负荷为 0，Valid phases（有效相态）选择 Liquid-Only，Reactor volume（反应器体积）为 2000 L，如图 8-35 所示。

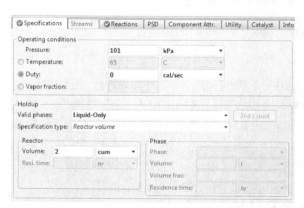

图 8-35　全混釜反应器 RCSTR 模块参数设置

(9) 进入 **Reactions | Reactions** 页面，创建化学反应。点击 New...按钮，出现 **Create New ID** 对话框，默认 ID 为 R-1，Select type 选择 POWERLAW，如图 8-36 所示。

(10) 点击 OK，进入 **Reactions | R-1 | Input | Stoichiometry** 页面。点击 New...按钮，出现 **Edit Reaction** 对话框，选择 Reaction type（反应类型）为 Kinetic（动力型），输入化学反应方程式 $CH_3COOH + C_2H_5OH \longrightarrow C_4H_8O_2 + H_2O$，如图 8-37 所示。

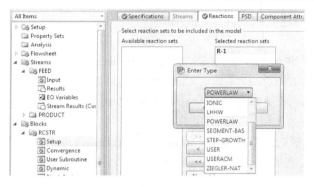

图 8-36　设置化学反应类型

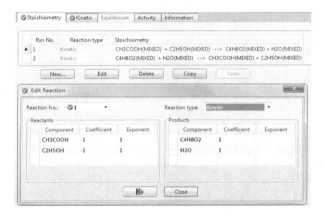

图 8-37　定义化学反应

（11）点击对话框中的 **Close** 按钮，回到 **Reactions | R-1 | Input | Stoichiometry** 页面。

进入 **Reactions | R-1 | Input | Kinetic** 页面，默认为反应 1，默认 Reacting phase（反应相态）为 Liquid，输入 $k=1.9\times10^8$，$E=5.95\times10^7$ J·kmol^{-1}，如图 8-38 所示。

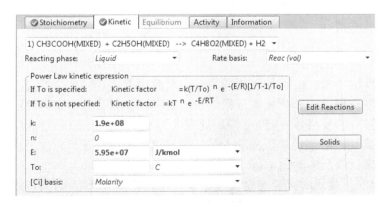

图 8-38　化学反应平衡参数设置

化学反应 1 创建完成。同理，创建该反应的逆反应，定义为化学反应 2，过程相同。

(12) 点击 **N⇒**，进入 **Blocks | RCSTR | Setup | Reactions** 页面，将 Available reaction sets 中的 R-1 选入 Selected reaction sets，如图 8-36 所示。

(13) 点击 **N⇒**，出现 **Required Input Complete** 对话框，点击 OK 按钮，运行模拟，流程收敛。

进入 **Blocks | RCSTR | Stream Results | Material** 页面，可以看到 PRODUCT 中 $C_4H_8O_2$(乙酸乙酯)的流量为 6.17691 kmol·h^{-1}，如图 8-39 所示。

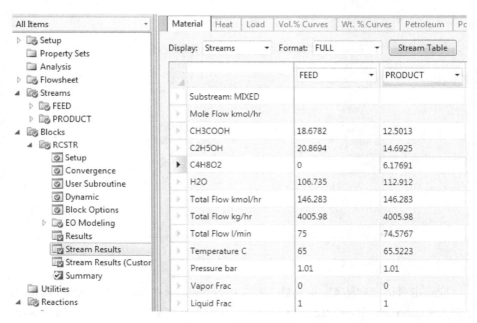

图 8-39　物流计算结果

8.7　平推流反应器

平推流反应器 RPlug 模块可以模拟轴向没有返混、径向完全混合的理想平推流反应器，可以模拟单相、两相或三相体系，也可以模拟带传热流体(冷却或加热)物流(并流或逆流)的反应器。RPlug 模块处理动力学反应，包括涉及固体的化学反应，使用 RPlug 模块时必须已知反应动力学，用户可以通过内置反应模型或者通过用户自定义子程序提供反应动力学。

使用 RPlug 模块时需要规定反应器管长、管径以及管数(若反应器由多根管组成)，需要输入反应器压降，其他输入参数取决于反应器类型。

RPlug 模块的类型包括：指定温度的反应器（Reactor with Specified Temperature）、绝热反应器（Adiabatic Reactor）、恒定传热流体温度的反应器（Reactor with Constant Thermal Fluid Temperature）、与传热流体并流换热的反应器（Reactor with Co-current Thermal Fluid），与传热流体逆流换热的反应器（Reactor with Counter-current Thermal Fluid）等。平推流反应器中的化学反应式通过化学反应定义。

下面通过例 8-6 介绍 RPlug 模块的应用。

例 8-6 苯（C_6H_6）氯化制氯苯（C_6H_6Cl）的化学反应式和指数型动力学方程如下（其中动力学参数以英制单位为基准，浓度为摩尔浓度，反应相态为气相）。

主反应 $\qquad\qquad$ $Cl_2+C_6H_6 \longrightarrow C_6H_5Cl+HCl$

$$r_1=2.895\times10^9\times\exp(-56810/RT)\times[Cl_2]\times[C_6H_6]$$

副反应 $\qquad\qquad$ $Cl_2+C_6H_5Cl \longrightarrow C_6H_4Cl_2+HCl$

$$r_2=8.686\times10^9\times\exp(-67990/RT)\times[Cl_2]\times[C_6H_5Cl]$$

两股进料混合后进入反应器，进料氯气的温度为 20℃，压力为 0.110 MPa，流量为 2 kmol·h^{-1}，进料苯的温度为 40℃，压力为 0.110 MPa，流量为 10 kmol·h^{-1}。反应器长 8.5 m，前 7.48 m、内径 400 mm，后 1.12 m、内径 800 mm，压降为 0。已知反应器进口温度为 75℃，反应器长度的 0.5 倍处温度为 77℃，反应器出口温度为 78℃。求产物中氯苯（C_6H_5Cl）和 1,2-二氯苯（$C_6H_4Cl_2$）的流量。物性方法选用 NRTL。

本例模拟步骤如下：

（1）启动 Aspen Plus，进入 **File** | **New** | **User**，选择模板 General with Metric Units，将文件保存为 Example12.6-plug.bkp。

（2）进入 **Components** | **Specifications** | **Selection** 页面，输入组分 Cl_2（氯气）、C_6H_6（苯）、C_6H_5Cl（氯苯）、$C_6H_4Cl_2$（1,2-二氯苯）、HCl（氯化氢）。

（3）点击 ，进入 **Methods** | **Specifications** | **Global** 页面，选择物性方法 NRTL。

（4）点击 ，进入 **Methods** | **Parameters** | **Binary Interaction** | **NRTL-1** | **Input** 页面，看方程的二元交互作用参数，本例采用默认值，不做修改。

（5）点击 ，出现 **Properties Input Complete** 对话框，选择 Go to Simulation environment，点击 OK，进入模拟环境。

建立如图 8-40 所示流程图，其中反应器 RPLUG 选用模块选项板中 **Reactors** | **RPlug** | **ICON2** 图标。

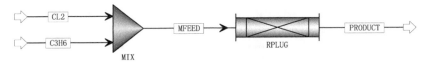

图 8-40 平推流反应器 RPlug 模块流程图

(6) 点击 N▶，进入 **Streams | C₆H₆ | Input | Mixed** 页面，输入物流 C_6H_6 温度 40℃，压力 0.11 MPa，苯流量 10 kmol·h^{-1}。

(7) 点击 N▶，进入 **Streams | Cl₂ | Input | Mixed** 页面，输入物流 Cl_2 温度 20℃，压力 0.11 MPa，氯气流量 2 kmol·h^{-1}。

(8) 点击 N▶，进入 **Blocks | MIX | Input | Flash Options** 页面，输入模块 MIX 参数，默认压降为 0，选择有效相态为 Vapor-Liquid。

(9) 点击 N▶，进入 **Blocks | RPLUG | Specifications** 页面，输入模块 RPLUG 参数，选择 Reactor type（反应器类型）为 Reactor with specified temperature（指定温度的反应器），输入反应器不同位置的温度，如图 8-41 所示。

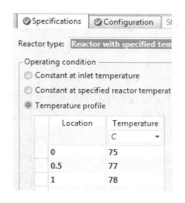

图 8-41　设置平推流反应器模块参数

(10) 点击 N▶，进入 **Blocks | RPLUG | Setup | Configuration** 页面，输入模块 RPLUG 结构参数，Length（反应器长度）8.5 m，勾选 Diameter（直径）随长度变化；然后进入 **Blocks | RPLUG | Setup | Diameter** 页面，输入反应器不同位置的直径，如图 8-42 所示。

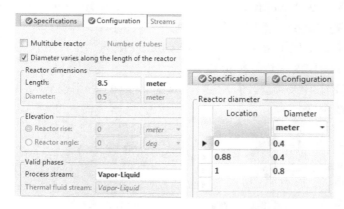

图 8-42　设置平推流反应器结构参数

（11）进入 **Reactions | Reactions** 页面，创建化学反应 R-1，反应动力学模型为指数型（POWERLAW）。

输入主反应：$Cl_2 + C_6H_6 \longrightarrow C_6H_6Cl$，如图 8-43 所示。同理，输入逆反应 2。

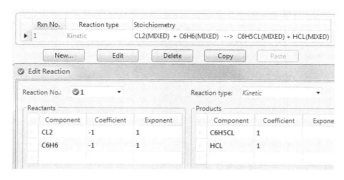

图 8-43　反应方程设置

（12）点击 $\mathbb{N}$，进入 **Reactions | R-1 | Input | Kinetic** 页面，默认反应 1，选择 Reacting phase（反应相态）为 Vapor，输入指前因子 k 为 2.895×10^9，活化能 E 为 56810 kJ·kmol^{-1}，默认[Ci] basis（浓度基准）为 Molarity，如图 8-44 所示。同理，选择反应 2，输入反应 2 的动力学参数，如图 8-45 所示。

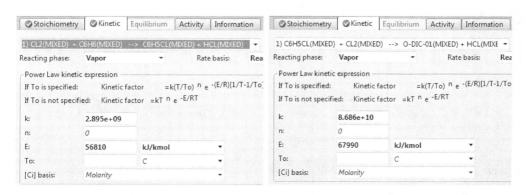

图 8-44　反应 1 动力学参数设置　　　　　图 8-45　反应 2 动力学参数设置

（13）点击 $\mathbb{N}$，进入 **Blocks | RPLUG | Setup | Reactions** 页面，将 R-1 和 R-2 由 Available reaction sets 一栏移入 Selected reaction sets 栏中。

（14）点击 $\mathbb{N}$，出现 **Required Input Complete** 对话框，点击 OK，运行模拟，流程收敛。

进入 **Blocks | RCSTR | Stream Results | Material** 页面，可以看到氯苯（C_6H_5Cl）和 1,2-二氯苯（$C_6H_4Cl_2$）的流量分别为 1.9127 kmol·h^{-1} 和 0.0421 kmol·h^{-1}，如图 8-46 所示。

	MFEED	PRODUCT
Mole Flow kmol/hr		
CL2	2	0.0030856
C6H6	10	8.0452
C6H5CL	0	1.9127
HCL	0	1.99691
O-DIC-01	0	0.0421097
Mass Frac		
CL2	0.15365	0.000237051
C6H6	0.84635	0.680905
C6H5CL	0	0.233264
HCL	0	0.0788872
O-DIC-01	0	0.00670706
Total Flow kmol/hr	12	12

图 8-46 平推流反应器物流计算结果

全混釜反应器是返混趋于无穷大的反应器,平推流反应器是返混为零的反应器,这是两个极端情况, 实际反应器有的接近这样的理想情况, 因而可用这两个模块进行近似设计、 模拟和分析。 但是在某些情况下, 由于实际设备中死角和挡板等的存在形成了滞留区域, 也可能不均匀的流路导致流体的旁通, 因而, 流体的流型不同于全混釜和平推流中流体的流型, 而是介于它们之间的一种形式, 这时候可采用多个模块组合的方法进行模拟:

(1)多相产物反应器。可用 RCSTR 模块或 RPlug 模块+Flash2 模块(图 8-47)。

图 8-47 多相产物反应器模型

(2)存在滞留区域的全混釜。可用 RCSTR 模块或+Flash2 模块+RPlug 模块(图 8-48)。

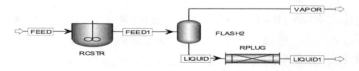

图 8-48 存在滞留区域的全混釜反应器模型

(3)产生旁通的平推流反应器。可用 Fsplit 模块+RPlug 模块+Mixer 模块(图 8-49)。

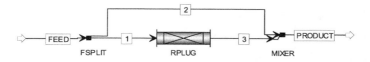

图 8-49　产生旁通的平推流反应器模型

(4)带有返混的平推流反应器。可用多个 RCSTR 模块串联(图 8-50)。

图 8-50　带有返混的平推流反应器模型

8.8　间歇反应器

间歇反应器 RBatch 模块严格模拟间歇或半间歇反应器,使用储罐连接间歇反应器与 Aspen Plus 中的稳态物流。对于半间歇反应器,用户可以定义一股连续出料和任意股连续或间歇进料。RBatch 模块只能处理动力学反应。

下面通过例 8-7 介绍 RBatch 模块的应用。

例 8-7　使用 RBatch 模块模拟甲醇(A)与异丁烯(B)反应合成甲基叔丁基醚(C),反应包括一个主反应和一个副反应,副反应是生成异丁烯二聚体(D)。化学反应动力学模型选择指数型。

主反应:　　　　　CH_3OH (A)$+(CH_3)_2CCH_2$ (B) $\longrightarrow$ $(CH_3)_3COCH_3$ (C)

正反应速率方程:

$r_1=k_1a_B/a_A$, [kmol·$(m^3 \cdot s)^{-1}$]; $k_1=0.01395 \times \exp[(-92400/RT) \times (1/T-1/333)]$

逆反应速率方程:

$r_2=k_2a_C/a_A^2$, [kmol·$(m^3 \cdot s)^{-1}$]; $k_2=0.0002218 \times \exp[(-92400/RT) \times (1/T-1/333)]$

副反应:　　　　$2(CH_3)_2CCH_2$ (B) $\longrightarrow$ $(CH_3)_3CCH{=}C(CH_3)_2$ (D)

反应速率方程:

$r_3=k_3a_B$, [kmol·$(m^3 \cdot s)^{-1}$]; $k_3=0.0002286 \times \exp[(-66700/RT) \times (1/T-1/333)]$

上述所有反应活化能单位为 J·mol^{-1},其中浓度基准为摩尔浓度(Molarity)。

间歇进料,甲醇总量为 3500 kg,温度为 40℃,压力为 0.8 MPa;连续进料,丁烯温度为 45℃,压力为 0.8 MPa,以 8000 kg·h^{-1}的流量连续进料 1.5 h(其中 1-丁烯 3500 kg·h^{-1},异丁烯 4500 kg·h^{-1}),反应器温度为 65℃,压力为 0.8 MPa,反应为液相反应,反应 1.5 h 后结束,计算时间间隔设为 2 min。求反应产物中各组分的质量流量,物性方法选用 NRTL。

本例模拟步骤如下：

(1) 启动 Aspen Plus，进入 **File | New | User**，选择模板 General with Metric Units，将文件保存为 Example8.7-RBatch.bkp。

(2) 进入 **Setup | Report Options | Stream** 页面，在 Flow basis 和 Fraction basis 框中勾选 Mass，以便在物流报告中查看组分质量流量和质量分数。

(3) 进入 **Components | Specifications | Selection** 页面，输入组分 CH_3OH（甲醇）、$(CH_3)_2CCH_2$（异丁烯）、$(CH_3)_3COCH_3$（甲基叔丁基醚）、$(CH_3)_3CCH\!=\!C(CH_3)_2$（异丁烯二聚体），并输入惰性组分 $CH_2\!=\!CHCH_2CH_3$（1-丁烯）。

(4) 组成定义完成后，点击 ▶，进入 **Methods | Specifications | Global** 页面，选择物性方法 NRTL。

(5) 点击 ▶，出现 **Properties Input Complete** 对话框，选择 Go to Simulation environment，点击 OK，进入模拟环境。

建立如图 8-51 所示流程图，其中反应器 RBATCH 选用模块选项卡中 **Reactors | RBatch | ICON1** 图标。

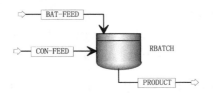

图 8-51　间歇反应器 RBatch 模块流程图

(6) 点击 ▶，进入 **Streams | BAT-FEED | Input | Specifications** 页面，输入间歇进料 CH_3OH 的温度 40℃，压力 0.7 MPa，甲醇流量 3500 $kg\cdot h^{-1}$。

(7) 点击 ▶，进入 **Streams | CON-FEED | Input | Specifications** 页面，输入连续进料丁烯的温度 45℃，压力 0.7 MPa，1-丁烯流量 3500 $kg\cdot h^{-1}$，异丁烯流量 4500 $kg\cdot h^{-1}$。

(8) 点击 ▶，进入 **Blocks | RBATCH | Setup | Specifications** 页面，输入模块 RBATCH 参数，在 Reactor operating specification（反应器操作设置）下拉菜单中选择 Constant temperature（恒温操作），输入温度 65℃，反应器压力 0.7 MPa，如图 8-52 所示。

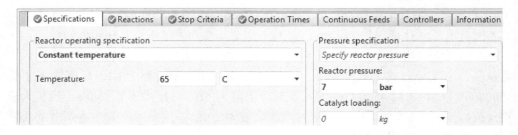

图 8-52　间歇反应器（RBatch）模块参数设置

（9）进入 **Reactions ｜ Reactions** 页面，创建新的化学反应 R-1，反应动力学模型选择 POWERLAW。

（10）输入化学反应方程式 CH_3OH (A) + $(CH_3)_2CCH_2$ (B) $\longrightarrow$ $(CH_3)_3COCH_3$ (C)，结果如图 8-53 所示。

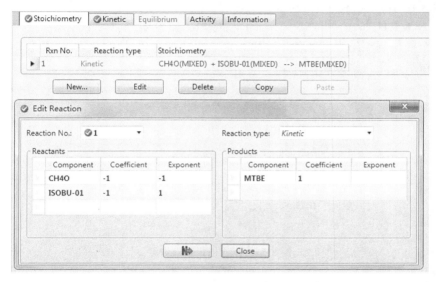

图 8-53　化学反应及动力学指数设置

（11）点击 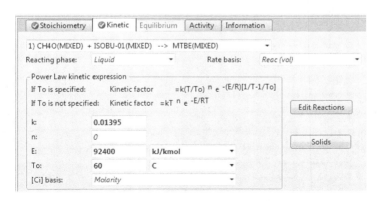，进入 **Reactions ｜ R-1 ｜ Input ｜ Kinetic** 页面，默认反应 1，默认 Reacting phase（反应相态）为 Liquid，输入指前因子 k 为 0.01395，活化能 E 为 92400 $kJ \cdot kmol^{-1}$，T_0=60℃。默认 ［C_i］basis（浓度基准）为 Molarity（摩尔浓度），如图 8-54 所示。

图 8-54　化学反应的动力学参数设置

（12）同样的步骤输入反应 2、3 动力学参数，化学反应的创建完成后，点击 **N⇒**，进入 **Blocks | RBATCH | Setup | Reactions** 页面，将 Available reaction sets 中的 R-1、R-2、R-3 选入 Selected reaction sets。

（13）点击 **N⇒**，进入 **Blocks | RBATCH | Setup | Stop Criteria** 页面，输入反应停止判据，Criterion no.输入 1，Location 选择 Reactor，Variable type 选择 Time，Stop value 为 1.5，在 METCBAR 单位制下，时间单位为 h，如图 8-55 所示，停止判据为 RBatch 模块一个操作周期结束的条件，可以设定一个或多个，计算过程中达到任何一个判据设定值后，反应就停止。

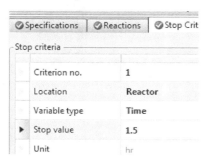

图 8-55　反应停止条件设置

（14）点击 **N⇒**，进入 **Blocks | RBATCH | Setup | Operation Times** 页面，设置操作时间在 Batch cycle time（间歇操作周期）框中点选 Batch feed time（间歇进料时间），输入时间 1 h（因为题目中给定的间歇进料甲醇流量 3500 $kg·h^{-1}$，输入间歇进料 CH_3OH 的流量为 3500 $kg·h^{-1}$，故间歇进料时间为 1 h），输入 Maximum calculation time（最大计算时间）为 2 h，Time interval between profile point（时间间隔）为 2 min，如图 8-56 所示。图中的 Total cycle time 为一个操作周期时间，Batch Feed time 为间歇进料时间，Down time 为辅助操作时间。

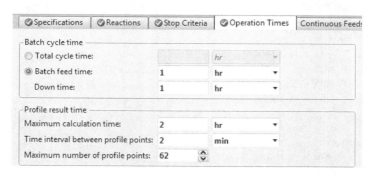

图 8-56　反应器操作时间设置

（15）点击 ，出现 **Required Input Complete** 对话框，点击 OK，运行模拟，流程收敛。

进入 **Blocks | RCSTR | Stream Results | Material** 页面，可以看到产物PRODUCT中各组分质量流量，如图 8-57 所示。

| Material | Heat | Load | Vol.% Curves | Wt. % Curves | Petroleum | Polymers | Solids |

Display: Streams　Format: FULL　Stream Table

	CON-FEED	BAT-FEED	PRODUCT
Mole Flow kmol/hr			
CH4O	0	109.231	3.94534
1-BUT-01	62.3802	0	37.4281
ISOBU-01	80.2032	0	1.69824
MTBE	0	0	39.7471
2:4:4-01	0	0	3.33828
A-MONER	0	0	0
Mass Flow kg/hr			
CH4O	0	3500	126.417
1-BUT-01	3500	0	2100
ISOBU-01	4500	0	95.2837
MTBE	0	0	3503.69
2:4:4-01	0	0	374.605
A-MONER	0	0	0
Total Flow kmol/hr	142.583	109.231	86.1571
Total Flow kg/hr	8000	3500	6200
Total Flow l/min	237.428	75.2854	167.066
Temperature C	45	40	65.0142
Pressure bar	7	7	7
Vapor Frac	0	0	0
Liquid Frac	1	1	1

图 8-57　反应器物流计算结果

习　　题

8-1　由一氧化碳和二氧化碳转变为甲烷的反应为 $CO+3H_2 \longrightarrow CH_4+H_2O$，$CO_2+4H_2 \longrightarrow CH_4+2H_2O$。进料温度为 175℃，压力为 18 MPa，一氧化碳、二氧化碳与氢气的摩尔流量分别为 50 kmol·h^{-1}、10 kmol·h^{-1}、300 kmol·h^{-1}。反应器温度为 245℃，压力为 18 MPa。求当反应达到平衡时，甲烷与氢气的流量以及反应器热负荷。物性方法选用 SR-POLAR。

8-2　甲醛（A）与氨（B）反应生成乌洛托品（C）的反应式如下：

$$4NH_3(A)+6HCHO(B) \longrightarrow (CH_2)_6N_4(C)+6H_2O(D)$$

反应速率方程：　$r_A=k\,C_AC_B^2$ kmol·m^{-3}·s^{-1}

反应速率常数：　$k=1420\exp[-2.57\times10^7/(RT)]$ m^6·kmol^{-2}·s^{-1}（活化能单位 J·kmol^{-1}）

　　反应器容积 3 m³，装填系数为 0.6，输入 N_2 作保护气体，N_2 量应使反应釜物料出口气相分率保持在 0.001 左右。进料氨水浓度 4 kmol·m⁻³，流量 15 m³·h⁻¹；甲醛水溶液浓度为 6 kmol·m⁻³，流量 15 m³·h⁻¹；两股物料均为常压、25℃。求 30℃下乌洛托品的产量与氮气的流量，并分析温度在 20～50℃范围内变化对甲醛转化率的影响。

主要参考文献

包宗宏, 武文良. 2017. 化工计算与软件应用. 2 版. 北京: 化学工业出版社

陈新志, 蔡振云, 胡望明. 2005. 化工热力学. 2 版. 北京: 化学工业出版社

孙兰义. 2017. 化工过程模拟实训. 2 版. 北京: 化学工业出版社

王敏炜, 杜军, 罗美. 2015. 化工热力学. 北京: 科学出版社

吴志泉, 涂晋林, 徐汛. 2001. 化工工艺计算. 上海: 华东理工大学出版社

张乃文, 陈嘉宾, 于志家. 2006. 化工热力学. 大连: 大连理工大学出版社

朱自强, 吴有庭. 2010. 化工热力学. 3 版. 北京: 化学工业出版社

Elliott J R, Lira C T. 1999. Introductory Chemical Engineering Thermodynamics. New York: Prentice-Hall PTR

Prausnitz J M, Lichtenthaler R N, Azevedo E G. 1998. Molecular Thermodynamics of Fluid Phase Equilibria. 3rd ed. New York: Prentice-Hall PTR

Smith J M, Van Ness H C, Abbott M M. 2005. Introduction to Chemical Engineering Thermodynamics. 7th ed. New York: McGraw-Hill

附　　录

附表 1　临界常数和偏心因子

化学物质	T_c/K	p_c/MPa	V_c/(10^{-6}m^3·mol^{-1})	Z_c	ω
链烷烃					
甲烷	190.6	4.6	99	0.288	0.008
乙烷	305.4	4.88	148	0.285	0.098
丙烷	369.8	4.25	203	0.281	0.152
正丁烷	425.2	3.8	255	0.274	0.193
异丁烷	408.1	3.65	263	0.283	0.176
正戊烷	469.6	3.37	304	0.262	0.251
异戊烷	460.4	3.38	306	0.271	0.227
季戊烷	433.8	3.2	303	0.269	0.197
正己烷	507.4	2.97	370	0.26	0.296
正庚烷	540.2	2.74	432	0.263	0.351
正辛烷	568.8	2.48	492	0.259	0.394
单烯烃					
乙烯	282.4	5.04	129	0.276	0.085
丙烯	365	4.62	181	0.275	0.148
异丁烯	419.6	4.02	240	0.277	0.187
异戊烯	464.7	4.05	300	0.31	0.245
常用有机化合物					
乙酸	594.4	5.79	171	0.2	0.454
丙酮	508.1	4.7	209	0.232	0.309
乙腈	547.9	4.83	173	0.184	0.321
乙炔	308.3	6.14	113	0.271	0.184
苯	562.1	4.89	259	0.271	0.212
1,3-丁二烯	425	4.33	221	0.27	0.195
氯苯	632.4	4.52	308	0.265	0.249
环己烷	553.4	4.07	308	0.273	0.213
二乙醚	466.7	3.64	280	0.262	0.281
乙醇	516.2	6.38	167	0.248	0.635
环氧乙烷	469	7.19	140	0.258	0.2
甲醇	512.6	8.1	118	0.224	0.559
氯甲烷	416.3	6.68	139	0.268	0.156

化学物质	T_c/K	p_c/MPa	V_c/$(10^{-6}\mathrm{m}^3\cdot\mathrm{mol}^{-1})$	Z_c	ω
常用有机化合物					
甲基乙基酮	535.6	4.15	267	0.249	0.329
甲苯	591.7	4.11	316	0.264	0.257
氟利昂-11	471.2	4.41	248	0.279	0.188
氟利昂-113	487.2	3.41	304	0.256	0.252
氟利昂-12	385	4.12	217	0.28	0.176
单质气体					
氩	150.8	4.87	74.9	0.291	0
溴	584	10.3	127	0.27	0.132
氯	417	7.7	124	0.275	0.073
氦	5.2	0.227	57.3	0.301	−0.387
氢	33.2	1.3	65	0.305	−0.22
氪	209.4	5.5	91.2	0.288	0
氖	44.4	2.76	41.7	0.311	0
氮	126.2	3.39	89.5	0.29	0.04
氧	154.6	5.05	73.4	0.288	0.021
氙	289.7	5.84	118	0.286	0
常用无机化合物					
氨	405.6	11.28	72.5	0.242	0.25
二氧化碳	304.2	7.375	94	0.274	0.225
二硫化碳	552	7.9	170	0.293	0.115
一氧化碳	132.9	3.5	93.1	0.295	0.049
四氯化碳	556.4	4.56	276	0.272	0.194
三氯甲烷	536.4	5.5	239	0.239	0.216
肼	653	14.7	96.1	0.26	0.328
氯化氢	324.6	8.3	81	0.249	0.12
氰化氢	456.8	5.39	139	0.197	0.407
硫化氢	373.2	8.94	98.5	0.284	0.1
一氧化氮(NO)	180	6.5	58	0.25	0.607
氧化亚氮(N_2O)	309.6	7.24	97.4	0.274	0.16
二氧化硫	430.8	7.88	122	0.268	0.251
三氧化硫	491	8.2	130	0.26	0.41
水	647.3	22.05	56	0.229	0.344

资料来源：Kudchadker A P, Alani G H, Zwolinski B J. 1968. Chem. Rev., 68: 659; Mathews J F. 1972. Chem. Rev., 72: 71; Reid R C, Prausnitz J M, Sherwood T K. 1977. The Properties of Gates and Liquids. 3rd ed. New York: McGraw-Hill; Passut C A, Danner R P. 1974. Ind. Eng. Chem., Proc. Des. Dev. 12: 365.

附表 2　理想气体热容

$C_p^*/R = A + BT + CT^2 + DT^{-2}$，使用的温度范围 298 K～$T_{max}$

化学物质	分子式	T_{max}	A	10^3B	10^6C	$10^{-5}D$
链烷烃						
甲烷	CH_4	1500	1.702	9.081	−2.164	
乙烷	C_2H_6	1500	1.131	19.225	−5.561	
丙烷	C_3H_8	1500	1.213	28.785	−8.824	
正丁烷	C_4H_{10}	1500	1.935	36.915	−11.402	
异丁烷	C_4H_{10}	1500	1.677	37.853	−11.945	
正戊烷	C_5H_{12}	1500	2.464	45.351	−14.111	
正己烷	C_6H_{14}	1500	3.025	53.722	−16.791	
正庚烷	C_7H_{16}	1500	3.57	62.127	−19.486	
正辛烷	C_8H_{18}	1500	8.163	70.567	−22.208	
单烯烃						
乙烯	C_2H_4	1500	1.424	14.394	−4.392	
丙烯	C_3H_6	1500	1.637	22.706	−6.915	
异丁烯	C_4H_8	1500	1.967	31.63	−9.873	
异戊烯	C_5H_{10}	1500	2.691	39.753	−12.447	
异己烯	C_6H_{12}	1500	3.22	48.189	−15.157	
异庚烯	C_7H_{14}	1500	3.768	56.588	−17.847	
异辛烯	C_8H_{16}	1500	4.324	64.96	−20.521	
常用有机化合物						
乙醛	C_2H_4O	1000	1.693	17.978	−6.158	
乙炔	C_2H_2	1500	6.132	1.952	—	−1.299
苯	C_6H_6	1500	−0.206	39.064	−13.301	
1,3-丁二烯	C_4H_6	1500	2.734	26.786	−8.882	
环己烷	C_6H_{12}	1500	−3.876	63.249	−20.928	
乙醇	C_2H_6O	1500	3.518	20.001	−6.002	
苯乙烷	C_8H_{10}	1500	1.124	55.38	−18.476	
环氧乙烷	C_2H_4O	1000	−0.385	23.463	−9.296	
甲醛	CH_2O	1500	2.264	7.022	−1.877	
甲醇	CH_4O	1500	2.211	12.216	−3.45	
甲苯	C_7H_8	1500	0.29	47.052	−15.716	
苯乙烯	C_8H_8	1500	2.05	50.192	−16.662	

化学物质	分子式	T_{max}	A	10^3B	10^6C	$10^{-5}D$
		常用无机化合物				
空气		2000	3.355	0.575	—	−0.016
氨	NH_3	1800	3.578	3.02	—	−0.186
溴	Br_2	3000	4.493	0.056	—	−0.154
一氧化碳	CO	2500	3.376	0.557	—	−0.031
二氧化碳	CO_2	2000	5.457	1.045	—	−1.157
二硫化碳	CS_2	1800	6.311	0.805	—	−0.906
氯	Cl_2	3000	4.442	0.089	—	−0.344
氢	H_2	3000	3.249	0.422	—	0.083
硫化氢	H_2S	2300	3.931	1.49	—	−0.232
氯化氢	HCl	2000	3.156	0.623	—	0.151
氰化氢	HCN	2500	4.736	1.359	—	−0.725
氮	N_2	2000	3.28	0.593	—	0.04
氧化亚氮	N_2O	2000	5.328	1.214	—	−0.928
一氧化氮	NO	2000	3.387	0.629	—	0.014
二氧化氮	NO_2	2000	4.982	1.195	—	−0.792
四氧化二氮	N_2O_4	2000	11.66	2.257	—	−2.787
氧	O_2	2000	3.639	0.506	—	−0.227
二氧化硫	SO_2	2000	5.699	0.801	—	−1.015
三氧化硫	SO_3	2000	8.06	1.056	—	−2.028
水	H_2O	2000	3.47	1.45	—	0.121

资料来源：Spencer H M. 1948. Ind. Eng. Chem., 40: 2152; Kelley K K. 1960. U.S. Bur. Mines Bull., 584; Pankratz L B. 1982. U.S. Bur. Mines Bull., 672.

附表3　液体热容

$C_p=a+bT+cT^2+dT^3$（SI 单位 J·mol^{-1}·K^{-1}，温度为 K）

物质	a	b	c	d
乙醛	1.68842×10^1	8.10208×10^{-1}	-3.08085×10^{-3}	4.42590×10^{-6}
乙酸	-3.60814×10^1	6.04681×10^{-1}	-3.93957×10^{-4}	-5.61602×10^{-7}
丙酮	1.68022×10^1	8.48409×10^{-1}	-2.64114×10^{-3}	3.39139×10^{-6}
乙炔	1.21476×10^1	1.11988	-6.78213×10^{-3}	1.42930×10^{-5}
丙烯腈	1.06528×10^1	9.77905×10^{-1}	-3.10778×10^{-3}	3.82102×10^{-6}
氨	2.01494×10^1	8.45765×10^{-1}	-4.06745×10^{-3}	6.60687×10^{-6}
苯胺	-1.36683×10^1	9.31971×10^{-1}	-1.60401×10^{-3}	1.36715×10^{-6}
氩	-2.49300×10^1	1.41664	-2.86902×10^{-3}	-4.27496×10^{-5}
苯	-7.27329	7.70541×10^{-1}	-1.64818×10^{-3}	1.89794×10^{-6}

物质	a	b	c	d
联苯	-8.65504×10^1	1.58701	-2.04329×10^{-3}	1.28288×10^{-6}
溴	2.11979×10^1	5.17990×10^{-1}	-1.75921×10^{-3}	1.95266×10^{-6}
溴化苯	-9.93411×10^1	8.95727×10^{-1}	-1.68176×10^{-3}	1.47666×10^{-6}
二氧化碳	1.10417×10^1	1.15955	-7.23130×10^{-3}	1.55019×10^{-5}
二硫化碳	1.74151×10^1	5.54537×10^{-1}	-1.72346×10^{-3}	2.07575×10^{-6}
四氯化碳	1.22846×10^1	1.09475	-3.18255×10^{-3}	3.42524×10^{-6}
氯	1.54120×10^1	7.23104×10^{-1}	-3.39726×10^{-3}	5.26286×10^{-3}
环己烷	-1.12493×10^1	8.41499×10^{-1}	-1.58331×10^{-3}	1.96493×10^{-6}
环戊烷	-1.77539×10^1	8.42309×10^{-1}	-2.00426×10^{-3}	2.64122×10^{-6}
乙酸乙酯	4.29049×10^1	9.34378×10^{-1}	-2.63999×10^{-3}	3.34258×10^{-6}
乙醇	-3.2513×10^2	4.13787	-1.40307×10^{-2}	1.70354×10^{-5}
乙酸甲酯	3.20116×10^1	8.85757×10^{-1}	-2.67612×10^{-3}	3.44613×10^{-6}
糠醛	2.14163×10^1	8.86185×10^{-1}	-1.93931×10^{-3}	1.85001×10^{-6}
氢	5.88663×10^1	-2.30694×10^{-1}	-8.04213×10^{-2}	1.37776×10^{-3}
氯化氢	1.77227×10^1	9.04261×10^{-1}	-5.64496×10^{-3}	1.13383×10^{-5}
氰化氢	1.68791×10^1	8.50946×10^{-1}	-3.53136×10^{-3}	5.04830×10^{-6}
碘化氢	1.67440×10^1	6.72052×10^{-1}	-3.22257×10^{-3}	4.96454×10^{-6}
硫化氢	2.18238×10^1	7.74223×10^{-1}	-4.20204×10^{-3}	7.38677×10^{-6}
异丁醇	5.15292×10^1	9.09017×10^{-1}	-2.75500×10^{-3}	3.69657×10^{-6}
异丁烯	8.45979	1.00655	-3.65636×10^{-3}	5.66411×10^{-6}
异丁醛	2.53636×10^1	9.66816×10^{-1}	-2.87136×10^{-3}	3.75743×10^{-6}
异戊烷	2.81135×10^1	8.68714×10^{-1}	-2.50761×10^{-3}	3.76751×10^{-6}
间二甲苯	1.40673×10^1	8.70264×10^{-1}	-1.47733×10^{-3}	1.51193×10^{-6}
甲烷	-5.70709×10^1	1.02562	-1.66566×10^{-3}	-1.97507×10^{-5}
甲醇	-2.58250×10^2	3.35820×10^{-1}	-1.16388×10^{-2}	1.40516×10^{-5}
乙酸甲酯	3.92701×10^1	7.96701×10^{-1}	-2.47205×10^{-3}	3.23224×10^{-6}
正丙醇	-4.88104×10^2	5.78632	-1.88720×10^{-2}	2.20035×10^{-6}
邻甲酚	-8.59146	1.03316	-1.74432×10^{-3}	1.47766×10^{-6}
邻二甲苯	1.48871×10^1	9.03295×10^{-1}	-1.55098×10^{-3}	1.51201×10^{-6}
对二甲苯	2.20553×10^1	8.11839×10^{-1}	-1.36670×10^{-3}	1.44216×10^{-6}
苯乙烯	-3.80191×10^1	1.19721	-2.19565×10^{-3}	1.93312×10^{-6}
氯苯	-1.15494×10^1	9.39618×10^{-1}	-1.89850×10^{-3}	1.79189×10^{-6}
氯甲烷	7.99608	7.98500×10^{-1}	-3.50758×10^{-3}	5.51501×10^{-6}
甲酸甲酯	1.20769×10^1	8.63546×10^{-1}	-2.87339×10^{-3}	3.83072×10^{-6}
甲胺	7.96131	9.72440×10^{-1}	-3.92527×10^{-3}	5.93717×10^{-6}
正丁烷	5.18583×10^1	6.56571×10^{-1}	-2.53079×10^{-3}	4.49879×10^{-6}
一氯化氮	3.36342×10^1	2.90498	-3.26583×10^{-2}	1.20828×10^{-4}

续表

物质	a	b	c	d
氮	1.47141×10^1	2.20257	-3.52146×10^{-2}	1.79960×10^{-4}
二氧化氮	1.69925×10^1	1.71499	-7.83962×10^{-3}	1.20017×10^{-5}
氧化亚氮	8.58935	1.05171	-6.39280×10^{-3}	1.33260×10^{-5}
苯酚	-3.61614×10^1	1.15354	-2.12291×10^{-3}	1.74186×10^{-6}
二氧化硫	1.92884×10^1	8.45429×10^{-1}	-3.72748×10^{-3}	$5..65365\times10^{-6}$
三氧化硫	1.62291×10^1	1.37462	-5.17738×10^{-3}	6.88634×10^{-6}
水	1.82964×10^1	4.72118×10^{-1}	-1.33878×10^{-3}	1.31424×10^{-6}
氧	1.10501×10^3	-3.33636×10^1	3.50211×10^{-1}	-1.21262×10^{-3}
一氧化碳	1.49673×10^1	2.14397	-3.24703×10^{-2}	1.58042×10^{-4}
甲苯	1.80826	8.12223×10^{-1}	-1.51267×10^{-3}	1.63001×10^{-6}
乙苯	4.31428	9.00174×10^{-1}	-1.45005×10^{-3}	1.43360×10^{-6}
乙二醇	3.10224×10^1	1.10034	-2.84571×10^{-3}	2.88921×10^{-6}
环氧乙烷	7.41259	7.42687×10^{-1}	-2.71320×10^{-3}	3.90092×10^{-6}
甲醛	2.50990×10^1	7.93671×10^{-1}	-3.82691×10^{-3}	6.10492×10^{-6}
正丁醇	-5.10376×10^{-1}	1.44697	-3.83339×10^{-3}	4.28849×10^{-6}
氯乙烯	-7.94126	8.86957×10^{-1}	-3.33590×10^{-3}	4.82845×10^{-6}

资料来源：Reklaitis G V. 1983. Introduction to Material and Energy Balance. New York: John Wiley & Sons.

附表4　纯组分蒸气压的安托因（Antione）公式

$\ln p = A - B/(T+C)$（SI 单位，压力单位 kPa，温度单位 K）

物质	A	B	C
乙醛	15.1208	2845.25	-22.0670
乙酸	15.8667	4097.86	-27.4937
丙酮	14.7171	2975.95	-34.5228
乙炔	14.8321	1836.66	-8.4521
丙烯腈	14.2095	3033.10	-34.9326
氨	15.4940	2363.24	-22.6207
苯胺	15.0205	4103.52	-62.7983
氢	13.9153	832.78	2.3608
苯	14.1603	2948.78	-44.5633
联苯	14.4481	4415.36	-79.1919
溴	14.7812	3090.86	-27.9733
溴化苯	14.2978	3650.77	-52.4382
二氧化碳	15.3768	1956.25	-2.1117
二硫化碳	15.2388	3549.90	15.1796

物质	A	B	C
一氧化碳	13.8722	769.93	1.6369
四氯化碳	14.6274	3394.46	−10.2163
氯	14.1372	2055.15	−23.3117
氯化苯	14.3050	3457.17	−48.5524
乙烷	13.8797	1582.18	−13.7622
乙烯	13.8182	1427.22	−14.3080
环氧乙烷	14.5116	2478.12	−33.1582
异丙醇	15.6491	3109.34	−73.5459
正丙醇	15.2175	3008.31	−83.4909
邻甲酚	14.2673	3552.74	−95.9752
三氯甲烷	14.5014	2938.55	−36.9972
环己烷	13.7865	2794.58	−49.1081
环戊烷	13.8440	2590.03	−41.6716
乙醇	16.1952	3423.53	−55.7152
乙酸乙酯	14.5813	3022.25	−47.8833
甲酸甲酯	14.4017	2758.61	−45.7813
乙苯	13.9698	3257.17	−61.0096
乙二醇	16.1847	4493.79	−82.1026
糠醛	16.7802	5365.88	5.6186
氢	12.7844	232.32	8.0800
氯化氢	14.7081	1802.24	−9.6678
氰化氢	15.4856	3151.53	−8.8383
碘化氢	14.3749	2133.52	−19.6195
硫化氢	14.5513	1964.37	−15.2417
异丁烷	13.8137	2150.23	−27.6228
异丁醇	15.4994	3246.51	−82.6994
异丁烯	13.9102	2196.49	−29.8630
异戊烷	13.6106	2345.09	−40.2128
间二甲苯	14.1146	3360.81	−58.3463
邻二甲苯	14.1257	3412.02	−58.6824
对二甲苯	14.0891	3351.69	−57.6000
对二氯苯	15.0839	4318.47	−35.3413
苯酚	15.2767	4027.98	−70.7014
丙烷	13.7097	1872.82	−25.1011
丙烯	13.8782	1875.25	−22.9101
苯乙烯	14.3284	3516.43	−56.1529
甲烷	13.5840	968.13	−3.7200

续表

物质	A	B	C
甲醇	16.4948	3593.39	−35.2249
甲酸甲酯	14.7233	2736.05	−35.3556
甲胺	14.8909	2342.65	−38.7081
正丁烷	13.9836	2292.44	−27.8623
正丁醇	14.6981	2902.96	−102.9116
氖	13.4710	264.73	2.8278
一氧化氮	16.9196	1319.11	−14.1427
氮	13.4477	658.22	−2.8540
二氧化氮	21.9837	6615.36	86.8780
氧化亚氮	14.2447	1547.56	−23.9090
二氧化硫	14.9404	2385.00	−32.2139
三氧化硫	13.8467	1777.66	−125.1972
氧	13.6835	780.26	−4.1758
甲苯	14.2515	3242.38	−47.1806
水	16.5362	3985.44	−38.9974
氯乙烯	13.6163	2027.80	−33.5344
1−丁烯	13.8817	2189.45	−30.5161
1,3−丁二烯	14.0719	2280.96	−27.5956

资料来源：Reklaitis G V. 1983. Introduction to Material and Energy Balance. New York: John Wiley & Sons.

附表 5　水蒸气热力学性质

符号说明：

p 压力，kPa(绝)　　　　U 比内能，$kJ \cdot kg^{-1}$　　　　　　　　T 温度，℃

h 比焓，$kJ \cdot kg^{-1}$　　　V 比体积，$m^3 \cdot kg^{-1}$　　　　　　S 比熵，$kJ \cdot kg^{-1} \cdot K^{-1}$

下标：f 液气平衡时液相性质；g 气液平衡时气相性质；fg 气化过程性质的变化值

资料来源：Keenan J H, Keyes F G, Hill P G, et al. 1978. International System of Units-S.I. New York: Wiley.

饱和水蒸气：温度表

T/℃	p/kPa	比体积			比内能			比焓			比熵		
		V_f	V_{fg}	V_g	U_f	U_{fg}	U_g	h_f	h_{fg}	h_g	S_f	S_{fg}	S_g
0.01	0.6113	0.001	0	206.14	0	2375.3	2375.3	0.01	2501.3	2501.4	0	9.1562	9.1562
5	0.8721	0.001	0	147.12	20.97	2361.3	2382.3	20.98	2489.6	2510.6	0.0761	8.9496	9.0257
10	1.2276	0.001	0	106.38	42	2347.2	2389.2	42.01	2477.7	2519.8	0.151	8.7498	8.9008
15	1.7051	0.001	1	77.93	62.99	2333.1	2396.1	62.99	2465.9	2528.9	0.2245	8.5569	8.7814

续表

$T/℃$	p/kPa	比体积			比内能			比焓			比熵		
		V_f	V_{fg}	V_g	U_f	U_{fg}	U_g	h_f	h_{fg}	h_g	S_f	S_{fg}	S_g
20	2.339	0.001	2	57.79	83.95	2319	2402.9	83.96	2454.1	2538.1	0.2966	8.3706	8.6672
25	3.169	0.001	3	43.36	104.88	2304.9	2409.8	104.89	2442.3	2547.2	0.3674	8.1905	8.558
30	4.246	0.001	4	32.89	125.78	2290.8	2416.6	125.79	2430.5	2556.3	0.4369	8.0164	8.4533
35	5.628	0.001	6	25.22	146.67	2276.7	2423.4	146.68	2418.6	2565.3	0.5053	7.8478	8.3531
40	7.384	0.001	8	19.52	167.56	2262.6	2430.1	167.57	2406.7	2574.3	0.5725	7.6845	8.257
45	9.593	0.001	10	15.26	188.44	2248.4	2436.8	188.45	2394.8	2583.2	0.6387	7.5261	8.1648
50	12.349	0.001	12	12.03	209.32	2234.2	2443.5	209.33	2382.7	2592.1	0.7038	7.3725	8.0763
55	15.758	0.001	15	9.568	230.21	2219.9	2450.1	230.23	2370.7	2600.9	0.7679	7.2234	7.9913
60	19.94	0.001	17	7.671	251.11	2205.5	2456.6	251.13	2358.5	2609.6	0.8312	7.0784	7.9096
65	25.03	0.001	20	6.197	272.02	2191.1	2463.1	272.06	2346.2	2618.3	0.8935	6.9375	7.831
70	31.19	0.001	23	5.042	292.95	2176.6	2469.6	292.98	2333.8	2626.8	0.9549	6.8004	7.7553
75	38.58	0.001	26	4.131	313.9	2162	2475.9	313.93	2321.4	2635.3	1.0155	6.6669	7.6824
80	47.39	0.001	29	3.407	334.86	2147.4	2482.2	334.91	2308.8	2643.7	1.0753	6.5369	7.6122
85	57.83	0.001	33	2.828	355.84	2132.6	2488.4	355.9	2296	2651.9	1.1343	6.4102	7.5445
90	70.14	0.001	36	2.361	376.85	2117.7	2494.5	376.92	2283.2	2660.1	1.1925	6.2866	7.4791
95	84.55	0.001	40	1.982	397.88	2102.7	2500.6	397.96	2270.2	2668.1	1.25	6.1659	7.4159
100	101.35	0.001	44	1.6729	418.94	2087.6	2506.5	419.04	2257	2676.1	1.3069	6.048	7.3549
105	120.82	0.001	48	1.4194	440.02	2072.3	2512.4	440.15	2243.7	2683.8	1.363	5.9328	7.2958
110	143.27	0.001	52	1.2102	461.14	2057	2518.1	461.3	2230.2	2691.5	1.4185	5.8202	7.2387
115	169.06	0.001	56	1.0366	482.3	2041.4	2523.7	482.48	2216.5	2699	1.4734	5.71	7.1833
120	198.53	0.001	60	0.8919	503.5	2025.8	2529.3	503.71	2202.6	2706.3	1.5276	5.602	7.1296
125	232.1	0.001	65	0.7706	524.74	2009.9	2534.6	524.99	2188.5	2713.5	1.5813	5.4962	7.0775
130	270.1	0.001	70	0.6685	546.02	1993.9	2539.9	546.31	2174.2	2720.5	1.6344	5.3925	7.0269
135	313	0.001	75	0.5822	567.35	1977.7	2545	567.69	2159.6	2727.3	1.687	5.2907	6.9777
140	361.3	0.001	80	0.5089	588.74	1961.3	2550	589.13	2144.7	2733.9	1.7391	5.1908	6.9299
145	415.4	0.001	85	0.4463	610.18	1944.7	2554.9	610.63	2129.6	2740.3	1.7907	5.0296	6.8833
150	475.8	0.001	91	0.3928	631.68	1927.9	2559.5	632.2	2114.3	2746.5	1.8418	4.996	6.8379
155	543.1	0.001	96	0.3468	653.24	1910.8	2564.1	653.84	2098.6	2752.4	1.8925	4.901	6.7935
160	617.8	0.001	102	0.3071	674.87	1893.5	2568.4	675.55	2082.6	2758.1	1.9427	4.8075	6.7502
165	700.5	0.001	108	0.2727	696.56	1876	2572.5	697.34	2066.2	2763.5	1.9925	4.7153	6.7078
170	791.7	0.001	114	0.2428	718.33	1858.1	2576.5	719.21	2049.5	2768.7	2.0419	4.6244	6.6663
175	892	0.001	121	0.2168	740.17	1840	2580.2	741.17	2032.4	2773.6	2.0909	4.5347	6.6256
180	1002.1	0.001	127	0.19405	762.09	1821.6	2583.7	763.22	2015	2778.2	2.1396	4.4461	6.5857
185	1122.7	0.001	134	0.17409	784.1	1802.9	2587	785.37	1997.1	2782.4	2.1879	4.3586	6.5465
190	1254.4	0.001	141	0.15654	806.19	1783.8	2590	807.62	1978.8	2786.4	2.2359	4.272	6.5079
195	1397.8	0.001	149	0.14105	828.37	1764.4	2592.8	829.98	1960	2790	2.2835	4.1863	6.4698

续表

T/℃	p/kPa	比体积			比内能			比焓			比熵		
		V_f	V_{fg}	V_g	U_f	U_{fg}	U_g	h_f	h_{fg}	h_g	S_f	S_{fg}	S_g
200	1553.8	0.001	157	0.12736	850.65	1744.7	2595.3	852.45	1940.7	2793.2	2.3309	4.1014	6.4323
210	1906.2	0.001	173	0.10441	895.53	1703.9	2599.5	897.76	1900.7	2798.5	2.4248	3.9337	6.3585
220	2318	0.001	190	0.08619	940.87	1661.5	2602.4	943.62	1858.5	2802.1	2.5178	3.7683	6.2861
230	2795	0.001	209	0.07158	986.74	1617.2	2603.9	990.12	1813.8	2804	2.6099	3.6047	6.2146
240	3344	0.001	229	0.05976	1033.21	1570.8	2604	1037.32	1766.5	2803.8	2.7015	3.4422	6.1437
250	3973	0.001	251	0.05013	1080.39	1522	2602.4	1085.36	1716.2	2801.5	2.7927	3.2802	6.073
260	4688	0.001	276	0.04221	1128.39	1470.6	2599	1134.37	1662.5	2796.9	2.8838	3.1181	6.0019
270	5499	0.001	302	0.03564	1177.36	1416.3	2593.7	1184.51	1605.2	2789.7	2.9751	2.9551	5.9301
280	6412	0.001	332	0.03017	1227.46	1358.7	2586.1	1235.99	1543.6	2779.6	3.0668	2.7903	5.8571
290	7436	0.001	366	0.02557	1278.92	1297.1	2576	1289.07	1477.1	2766.2	3.1594	2.6227	5.7821
300	8581	0.001	404	0.02167	1332	1231	2563	1344	1404.9	2749	3.2534	2.4511	5.7045
310	9856	0.001	447	0.01835	1387.1	1159.4	2546.4	1401.3	1326	2727.3	3.3493	2.2737	5.623
320	11274	0.001	499	0.015488	1444.6	1080.9	2525.5	1461.5	1238.6	2700.1	3.448	2.0882	5.5362
330	12845	0.001	561	0.012996	1505.3	993.7	2498.9	1525.3	1140.6	2665.9	3.5507	1.8909	5.4417
340	14586	0.001	638	0.010797	1570.3	894.3	2464.6	1594.2	1027.9	2622	3.6594	1.6763	5.3357
350	16513	0.001	740	0.008813	1641.9	776.6	2418.4	1670.6	893.4	2563.9	3.7777	1.4335	5.2112
360	18651	0.001	893	0.006945	1725.2	626.3	2351.5	1760.5	720.5	2481	3.9147	1.1379	5.052
370	21030	0.002	213	0.004925	1844	384.5	2228.5	1890.5	441.6	2332.1	4.1106	0.6865	4.7971
374.14	22090	0.003	155	0.003155	2029.6	0	2029.6	2099.3	0	2099.3	4.4298	0	4.4298

饱和水蒸气：压力表

p/kPa	T/℃	比体积			比内能			比焓			比熵		
		V_f	V_{fg}	V_g	U_f	U_{fg}	U_g	h_f	h_{fg}	h_g	S_f	S_{fg}	S_g
0.6113	0.01	0.001	0	206.14	0	2375.3	2375.3	0.01	2501.3	2501.4	0	9.1562	9.1562
1	6.98	0.001	0	129.21	29.3	2355.7	2385	29.3	2484.9	2514.2	0.1059	8.8697	8.9756
1.5	13.03	0.001	1	87.98	54.71	2338.6	2393.3	54.71	2470.6	2525.3	0.1957	8.6322	8.8279
2	17.5	0.001	1	67	73.48	2326	2399.5	73.48	2460	2533.5	0.2607	8.4629	8.7237
2.5	21.08	0.001	2	54.25	88.48	2315.9	2404.4	88.49	2451.6	2540	0.312	8.3311	8.6432
3	24.08	0.001	3	45.67	101.04	2307.5	2408.5	101.05	2444.5	2545.5	0.3545	8.2231	8.5776
4	28.96	0.001	4	34.8	121.45	2293.7	2415.2	121.46	2432.9	2554.4	0.4226	8.052	8.4746
5	32.88	0.001	5	28.19	137.81	2282.7	2420.5	137.82	2423.7	2561.5	0.4764	7.9187	8.3951
7.5	40.29	0.001	8	19.24	168.78	2261.7	2430.5	168.79	2406	2574.8	0.5764	7.675	8.2515
10	45.81	0.001	10	14.67	191.82	2246.1	2437.9	191.83	2392.8	2584.7	0.6493	7.5009	8.1502
15	53.97	0.001	14	10.02	225.92	2222.8	2448.7	225.94	2373.1	2599.1	0.7549	7.2536	8.0085
20	60.06	0.001	17	7.649	251.38	2205.4	2456.7	251.4	2358.3	2609.7	0.832	7.0766	7.9085
25	64.97	0.001	20	6.204	271.9	2191.2	2463.1	271.93	2346.3	2618.2	0.8931	6.9383	7.8314
30	69.1	0.001	22	5.229	289.2	2179.2	2468.4	289.23	2336.1	2625.3	0.9439	6.8247	7.7686

续表

p/kPa	T/℃	比体积			比内能			比焓			比熵		
		V_f	V_{fg}	V_g	U_f	U_{fg}	U_g	h_f	h_{fg}	h_g	S_f	S_{fg}	S_g
40	75.87	0.001	27	3.993	317.53	2159.5	2477	317.58	2319.2	2636.8	1.0259	6.6441	7.67
50	81.33	0.001	30	3.24	340.44	2143.4	2483.9	340.49	2305.4	2645.9	1.091	6.5029	7.5939
75	91.78	0.001	37	2.217	384.31	2112.4	2496.7	384.39	2278.6	2663	1.213	6.2434	7.4564
100	99.63	0.001	43	1.694	417.36	2088.7	2506.1	417.46	2258	2675.5	1.3026	6.0568	7.3594
125	105.99	0.001	48	1.3749	444.19	2069.3	2513.5	444.32	2241	2685.4	1.374	5.9104	7.2844
150	111.37	0.001	53	1.1593	466.94	2052.7	2519.7	467.11	2226.5	2693.6	1.4336	5.7897	7.2233
175	116.06	0.001	57	1.0036	486.8	2038.1	2524.9	486.99	2213.6	2700.6	1.4849	5.6868	7.1717
200	120.23	0.001	61	0.8857	504.49	2025	2529.5	504.7	2201.9	2706.7	1.5301	5.597	7.1271
250	127.44	0.001	67	0.7187	535.1	2002.1	2537.2	535.37	2181.5	2716.9	1.6072	5.4455	7.0527
300	133.55	0.001	73	0.6058	561.15	1982.4	2543.6	561.47	2163.8	2725.3	1.6718	5.3201	6.9919
350	138.88	0.001	79	0.5243	583.95	1965	2548.9	584.33	2148.1	2732.4	1.7275	5.213	6.9405
400	143.63	0.001	84	0.4625	604.31	1949.3	2553.6	604.74	2133.8	2738.6	1.7766	5.1193	6.8959
450	147.93	0.001	88	0.414	622.77	1934.9	2557.6	623.25	2120.7	2743.9	1.8207	5.0359	6.8565
500	151.86	0.001	93	0.3749	639.68	1921.6	2561.2	640.23	2108.5	2748.7	1.8607	4.9606	6.8213
550	155.48	0.001	97	0.3427	655.32	1909.2	2564.5	655.93	2097	2753	1.8973	4.892	6.7893
600	158.85	0.001	101	0.3157	669.9	1897.5	2567.4	670.56	2086.3	2756.8	1.9312	4.8288	6.76
700	164.97	0.001	108	0.2729	696.44	1876.1	2572.5	697.22	2066.3	2763.5	1.9922	4.7158	6.708
800	170.43	0.001	115	0.2404	720.22	1856.6	2576.8	721.11	2048	2769.1	2.0462	4.6166	6.6628
900	175.38	0.001	121	0.215	741.83	1838.6	2580.5	742.83	2021.1	2773.9	2.0946	4.528	6.6226
1000	179.91	0.001	127	0.19444	761.68	1822	2583.6	762.81	2015.3	2778.1	2.1387	4.4478	6.5865
1100	184.09	0.001	133	0.17753	780.09	1806.3	2586.4	781.34	2000.4	2781.7	2.1792	4.3744	6.5536
1200	187.99	0.001	139	0.16333	797.29	1791.5	2588.8	798.65	1986.2	2784.8	2.2166	4.3067	6.5233
1300	191.64	0.001	144	0.15125	813.44	1777.5	2591	814.93	1972.7	2787.6	2.2515	4.2438	6.4953
1400	195.07	0.001	149	0.14084	828.7	1764.1	2592.8	830.3	1959.7	2790	2.2842	4.185	6.4693
1500	198.32	0.001	154	0.13177	843.16	1751.3	2594.5	844.89	1947.3	2792.2	2.315	4.1298	6.4448
1750	205.76	0.001	166	0.11349	876.46	1721.4	2597.8	878.5	1917.9	2796.4	2.3851	4.0044	6.3896
2000	212.42	0.001	177	0.09963	906.44	1693.8	2600.3	908.79	1890.7	2799.5	2.4474	3.8935	6.3409
2250	218.45	0.001	187	0.08875	933.83	1668.2	2602	936.49	1865.2	2801.7	2.5035	3.7937	6.2972
2500	223.99	0.001	197	0.07998	959.11	1644	2603.1	962.11	1841	2803.1	2.5547	3.7028	6.2575
3000	233.9	0.001	217	0.06668	1004.78	1599.3	2604.1	1008.42	1795.7	2804.2	2.6457	3.5412	6.1869
3500	242.6	0.001	235	0.05707	1045.43	1558.3	2603.7	1049.75	1753.7	2803.4	2.7253	3.4	6.1253
4000	250.4	0.001	252	0.04978	1082.31	1520	2602.3	1087.31	1714.1	2801.4	2.7964	3.2737	6.0701
5000	263.99	0.001	286	0.03944	1147.81	1449.3	2597.1	1154.23	1640.1	2794.3	2.9202	3.0532	5.9734
6000	275.64	0.001	319	0.03244	1205.44	1384.3	2589.7	1213.35	1571	2784.3	3.0267	2.8625	5.8892
7000	285.88	0.001	351	0.02737	1257.55	1323	2580.5	1267	1505.1	2772.1	3.1211	2.6922	5.8133
8000	295.06	0.001	384	0.02352	1305.57	1264.2	2569.8	1316.64	1441.3	2758	3.2068	2.5364	5.7432

续表

p/kPa	T/℃	比体积			比内能			比焓			比熵		
		V_f	V_{fg}	V_g	U_f	U_{fg}	U_g	h_f	h_{fg}	h_g	S_f	S_{fg}	S_g
9000	303.4	0.001	418	0.02048	1350.51	1207.3	2557.8	1363.26	1378.9	2742.1	3.2858	2.3915	5.6772
10000	311.06	0.001	452	0.018026	1393.04	1151.4	2544.4	1407.56	1317.1	2724.7	3.3596	2.2544	5.6141
12000	324.75	0.001	527	0.014263	1473	1040.7	2513.7	1491.3	1193.6	2684.9	3.4962	1.9962	5.4924
14000	336.75	0.001	611	0.011485	1548.6	928.2	2476.8	1571.1	1066.5	2637.6	3.6232	1.7485	5.3717
16000	347.44	0.001	711	0.009306	1622.7	809	2431.7	1650.1	930.6	2580.6	3.7461	1.4994	5.2455
18000	357.06	0.001	840	0.007489	1698.9	675.4	2374.3	1732	777.1	2509.1	3.8715	1.2329	5.1044
20000	365.81	0.002	36	0.005834	1785.6	507.5	2293	1826.3	583.4	2409.7	4.0139	0.913	4.9269
22000	373.8	0.002	742	0.003568	1961.9	125.2	2087.1	2022.2	143.4	2165.6	4.311	0.2216	4.5327
22090	374.14	0.003	155	0.003155	2029.6	0	2029.6	2099.3	0	2099.3	4.4298	0	4.4298

过热水蒸气

T	V	U	h	S	V	U	h	S	V	U	h	S
	p=10 kPa (45.81℃)				p=50 kPa (81.33℃)				p=100 kPa (99.63℃)			
饱和	14.674	2437.9	2584.7	8.1502	3.24	2483.9	2645.9	7.5939	1.694	2506.1	2675.5	7.3594
50	14.869	2443.9	2592.6	8.1749								
100	17.196	2515.5	2687.5	8.4479	3.418	2511.6	2682.5	7.6947	1.6958	2506.7	2676.2	7.3614
150	19.512	2587.9	2783	8.6882	3.889	2585.6	2780.1	7.9401	1.9364	2582.8	2776.4	7.6134
200	21.825	2661.3	2879.5	8.9038	4.356	2659.9	2877.7	8.158	2.172	2658.1	2875.3	7.8343
250	24.136	2736	2977.3	9.1002	4.82	2735	2976	8.3556	2.406	2733.7	2974.3	8.0333
300	26.445	2812.1	3076.5	8.2813	5.284	2811.3	3075.5	8.5373	2.639	2810.4	3074.3	8.2158
400	35.063	2968.9	3279.6	9.6077	6.209	2968.5	3278.9	8.8642	3.103	2967.9	3278.2	8.5435
500	35.679	3132.3	3489.1	9.8978	7.134	3132	3488.7	9.1546	3.565	3131.6	3488.1	8.8342
600	40.295	3302.5	3705.4	10.1608	8.057	3302.2	3705.1	9.4178	4.028	3301.9	3704.7	9.0976
700	44.911	3479.6	3928.7	10.4028	8.981	3479.4	3928.5	9.6599	4.49	3479.2	3928.8	9.3398
800	49.526	3663.8	4159	10.6281	9.904	3663.6	4158.9	9.8852	4.952	3663.5	4158.6	9.5652
900	54.141	3855	4396.4	10.8396	10.828	3854.9	4396.3	10.0967	5.414	3854.8	4396.1	9.7767
1000	58.757	4053	4640.6	11.0393	11.751	4052.9	4640.5	10.2964	5.875	4052.8	4640.3	9.9764
1100	63.372	4257.5	4891.2	11.2287	12.674	4257.4	4891.1	10.4859	6.337	4257.3	4891	10.1659
1200	67.987	4467.9	5147.8	11.4091	13.597	4467.8	5147.7	10.6662	6.799	4467.7	5147.6	10.3463
1300	72.602	4683.7	5409.7	11.5811	14.521	4683.6	5409.6	10.8382	7.26	4683.5	5409.5	10.5183

T	V	U	h	S	V	U	h	S
	p=200 kPa (120.23℃)				p=400 kPa (143.63℃)			
饱和	0.8857	2529.5	2706.7	7.1272	0.4625	2553.6	2738.6	6.8959
150	0.9596	2576.9	2768.8	7.2795	0.4708	2564.5	2752.8	6.9299
200	1.0803	2654.4	2870.5	7.5066	0.5342	2646.8	2860.5	7.1706
250	1.1988	2731.2	2971	7.7086	0.5951	2726.1	2964.2	7.3789
300	1.3162	2808.6	3071.8	7.8926	0.6548	2804.8	3066.8	7.5662
400	1.5493	2966.7	3276.6	8.2218	0.7726	2964.4	3273.4	7.8985

续表

T	V	U	h	S	V	U	h	S	V	U	h	S
	p=200 kPa(120.23℃)				p=400 kPa(143.63℃)							
500	1.7814	3130.8	3487.1	8.5133	0.8893	3129.2	3484.9	8.1913				
600	2.013	3301.4	3704	8.777	1.0055	3300.2	3702.4	8.4558				
700	2.244	3478.8	3927.6	9.0194	1.1215	3477.9	3926.5	8.6987				
800	2.475	3663.1	4158.2	9.2449	1.2372	3662.4	4157.3	8.9244				
900	2.706	3854.5	4395.8	9.4566	1.3529	3853.9	4395.1	9.1362				
1000	2.937	4052.5	4640	9.6563	1.4685	4052	4639.4	9.336				
1100	3.168	4257	4890.7	9.8458	1.584	4256.5	4890.2	9.5256				
1200	3.399	4467.5	5147.3	10.0262	1.6996	4467	5146.8	9.706				
1300	3.63	4683.2	5409.3	10.1982	1.8151	4682.8	5408.8	9.878				
	p=600 kPa(158.85℃)				p=800 kPa(170.43℃)							
饱和	0.3157	2567.4	2756.8	6.76	0.2404	2576.8	2769.1	6.6628				
200	0.352	2638.9	2850.1	6.9665	0.2608	2630.6	2839.3	6.8158				
250	0.3938	2720.9	2957.2	7.1816	0.2931	2715.5	2950	7.0384				
300	0.4344	2801	3061.6	7.3724	0.3241	2797.2	3056.5	7.2328				
350	0.4742	2881.2	3165.7	7.5464	0.3544	2878.2	3161.7	7.4089				
400	0.5137	2962.1	3270.3	7.7079	0.3843	2959.7	3267.1	7.5716				
500	0.592	3127.6	3482.8	8.0021	0.4433	3126	3480.6	7.8673				
600	0.6697	3299.1	3700.9	8.2674	0.5018	3297.9	3699.4	8.1333				
700	0.7472	3477	3925.3	8.5107	0.5601	3476.2	3924.2	8.377				
800	0.8245	3661.8	4156.5	8.7367	0.6181	3661.1	4155.6	8.6033				
900	0.9017	3853.4	4394.4	8.9486	0.6761	3852.8	4393.7	8.8153				
1000	0.9788	4051.5	4638.8	9.1485	0.734	4051	4638.2	9.0153				
1100	1.0559	4256.1	4889.6	9.3381	0.7919	4255.6	4889.1	9.205				
1200	1.133	4466.5	5146.3	9.5185	0.8497	4466.1	5145.9	9.3855				
1300	1.2101	4682.3	5408.3	9.6906	0.9076	4681.8	5407.9	9.5575				
	p=1000 kPa(179.91℃)				p=1200 kPa(187.99℃)				p=1400 kPa(195.07℃)			
饱和	0.19444	2583.6	2778.1	6.5865	0.16333	2588.8	2784.8	6.5233	0.14084	2592.8	2790	6.4693
200	0.206	2621.9	2827.9	6.694	0.1693	2612.8	2815.9	6.5898	0.14302	2603.1	2803.3	6.4975
250	0.2327	2709.9	2942.6	6.9247	0.19234	2704.2	2935	6.8294	0.1635	2698.3	2927.2	6.7467
300	0.2579	2793.2	3051.2	7.1229	0.2138	2789.2	3045.8	7.0317	0.18228	2785.2	3040.4	6.9534
350	0.2825	2875.2	3157.7	7.3011	0.2345	2872.2	3153.6	7.2121	0.2003	2869.2	3149.5	7.136
400	0.3066	2957.3	3263.9	7.4651	0.2548	2954.9	3260.7	7.3774	0.2178	2952.5	3257.5	7.3026
500	0.3541	3124.4	3478.5	7.7622	0.2946	3122.8	3476.3	7.6759	0.2521	3121.1	3474.1	7.6027
600	0.4011	3296.8	3697.9	8.029	0.3339	3295.6	3696.3	7.9435	0.286	3294.4	3694.8	7.871
700	0.4478	3475.3	3923.1	8.2731	0.3729	3474.4	3922	8.1881	0.3195	3473.6	3920.8	8.116
800	0.4943	3660.4	4154.7	8.4996	0.4118	3659.7	4153.8	8.4148	0.3528	3659	4153	8.3431

续表

T	V	U	h	S	V	U	h	S	V	U	h	S
	p=1000 kPa(179.91℃)				p=1200 kPa(187.99℃)				p=1400 kPa(195.07℃)			
900	0.5407	3852.2	4392.9	8.7118	0.4505	3851.6	4392.2	8.6272	0.3861	3851.1	4391.5	8.5556
1000	0.5871	4050.5	4637.6	8.9119	0.4892	4050	4637	8.8274	0.4192	4049.5	4636.4	8.7559
1100	0.6335	4255.1	4888.6	9.1017	0.5278	4254.6	4888	9.0172	0.4524	4254.1	4887.5	8.9457
1200	0.6798	4465.6	5145.4	9.2822	0.5665	4465.1	5144.9	9.1977	0.4855	4464.7	5144.4	9.1262
1300	0.7261	4681.3	5407.4	9.4543	0.6051	4680.9	5407	9.3698	0.5186	4680.4	5406.5	9.2984
	p=1600 kPa(201.41℃)				p=1800 kPa(207.15℃)				p=2000 kPa(212.42℃)			
饱和	0.1238	2596	2794	6.4218	0.11042	2598.4	2797.1	6.3794	0.09963	2600.3	2799.5	6.3409
225	0.13287	2644.7	2857.3	6.5518	0.11673	2636.6	2846.7	6.4808	0.10377	2628.3	2835.8	6.4147
250	0.14184	2692.3	2919.2	6.6732	0.12497	2686	2911	6.6066	0.11144	2679.6	2902.5	6.5453
300	0.15862	2781.1	3034.8	6.8844	0.14021	2776.9	3029.2	6.8226	0.12547	2772.6	3023.5	6.7664
350	0.17456	2866.1	3145.4	7.0694	0.15457	2863	3141.2	7.01	0.13857	2859.8	3137	6.9563
400	0.19005	2950.1	3254.2	7.2374	0.16847	2947.7	3250.9	7.1794	0.1512	2945.2	3247.6	7.1271
500	0.2203	3119.5	3472	7.539	0.1955	3117.9	3469.8	7.4825	0.17568	3116.2	3467.6	7.4317
600	0.25	3293.3	3693.2	7.808	0.222	3292.1	3691.7	7.7523	0.1996	3290.9	3690.1	7.7024
700	0.2794	3472.7	3919.7	8.0535	0.2482	3471.8	3918.5	7.9983	0.2232	3470.9	3917.4	7.9487
800	0.3086	3658.3	4152.1	8.2808	0.2742	3657.6	4151.2	8.2258	0.2467	3657	4150.3	8.1765
900	0.3377	3850.5	4390.8	8.4935	0.3001	3849.9	4390.1	8.4386	0.27	3849.3	4389.4	8.3895
1000	0.3668	4049	4635.8	8.6938	0.326	4048.5	4635.2	8.6391	0.2933	4048	4634.6	8.5901
1100	0.3958	4253.7	4887	8.8837	0.3518	4253.2	4886.4	8.829	0.3166	4252.7	4885.9	8.78
1200	0.4248	4464.2	5143.9	9.0643	0.3776	4463.7	5143.4	9.0096	0.3398	4463.3	5142.9	8.9607
1300	0.4538	4679.9	5406	9.2364	0.4034	4679.5	5405.6	9.1818	0.3631	4679	5405.1	9.1329
	p=3000 kPa(233.9℃)				p=4000 kPa(250.4℃)				p=5000 kPa(263.99℃)			
饱和	0.06668	2604.1	2804.2	6.1869	0.04978	2602.3	2801.4	6.0701	0.03944	2597.1	2794.3	5.9734
250	0.07058	2644	2855.8	6.2872								
275					0.05457	2667.9	2886.2	6.2285	0.04141	2631.3	2838.3	6.0544
300	0.08114	2750.1	2993.5	6.539	0.05884	2725.3	2960.7	6.3615	0.04532	2698	2924.5	6.2084
350	0.09053	2843.7	3115.3	6.7428	0.06645	2826.7	3092.5	6.5821	0.05194	2808.7	3068.4	6.4493
400	0.09936	2932.8	3230.9	6.9212	0.07341	2919.9	3213.6	6.769	0.05781	2906.6	3195.7	6.6459
450	0.10787	3020.4	3344	7.0834	0.08002	3010.2	3330.3	6.9363	0.0633	2999.7	3316.2	6.8186
500	0.11619	3108	3456.5	7.2338	0.08643	3099.5	3445.3	7.0901	0.06857	3091	3433.8	6.9759
600	0.13243	3285	3682.3	7.5085	0.09885	3279.1	3674.4	7.3688	0.07869	3273	3666.5	7.2589
700	0.14838	3466.5	3911.7	7.7571	0.11095	3462.1	3905.9	7.6198	0.08849	3457.6	3900.1	7.5122
800	0.16414	3653.5	4145.9	7.9862	0.12287	3650	4141.5	7.8502	0.09811	3646.6	4137.1	7.744
900	0.1798	3846.5	4385.9	8.1999	0.13469	3843.6	4382.3	8.0647	0.10762	3840.7	4378.8	7.9593
1000	0.19541	4045.4	4631.6	8.4009	0.14645	4042.9	4628.7	8.2662	0.11707	4040.4	4625.7	8.1612
1100	0.21098	4250.3	4883.3	8.5912	0.15817	4248	4880.6	8.4567	0.12648	4245.6	4878	8.352

T	V	U	h	S	V	U	h	S	V	U	h	S
	p=3000 kPa(233.9℃)				p=4000 kPa(250.4℃)				p=5000 kPa(263.99℃)			
1200	0.22652	4460.9	5140.5	8.772	0.16987	4458.6	5138.1	8.6376	0.13587	4456.3	5135.7	8.5331
1300	0.24206	4676.6	5402.8	8.9442	0.18156	4674.3	5400.5	8.81	0.14526	4672	5398.2	8.7055

T	V	U	h	S	V	U	h	S
	p=6000 kPa(275.64℃)				p=8000 kPa(295.06℃)			
饱和	0.03244	2589.7	2784.3	5.8892	0.02352	2569.8	2758	5.7432
300	0.03616	2667.2	2884.2	6.0674	0.02426	2590.9	2785	5.7906
350	0.04223	2789.6	3043	6.3335	0.02995	2747.7	2987.3	6.1301
400	0.04739	2892.9	3177.2	6.5408	0.03432	2863.8	3138.3	6.3634
450	0.05211	2988.9	3301.8	6.7193	0.03817	2966.7	3272	6.5551
500	0.05665	3082.2	3422.2	6.8803	0.04175	3064.3	3398.3	6.724
550	0.06101	3174.6	3540.6	7.0288	0.04516	3159.8	3521	6.8778
600	0.06525	3266.9	3658.4	7.1677	0.04845	3254.4	3642	7.0206
700	0.07352	3453.1	3894.2	7.4234	0.05481	3443.9	3882.4	7.2812
800	0.0816	3643.1	4132.7	7.566	0.06097	3636	4123.8	7.5173
900	0.08958	3837.8	4375.3	7.8727	0.06702	3832.1	4368.3	7.7351
1000	0.09749	4037.8	4622.7	8.0751	0.07301	4032.8	4616.9	7.9384
1100	0.10536	4243.3	4875.4	8.2661	0.07896	4238.6	4870.3	8.13
1200	0.11321	4454	5133.3	8.4474	0.08489	4449.5	5128.5	8.3115
1300	0.12106	4669.6	5396	8.6199	0.0908	4665	5391.5	8.4812

T	V	U	h	S	V	U	h	S	V	U	h	S
	p=10000 kPa(311.06℃)				p=15000 kPa(342.24℃)[①]				p=20000 kPa(365.81℃)			
饱和	0.018026	2544.4	2724.7	5.6141	0.010337	2455.5	2610.5	5.3098	0.005834	2293	2409.7	4.9269
325	0.019861	2610.4	2809.1	5.7568								
350	0.02242	2699.2	2923.4	5.9443	0.01147	2520.4	2692.4	5.4421				
400	0.02641	2832.4	3096.5	6.212	0.015649	2740.7	2975.5	5.8811	0.009942	2619.3	2818.1	5.554
450	0.02975	2943.4	3240.9	6.419	0.018445	2879.5	3156.2	6.1404	0.012695	2806.2	3060.1	5.9017
500	0.03279	3045.8	3373.7	6.5966	0.0208	2996.6	3308.6	6.3443	0.014768	2942.9	3238.2	6.1401
550	0.03564	3144.6	3500.9	6.7561	0.02293	3104.7	3448.6	6.5199	0.016555	3062.4	3393.5	6.3348
600	0.03837	3241.7	3625.3	6.9029	0.02491	3208.6	3582.3	6.6776	0.018178	3174	3537.6	6.5048
650	0.04101	3338.2	3748.2	7.0398	0.0268	3310.3	3712.3	6.8224	0.019693	3281.4	3675.3	6.6582
700	0.04358	3434.7	3870.5	7.1687	0.02861	3410.9	3840.1	6.9572	0.02113	3386.4	3809	6.7993
800	0.04859	3628.9	4114.8	7.4077	0.0321	3610.9	4092.4	7.204	0.02385	3592.7	4069.7	7.0544
900	0.05349	3826.3	4361.2	7.6272	0.03546	3811.9	4343.8	7.4279	0.02645	3797.5	4326.4	7.283
1000	0.05832	4027.8	4611	7.8315	0.03875	4015.4	4596.6	7.6348	0.02897	4003.1	4582.5	7.4925
1100	0.06312	4234	4865.1	8.0237	0.042	4222.6	4852.6	7.8283	0.03145	4211.3	4840.2	7.6874
1200	0.06789	4444.9	5123.8	8.2055	0.04523	4433.8	5112.3	8.0108	0.03391	4422.8	5101	7.8707
1300	0.07265	4460.5	5387	8.3783	0.04845	4649.1	5376	8.184	0.03636	4638	5365.1	8.0442

续表

T	V	U	h	S	V	U	h	S	V	U	h	S
	p=30000 kPa				p=40000 kPa				p=60000 kPa			
375	0.0017892	1737.8	1791.5	3.9305	0.0016407	1677.1	1742.8	3.829	0.0015028	1609.4	1699.5	3.7141
400	0.00279	2067.4	2151.1	4.4728	0.0019077	1854.6	1930.9	4.1135	0.0016335	1745.4	1843.4	3.9318
425	0.005303	2455.1	2614.2	5.1504	0.002532	2096.9	2198.1	4.5029	0.0018165	1892.7	2001.7	4.1626
450	0.006735	2619.3	2821.4	5.4424	0.003693	2365.1	2512.8	4.9459	0.002085	2053.9	2179	4.4121
500	0.008678	2820.7	3081.1	5.7905	0.005622	2678.4	2903.3	5.47	0.002956	2390.6	2567.9	4.9321
550	0.010168	2970.3	3275.4	6.0342	0.006984	2869.7	3149.1	5.7785	0.003956	2658.8	2896.2	5.3441
600	0.011446	3100.5	3443.9	6.2331	0.008094	3022.6	3346.4	6.0114	0.004834	2861.1	3151.2	5.6452
650	0.012596	3221	3598.9	6.4058	0.009063	3158	3520.6	6.2054	0.005595	3028.8	3364.5	5.8829
700	0.013661	3335.8	3745.6	6.5606	0.009941	3283.6	3681.2	6.375	0.006272	3177.2	3553.5	6.0824
800	0.015623	3555.5	4024.2	6.8332	0.011523	3517.8	3978.7	6.6662	0.007459	3441.5	3889.1	6.4109
900	0.017448	3768.5	4291.9	7.0718	0.012962	3739.4	4257.9	6.915	0.008508	3681	4191.5	6.6805
1000	0.019196	3978.8	4554.7	7.2867	0.014324	3954.6	4527.6	7.1356	0.00948	3906.4	4475.2	6.9127
1100	0.020903	4189.2	4816.3	7.4845	0.015642	4167.4	4793.1	7.3364	0.010409	4124.1	4748.6	7.1195
1200	0.022589	4401.3	5079	7.6692	0.01694	4380.1	5057.7	7.5224	0.011317	4338.2	5017.2	7.3083
1300	0.024266	4616	5344	7.8432	0.018229	4594.3	5323.5	7.6969	0.012215	4551.4	5284.3	7.4837

① (　)=在给定压力下的饱和温度。

附表 6　一些物质的热力学函数

1. 101325Pa、298.2K 时一些单质和化合物的热力学函数。本表及以下表中 g、l、s、c、aq 分别表示气态、液态、固态、结晶和水溶液。

单质或化合物	$\Delta H_f^{\ominus}$ /(kJ·mol^{-1})	$S^{\ominus}$ /(J·mol^{-1}·K^{-1})	$\Delta G_f^{\ominus}$ /(kJ·mol^{-1})	$C_p^{\ominus}$ /(J·mol^{-1}·K^{-1})
Ag(c)	0.0	42.70	0.0	25.49
Ag$_2$O(c)	−30.57	121.71	−10.82	65.56
AgCl(c)	−127.03	96.11	−109.12	50.79
AgNO$_3$(c)	−123.14	140.92	−32.17	93.05
Al(c)	0.0	28.32	0.0	24.34
Al$_2$O$_3$(c)	−1669.79	52.99	−1576.41	78.99
B(c)	0.0	6.53	0.0	11.97
B$_2$O$_3$(c)	−1263.6	54.02	−1184.1	62.26
Br$_2$(l)	0.0	152.3	0.0	
Br$_2$(g)	30.71	245.34	3.14	35.98
C(c, 金刚石)	1.90	2.44	2.87	6.05
C(c, 石墨)	0.0	5.69	0.0	8.64

续表

单质或化合物	$\Delta H_f^{\ominus}/(\text{kJ·mol}^{-1})$	$S^{\ominus}/(\text{J·mol}^{-1}\text{·K}^{-1})$	$\Delta G_f^{\ominus}/(\text{kJ·mol}^{-1})$	$C_p^{\ominus}/(\text{J·mol}^{-1}\text{·K}^{-1})$
C(g)	718.38	157.99	672.97	20.84
Ca(c)	0.0	41.63	0.0	26.27
CaCO₃(c，方解石)	−1206.87	92.9	−1128.76	81.88
CaF₂(c)	−1214.6	68.87	−1161.9	67.02
CaO(c)	−635.09	39.7	−604.2	42.80
CaSO₄(c，无水)	−1432.68	106.7	−1320.30	99.6
CaSO₄·1/2H₂O(c)	−1575.15	130.5	−1435.20	119.7
CaSO₄·2H₂O(c)	−2021.12	193.97	−1795.73	186.2
CaSiO₃(c)	−1584.1	82.0	−1498.7	85.27
CCl₄(g)	−106.69	309.41	−64.22	83.51
CCl₄(l)	−139.49	214.43	−68.74	131.75
CH₄(g)	−74.85	186.19	−50.79	35.71
C₂H₂(g)	226.75	200.82	209.2	43.93
C₂H₄(g)	52.28	219.45	68.12	43.55
C₂H₆(g)	−84.67	229.49	−32.89	52.65
C₆H₆(g)	82.93	269.20	129.66	81.67
C₆H₆(l)	49.03	124.50	172.80	
CH₃OH(g)	−201.25	237.6	−161.92	
CH₃OH(l)	−238.64	126.8	−166.31	81.6
C₂H₅OH(l)	−277.63	160.7	−174.76	111.46
CH₃CHO(g)	−166.35	265.7	−133.72	62.8
CH₃Cl(g)	−81.92	234.18	−58.41	40.79
CH₃Br(g)	−34.3	245.77	−24.69	42.59
CHCl₃(g)	−100	296.48	−67	65.81
CHCl₃(l)	−131.8	202.9	−71.5	116.3
CO(g)	−110.52	197.91	−137.27	29.14
CO₂(g)	−393.51	213.64	−394.38	37.13
(COOH)₂(c)	−826.7	120.1	−697.9	109
CO(NH₂)₂(c)	−333.19	104.6	−197.15	93.14
Cl₂(g)	0.0	222.95	0.0	33.93
CS₂(l)	87.9	151.04	63.6	75.7
Cu(c)	0.0	33.30	0.0	24.47
CuO(c)	−155.2	43.51	−127.2	44.4
Cu₂O(c)	−166.69	100.8	−146.36	69.9
CuSO₄(c)	−769.86	113.4	−661.9	100.8
CuSO₄·5H₂O(c)	−2277.98	305.4	−1879.9	281.2
F₂(g)	0.0	203.3	0.0	21.46

续表

单质或化合物	$\Delta H_f^\ominus /(\text{kJ}\cdot\text{mol}^{-1})$	$S^\ominus /(\text{J}\cdot\text{mol}^{-1}\cdot\text{K}^{-1})$	$\Delta G_f^\ominus /(\text{kJ}\cdot\text{mol}^{-1})$	$C_p^\ominus /(\text{J}\cdot\text{mol}^{-1}\cdot\text{K}^{-1})$
Fe(c)	0.0	27.15	0.0	25.23
Fe_2O_3(c，赤铁矿)	−822.2	90.0	−741.0	104.6
Fe_3O_4(c，磁铁矿)	−1120.9	146.4	−1014.2	
H_2(g)	0.0	130.59	0.0	28.84
H(g)	217.94	114.61	203.24	20.79
HBr(g)	−36.23	198.40	−53.22	29.12
HCOOH(l)	−409.2	128.95	−346.0	99.04
HCl(g)	−92.31	186.68	−95.26	29.12
HCN(g)	130.5	201.79	120.1	35.90
HF(g)	268.6	173.51	−270.7	29.08
HI(g)	25.9	206.33	1.30	29.16
HNO_3(l)	−173.23	155.60	−79.91	109.87
H_2O(g)	−241.83	188.72	−228.59	33.58
H_2O(l)	−285.84	69.94	−237.19	75.30
H_2O_2(l)	−187.61	(92)	−113.97	
H_2S(g)	−20.15	205.64	−33.02	33.97
I_2(c)	0.0	116.7	0.0	54.98
I_2(g)	62.24	260.58	19.37	36.86
Mg(c)	0.0	32.51	0.0	23.89
$MgCl_2$(c)	−641.82	89.5	−592.32	71.30
MgO(c)	−601.83	26.8	−569.57	37.40
$Mg(OH)_2$(c)	−924.66	63.14	−833.74	77.03
N_2(g)	0.0	191.49	0.0	29.12
N(g)	472.64	153.19	455.51	20.79
Na(c)	0.0	51.0	0.0	28.41
Na(g)	108.70	153.62	78.11	20.79
NaCl(c)	−411.00	72.4	−384.0	49.71
Na_2CO_3(c)	−1130.9	136.0	−1047.7	110.50
$NaNO_3$(c)	−466.68	116.3	−365.89	93.05
Na_2O(c)	−415.9	72.8	−376.6	68.2
Na_2O_2(c)	−504.6	(66.9)	−430.1	
NaOH(c)	−426.73	(523)	−377.0	80.3
Na_2SO_4(c)	−1384.49	149.49	−1266.83	127.61
$Na_2SO_4\cdot10H_2O$(c)	−4324.08	592.87	−3643.97	587.4
NH_3(g)	−46.19	192.51	−16.63	35.66
NH_4Cl(c)	−315.39	94.6	−203.89	84.1
NO(g)	90.37	210.62	86.69	29.86

续表

单质或化合物	$\Delta H_f^{\ominus}$ /(kJ·mol⁻¹)	$S^{\ominus}$ /(J·mol⁻¹·K⁻¹)	$\Delta G_f^{\ominus}$ /(kJ·mol⁻¹)	$C_p^{\ominus}$ /(J·mol⁻¹·K⁻¹)
NO_2(g)	33.85	240.45	51.84	37.91
N_2O(g)	81.55	219.99	103.60	
N_2O_4(g)	9.66	304.30	98.29	38.71
N_2O_5(c)	−41.84	113.4	133	79.08
O_2(g)	0.0	205.03	0.0	29.36
O(g)	247.52	160.95	230.09	21.91
O_3(g)	142.2	237.6	163.43	38.16
S(c，斜方)	0.0	31.88	0.0	22.59
S(c，单斜)	0.3	32.55	0.10	23.64
Si(c)	0.0	18.70	0.0	19.87
SiO_2(c，石英)	−859.4	41.04	−805.0	44.43
SO_2(g)	−296.06	248.52	−300.37	39.79
SO_3(g)	−395.18	256.22	−370.37	50.63

资料来源：Barrow G M. 1973. Physical Chemistry. 3 rd ed. New York: McGraw-Hill.

2. 298.2 K 在水溶液中某些物质的标准热力学数据。有效浓度为 1 mol·L⁻¹(体积浓度)时，指定为单位活度，且 H⁺(aq)的 $\Delta H_f^{\ominus}$、$\Delta G_f^{\ominus}$、$S^{\ominus}$ 指定为零

物质	$\Delta H_f^{\ominus}$ /(kJ·mol⁻¹)	$S^{\ominus}$ /(J·mol⁻¹·K⁻¹)	$\Delta G_f^{\ominus}$ /(kJ·mol⁻¹)	物质	$\Delta H_f^{\ominus}$ /(kJ·mol⁻¹)	$S^{\ominus}$ /(J·mol⁻¹·K⁻¹)	$\Delta G_f^{\ominus}$ /(kJ·mol⁻¹)
H⁺(aq)	0.0	0.0	0.0	CH_3COOH(aq)	−488.44		−399.61
H_3O^+(aq)	−285.85	69.96	−237.19	CH_3COO^-(aq)	−488.86		−372.46
OH⁻(aq)	−229.95	−10.54	−157.27	第五族			
第一族				NH_3(aq)	−80.83	110.0	−26.61
Li⁺(aq)	−278.44	14.2	−293.80	NH_4^+(aq)	−132.80	112.84	−79.50
Na⁺(aq)	−239.66	60.2	−261.88	HNO_3(aq)	−206.56	146.4	−110.58
K⁺(aq)	−251.21	102.5	−282.25	NO_3^-(aq)	−206.56	146.4	−110.58
第二族				H_3PO_4(aq)	−1289.5	−176.1	−1147.2
Be^{2+}(aq)	−389		356.48	$H_2PO_4^-$(aq)	−1302.5	89.1	−1135.1
Mg^{2+}(aq)	−461.95	−118.0	−456.01	HPO_4^{2-}(aq)	−1298.7	−36.0	−1094.1
Ca^{2+}(aq)	−542.96	−55.2	−553.04	PO_4^{3-}(aq)	−1284.1	−218	−1025.5
第三族				第六族			
H_3BO_3(aq)	−1067.8	159.8	−963.32	H_2S(aq)	−33.3	122.2	−27.36
H_2BO_3(aq)	−1053.5	30.5	−910.44	HS⁻(aq)	−17.66	61.1	12.59
第四族				S^{2-}(aq)	41.8		83.7
CO_2(aq)	−412.92	121.3	−386.22	H_2SO_4(aq)	−907.51	17.1	−741.99
H_2CO_3(aq)	−698.7	191.2	−623.42	HSO_4^-(aq)	−885.75	126.85	−752.86
HCO_3^-(aq)	−691.11	95.0	−587.06	SO_4^{2-}(aq)	−907.51	17.1	−741.99
CO_3^{2-}(aq)	−676.26	−53.1	−528.10	第七族			

续表

物质	$\Delta H_f^{\ominus}$ /(kJ·mol^{-1})	$S^{\ominus}$ /(J·mol^{-1}·K^{-1})	$\Delta G_f^{\ominus}$ /(kJ·mol^{-1})	物质	$\Delta H_f^{\ominus}$ /(kJ·mol^{-1})	$S^{\ominus}$ /(J·mol^{-1}·K^{-1})	$\Delta G_f^{\ominus}$ /(kJ·mol^{-1})
F$^-$(aq)	−329.11	−9.6	−276.48	Zn^{2+}(aq)	−152.42	−106.48	−147.19
HCl(aq)	−167.44	55.2	−131.17	Pb^{3+}(aq)	1.63	21.3	−24.31
Cl$^-$(aq)	−167.44	55.2	−131.17	Ag$^+$(aq)	105.90	73.93	77.11
ClO$^-$(aq)		43.1	−37.2	Ag(NH$_3$)$_2^+$(aq)	−111.80	241.8	−17.40
ClO$_2^-$(aq)	−69.0	100.8	−10.71	Ni^{2+}(aq)	−64.0		−48.24
ClO$_3^-$(aq)	−98.3	163	−2.60	Ni(NH$_3$)$_6^{2+}$(aq)			−251.4
ClO$_4^-$(aq)	−131.42	182.0	−8	Ni(CN)$_4^{2-}$(aq)	363.5	138.1	489.9
Br$^-$(aq)	−120.92	80.71	−102.80	Mn^{2+}(aq)	−218.8	−84	−223.4
I$_2$(aq)	20.9		16.44	MnO$_4^-$(aq)	−518.4	189.9	−425.1
I$_3^-$(aq)	51.9	173.6	−51.50	MnO$_4^{2-}$(aq)			−503.8
I$^-$(aq)	−55.94	109.36	−51.67	Cr^{2+}(aq)			−176.1
过渡金属				Cr^{3+}(aq)		−307.5	−215.5
Cu$^+$(aq)	51.9	−26.4	50.2	Cr$_2$O$_7^{2-}$(aq)	−1460.6	213.8	−1257.3
Cu^{2+}(aq)	64.39	−98.7	64.98	CrO$_4^{2-}$(aq)	−894.33	38.5	−736.8
Cu(NH$_3$)$_4^{2+}$(aq)	−334.3	806.7	−256.1				

资料来源：Barrow G M. 1973. Physical Chemistry. 3 rd ed. New York: Mc Graw-Hill.

3. 不同温度下某些物质的标准态热力学函数

T/K	C_p^0	$\dfrac{H_T^{\ominus}-H_0^{\ominus}}{T}$ /(J·mol^{-1}·K^{-1})	$\dfrac{G_T^{\ominus}-H_0^{\ominus}}{T}$ /(J·mol^{-1}·K^{-1})	$\Delta H_f^{\ominus}$ /(kJ·mol^{-1})	$\Delta G_f^{\ominus}$ /(kJ·mol^{-1})
		C(s)			
300	8.72	3.56	−2.19	0	0
400	11.93	5.25	−3.46	0	0
500	14.63	6.86	−4.80	0	0
700	18.54	9.69	−7.58	0	0
1000	21.51	12.88	−11.60	0	0
		O$_2$(g)			
300	29.37	29.11	−176.10	0	0
400	30.10	29.26	−184.51	0	0
500	31.08	29.52	−191.09	0	0
700	32.99	30.26	−201.10	0	0
1000	34.87	31.39	−212.10	0	0
		H$_2$(g)			
300	28.85	28.4	−102.4	0	0
400	29.18	28.6	−110.6	0	0
500	29.26	28.7	−116.9	0	0

续表

T/K	C_p^0	$\dfrac{H_T^{\ominus}-H_0^{\ominus}}{T}$ /(J·mol⁻¹·K⁻¹)	$\dfrac{G_T^{\ominus}-H_0^{\ominus}}{T}$ /(J·mol⁻¹·K⁻¹)	$\Delta H_f^{\ominus}$ /(kJ·mol⁻¹)	$\Delta G_f^{\ominus}$ / (kJ·mol⁻¹)
			$H_2(g)$		
700	29.43	28.9	−126.6	0	0
1000	30.20	29.1	−137.0	0	0
			$CO(g)$		
300	29.16	29.2	−169.1	−110.5	−137.4
400	29.33	29.2	−177.4	−110.1	−146.5
500	29.79	29.2	−183.9	−110.9	−155.6
700	31.17	29.6	−193.8	−110.5	−173.8
1000	33.18	30.4	−204.5	−112.0	−200.6
			$CO_2(g)$		
300	37.20	31.5	−182.5	−393.5	−394.4
400	41.30	33.4	−191.8	−393.6	−394.7
500	44.60	35.4	−199.5	−393.7	−394.9
700	49.50	38.8	−211.9	−394.0	−395.4
1000	54.30	42.8	−226.4	−394.6	−395.8
			$H_2O(g)$		
300	33.6	33.3	−155.8	−241.8	−228.5
400	34.3	33.4	−165.3	−242.8	−223.9
500	35.2	33.7	−172.8	−243.8	−219.1
700	37.4	34.5	−184.3	−245.6	−208.9
1000	41.2	35.9	−196.7	−247.9	−192.6
			$HCHO(g)$		
300	35.4	33.7	−185.4	−115.9	−109.9
400	39.2	34.6	−195.2	−117.6	−107.6
500	43.8	35.9	−203.1	−119.2	−104.9
700	52.3	39.4	−215.7	−122.0	−98.7
			$CH_3OH(g)$		
300	44.0	38.4	−201.6	−201.2	−162.3
400	51.4	40.7	−212.9	−204.8	−148.7
500	59.5	43.7	−222.3	−207.9	−134.3
700	73.7	50.3	−238.1	−212.9	−103.9

附表 7　单位换算表

单位名称	换算成 SI 单位的换算因子	单位名称	换算成 SI 单位的换算因子
长　度		1 bar	$=10^5$ Pa
1 cm	$=0.01$ m	1 dyn·cm^{-2}	$=0.1$ Pa
1 ft	$=0.3048$ m	1 atm	$=1.0133\times10^5$ Pa
1 in	$=2.54\times10^{-2}$ m	1 kg·cm^{-2}	$=0.9807\times10^5$ Pa
1 尺	$=0.3333$ m	1 mmHg	$=1.3332\times10^2$ Pa
		1 mmH$_2$O	$=9.806$ Pa
面　积		1 lb·in^{-2} 或 Psia	$=6894.8$ Pa
1 cm^2	$=10^{-4}$ m^2	密　度	
1 mm^2	$=10^{-6}$ m^2	1 g·cm^{-3}	$=10^3$ kg·m^{-3}
1 ft^2	$=9.2903\times10^{-2}$ m^2	1 g·mL^{-1}	$=0.99997\times10^3$ kg·m^{-3}
1 in^2	$=6.4516\times10^{-4}$ m^2	1 ton·m^{-3}	$=10^3$ kg·m^{-3}
1 尺^2	$=0.1111$ m^2	1 lb·ft^{-3}	$=16.0185$ kg·m^{-3}
体　积		1 lb·gal^{-1}	$=119.8$ kg·m^{-3}
1 L	$=10^{-3}$ m^3	能　量	
1 mL	$=10^{-6}$ m^3	1 kg·m^2·s^{-2}	$=1$ J
1 ft^3	$=2.83168\times10^{-2}$ m^3	1 N·m	$=1$ J
1 gal	$=3.7853\times10^{-3}$ m^3	1 W·s	$=1$ J
质　量		1 dyn·cm	$=10^{-7}$ J
1 g	$=10^{-3}$ kg	1 erg	$=10^{-7}$ J
1 ton[①]	$=10^3$ kg	1 bar·cm^3	$=0.1$ J
1 lb	$=0.4536$ kg	1 bar·L	$=100$ J
力		1 bar·m^3	$=10^5$ J
1 kg·m·s^{-2}	$=1$N	1 cal	$=4.1868$ J
1 dyn	$=10^{-5}$ N	1 atm·L	$=101.33$ J
1 g[②]	$=9.807\times10^{-3}$ N	1 Psia·ft^3	$=195.338$ J
1 kg[②]	$=9.807$ N	1 Btu	$=1.055\times10^3$ J
1 lb[②]	$=4.44823$ N	比热容与熵	
压　力		1 kJ·kg^{-1}·K^{-1}	$=1$ J·g^{-1}·K^{-1}
1 N·m^{-2}	$=1$ Pa	1 kcal·kg^{-1}·K^{-1}	$=4.1840$ J·g^{-1}·K^{-1}
		1 Btu·lb^{-1}·R^{-1}	$=4.1840$ J·g^{-1}·K^{-1}

① 指公吨，即我国现行的吨，不是英美的吨；② 均指力的相应单位。

科学出版社 高等教育出版中心

教学支持说明

科学出版社高等教育出版中心为了对教师的教学提供支持，特对教师免费提供本教材的电子课件，以方便教师教学。

获取电子课件的教师需要填写如下情况的调查表，以确保本电子课件仅为任课教师获得，并保证只能用于教学，不得复制传播用于商业用途。否则，科学出版社保留诉诸法律的权利。

微信关注公众号"科学 EDU"，可在线申请教材课件。也可将本证明签字盖章、扫描后，发送到 chem@mail.sciencep.com，我们确认销售记录后立即赠送。

如果您对本书有任何意见和建议，也欢迎您告诉我们。意见一旦被采纳，我们将赠送书目，教师可以免费选书一本。

证　明

兹证明＿＿＿＿＿＿＿大学＿＿＿＿＿＿学院/＿＿＿系第＿＿＿学年□上□下学期开设的课程，采用科学出版社出版的＿＿＿＿＿＿ /＿＿＿＿＿＿（书名/作者）作为上课教材。任课教师为＿＿＿＿＿＿共＿＿＿＿＿＿人，学生＿＿＿个班共＿＿＿＿人。

任课教师需要与本教材配套的电子教案。

电　话：＿＿＿＿＿＿＿＿＿＿＿＿＿＿

传　真：＿＿＿＿＿＿＿＿＿＿＿＿＿＿

E-mail：＿＿＿＿＿＿＿＿＿＿＿＿＿＿

地　址：＿＿＿＿＿＿＿＿＿＿＿＿＿＿

邮　编：＿＿＿＿＿＿＿＿＿＿＿＿＿＿

院长/系主任：＿＿＿＿＿＿＿＿＿＿（签字）

（学院/系办公室章）

＿＿＿年＿＿月＿＿日